"十二五"职业教育国家规划教材 修订版

经全国职业教育教材审定委员会审定

机电设备维修

第3版

U0174073

主　编　吴先文　冯锦春
副主编　万文龙　张　丹
参　编　曹龙斌　曾令全　钱　斌
　　　　赵晶文　赵金德　毛占稳
主　审　武友德　胡应华

机械工业出版社
CHINA MACHINE PRESS

本书是"十二五"职业教育国家规划教材修订版。本书共 6 个项目、27 个任务，主要介绍了机电设备维修前的准备、机电设备的拆卸与装配、机械零部件的修复技术、机电设备修理精度的检验、典型机械零部件及电器元件的维修、典型机电设备的维修等内容。本书将机械与电气知识有机地融合于一体，兼顾机电设备维修的基础知识与基本技能，将传统设备维修技术与现代维修新技术、新工艺相结合，强调理论和实践相联系，列举了大量的典型现场维修实例，反映了机电设备维修领域的最新发展成果。

　　本书可作为五年制高等职业技术教育机电技术应用专业教材，也可作为机电设备技术、数控技术应用等相关专业教材，还可供从事机电设备维修的工程技术人员和工人学习时参考。

　　为便于教学，本书配有电子教案、助教课件、习题答案、实训视频、教学动画、试卷等资源包，选择本书作为授课教材的教师可来电（010-88379195）索取，或登录 www.cmpedu.com 网站，注册、免费下载。

图书在版编目（CIP）数据

机电设备维修/吴先文，冯锦春主编. —3 版. —北京：机械工业出版社，2021.5（2022.1 重印）

"十二五"职业教育国家规划教材：修订版

ISBN 978-7-111-68440-4

Ⅰ. ①机… Ⅱ. ①吴… ②冯… Ⅲ. ①机电设备 – 维修 – 高等职业教育 – 教材 Ⅳ. ①TM07

中国版本图书馆 CIP 数据核字（2021）第 113103 号

机械工业出版社（北京市百万庄大街 22 号　邮政编码 100037）
策划编辑：赵红梅　责任编辑：赵红梅　高亚云
责任校对：潘　蕊　封面设计：张　静
责任印制：李　昂
北京富博印刷有限公司印刷
2022 年 1 月第 3 版第 2 次印刷
184mm×260mm・16.5 印张・419 千字
标准书号：ISBN 978-7-111-68440-4
定价：49.80 元

电话服务　　　　　　　　　　网络服务
客服电话：010-88361066　　机　工　官　网：www.cmpbook.com
　　　　　010-88379833　　机　工　官　博：weibo.com/cmp1952
　　　　　010-68326294　　金　书　　　网：www.golden-book.com
封底无防伪标均为盗版　　机工教育服务网：www.cmpedu.com

前 言

随着科学技术迅速发展，知识更新周期缩短，生产设备正朝着智能化、自动化、高精度化方向发展，生产设备的结构也变得越来越复杂，设备在生产上的重要性日益增加。现在维修人员遇到的大多是机电一体化的复杂设备，为了保证生产顺利进行，对设备维修人员提出了更高的要求。为满足新形势下设备维修岗位对技术应用型人才的需求，编者在2005年7月出版的第1版、2015年1月出版的第2版（被评为"十二五"职业教育国家规划教材）的基础上，总结多年教学实践经验和读者反馈意见再次修订并出版第3版。

本书共6个项目、27个学习任务，主要介绍了机电设备维修前的准备、机电设备的拆卸与装配、机械零部件的修复技术、机电设备修理精度的检验、典型机械零部件及电器元件的维修、典型机电设备的维修等内容。各项目均设置了学习目标，强化了典型现场设备维修实例，增加了如纳米复合电刷镀、激光熔覆等现代设备维修新技术、新工艺。

本书编写理念先进，凸显职教特色。融入"课程思政"，体现"立德树人"理念，在各项目学习目标中，明确思政要求；校企双元开发，行业特点鲜明，厚植中国二重等国家重大装备制造企业优势，采用双主编、双主审方式，进一步提升编写质量；内容丰富实用，强化机电设备维修的基础知识与基本技能，将传统设备维修技术与现代维修新技术、新工艺相结合，理论和实践紧密联系，列举了大量的典型现场维修实例，融知识传授与能力培养于一体，注重学生知识、能力和素养相统一；"互联网＋"新形态呈现，信息化资源丰富，针对重点、难点提供了形象、生动的动画、微课、视频等二维码嵌入教材，方便读者学习。

本书可作为五年制高等职业技术教育机电技术应用专业教材，也可作为机电设备技术、数控技术应用等相关专业教材，还可供从事机电设备维修的工程技术人员和工人学习时参考。

本书由四川工程职业技术学院吴先文教授、冯锦春教授主编，常州机电职业技术学院万文龙副教授、四川工程职业技术学院张丹副教授任副主编，四川工程职业技术学院武友德教授、中国第二重型机械集团公司首席技师胡应华高级技师主审。项目一由冯锦春、河南工业职业技术学院曹龙斌副教授编写，项目二由德阳工院精工科技有限公司赵晶文教授级高级工程师、四川工程职业技术学院曾令全副教授编写，项目三由吴先文和中航锂电（洛阳）有限公司毛占稳工程师编写，项目四由烟台市技术学院赵金德副教授编写，项目五由安徽机电职业技术学院钱斌副教授编写，项目六由万文龙、张丹编写。

由于编者的水平有限，书中不妥和错误之处在所难免，敬请广大读者批评指正。

编 者

二维码索引

（续）

名称	图形	页码	名称	图形	页码
主轴轴线对床鞍移动的平行度检测		135	压力调整		212
软硬线间连接		164	流量调整		212
万用表		165	液压传动工作原理		212

目 录

项目一　机电设备维修前的准备

机电设备是企业生产的物质技术基础，作为现代化的生产工具在各行各业都有广泛的应用。机电设备对工业产品的生产率、质量、成本、安全、环保等在一定意义上有决定性作用。工业生产用的各种机电设备的状况如何，不仅反映企业维修技术水平的高低，而且是衡量企业管理水平的标志。

生产设备在使用中会磨损，需要修理和更换零件；对一些突发性的故障和事故，需要组织抢修。机电设备维修技术就是以机电设备为对象，研究和探讨其拆卸与装配、失效零件修复、修理精度检验、故障消除方法及响应的技术。

本项目主要研究和讨论机电设备维修技术的基础知识。主要内容有：设备维修技术的作用、设备维修技术的发展概况、设备故障诊断技术、设备零件的失效形式及修理更换原则、设备维修前的准备工作。

▶ 学习目标

1. 了解机电设备修理的一般程序和工作过程。
2. 了解机电设备修理的类别、内容及修理技术要求。
3. 了解机电设备修理前的准备工作。
4. 理解并掌握机电设备故障及零件失效的形式、产生原因与对策。
5. 熟悉机电设备及典型零部件故障诊断的基本内容和基本方法。
6. 熟悉机械设备修理中的常用检具和量具的使用方法。
7. 树立安全文明生产意识和环境保护意识。
8. 培养学生的家国情怀和严谨求实的科学精神。

任务一　了解设备维修技术的作用

一、设备故障

机电设备在使用中因某种原因丧失了规定功能而中断生产或降低效能时的现象称为设备故障。设备故障一般按其发展过程分为突发故障和偶发故障两类。突发故障是指由于各种不利因素的叠加或偶然的外界因素的影响，共同发生作用，超出了设备所能承受的限度而发生的故障。突发故障是随机的，与设备的使用时间无关，一般无明显的先兆，不可能或不便于通过早期测试或人的感官来发现。这类故障往往由操作调整失误、控制元件失灵、材料内部缺陷、电流击穿或烧毁等原因引起。偶发故障是指由于各种因素使设备初始性能劣化、衰减过程的发展而引起的故障。这类故障是在工作中逐渐形成的，它与设备的使用时间有关，一般有明显的先兆，可以通过人的感官或早期测试发现，若能采取一定的措施，是可以避免其发生的。这类故障通常是由零件的磨损腐蚀、疲劳蠕变、材料老化等原因引起的。

根据设备在使用期内所发生的故障率变化特性，设备的故障期通常可分为 3 个时期，如图 1-1 所示：

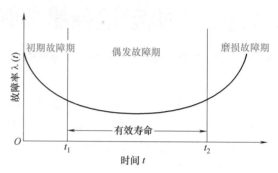

图 1-1　设备故障规律曲线

（1）初期故障期　是指在设备初期使用阶段，由于设计、制造、装配及材质等缺陷引发的故障。通过运转磨合、检查、改进等手段可使其缺陷逐步消除，运转趋于正常，从而实现逐渐减少这类故障的目的。认清这一特点后，就应加强改善性修理，逐项消除设备的设计、制造与装配的缺陷，使设备能较快地正常运转。设备维修部门应该把设备的改造工作列为自己的主要任务之一。

（2）偶发故障期　这一时期是设备有效使用运转阶段，故障率稳定在比较低的水平，且大多是由于违章操作和维护不良而偶然发生的。出现偶发故障时，应该突击抢修，并且查清原因，采取措施，防止事故再度发生。为此，一方面应该加强对设备操作人员的技术培训，提高他们的技术水平；另一方面要重视对设备维修人员的培养教育，开展多方面训练，培养一支精干的设备维修队伍。

（3）磨损故障期　设备由于使用日久、磨损严重而加剧劣化，故障率会剧增。这时必须采取修理措施，改善设备的技术状况。根据设备磨损的规律，应该加强对设备的日常维护和保养、预防性检查、计划修理和改善性修理。对引进的设备，则应尽快掌握其操作和维修技术，充分发挥设备的效能。

二、设备维修技术的作用

"工欲善其事，必先利其器"。这里的"事"是指工作、生产，"器"是指工具、设备。就是说，工厂要想搞好生产，使用的工具和设备必须得心应手。这句古语朴素地说明了设备维修工作在工业企业中的地位。在工业企业中，设备维修工作的水平直接影响着生产能力、产品质量、产量、能源消耗、生产成本和劳动生产率等各个方面。充分发挥设备管理与维修工作的效能，使企业的生产经营活动建立在良好的物质、技术基础之上，企业经济效益的提高才有保障。

加强设备的管理与维修工作，机器设备才能得到合理的使用，正确而适时地维护与保养，有计划地修理、更新、改造，企业可以获得明显的效益，主要体现在：

1）提高设备完好率，延长设备的使用寿命。

2）降低设备的故障率，保证企业生产的顺利进行。

3）提高设备利用率，充分挖掘设备潜力。

4）降低成本，减少停工损失和维修费用。

5）提高产品加工的质量，减少废品损失。

6）降低能源消耗，提高劳动生产率。

随着科学技术的进步和生产水平的不断提高，机电设备在生产中的地位和作用日益重要。特别是在现代制造企业中，主要由工人操纵机器设备进行生产，有些工厂的自动化程度很高，工人由原来的操纵设备变为监督、控制、维修设备，而机器设备则在自动控制系统的操纵下进行生产。从某种意义上讲，机电设备决定着企业生产的成败。因此，加强设备管理，正确使用设备，对设备进行精心维护、保养和修理，使机电设备处于良好的技术状态，已成为企业管理的一项重要任务。实践证明，机电设备管理和维修状况如何，可以反映企业的生产状况。难以想象一个设备管理混乱、维修水平低下的企业，能够建立正常的生产秩序，实现均衡生产，创造最佳的经济效益。

企业要想发展，且稳定地提高经济效益，就必须处理好人与设备的关系、设备与生产的关系、生产与维修的关系，以及维修与更新、改造的关系。这是由设备管理与维修工作在企业中的地位与作用决定的。

任务二　了解设备维修技术的发展概况

设备的维护与修理和设备本身应该是结伴产生的，但其发展并不平衡，设备管理与有计划的预防性维修是近几十年才发展起来的。越是工业发达的国家，设备管理与维修工作发展得越迅速，投入的人力、物力、财力也越多。随着工业生产的发展，关于设备维修的生产组织、科学研究也不断发展。

一、我国设备维修技术的发展概况

我国设备维修工作是在新中国成立后迅速建立、发展起来的。党和国家对设备维修与改造工作很重视。20 世纪 50 年代开始尝试推行"计划预修制"。随着国民经济第一个五年计划的执行，各企业陆续建立了设备管理组织机构，1954 年全面推行设备管理周期结构和修理间隔期、修理复杂系数等一套定额标准。1961 年，国务院颁布《国营工业企业工作条例（试行）》（即工业七十条），逐步建立了以岗位责任制为中心的包括设备维修保养制度在内的各项管理制度。1963 年，机械工业出版社开始组织编写资料性、实用性很强的《机修手册》，使设备维修技术向标准化、规范化方向迈进了一大步。

在设备维修实践中，"计划预修制"不断有所改革，如按照设备的实际运转台数和实际的磨损情况编制预修计划：不拘泥于大修、项修、小修的典型工作内容，针对设备存在的问题，采取针对性修理。一些企业还结合修理对设备进行改装，提高设备的精度、效率、可靠性、维修性等。这些已经冲破了原有"计划预修制"的束缚。与此同时，相继成立了中国机械工程学会及各级学术组织，开展了多方面的学术和技术交流活动，推动了我国的设备维修与改造工作。群众性的技术革新活动，也给设备维修与改造增添了异彩。这一时期，我国工业企业的设备修理结构有两种形式：一是专业厂维修；二是企业自修。

20 世纪 70 年代末，我国实行改革开放政策，加强了国际交往，国际交流不断，取得了可喜的成绩。采取走出去、请进来等方法，学习、借鉴英国的"设备综合工程学"和日本的"全员生产维修（TPM）"，揭开了综合引进国外先进技术的序幕，并恢复全国设备维修学会活动，创办《设备维修》杂志，原国家经委增设设备管理办公室，1982 年成立中国设备管理协会，1984 年在西北工业大学筹建中国设备管理培训中心。1987 年，国务院颁布《全民所有制工业交通企业设备管理条例》。国内企业普遍实行"三保大修制"，一些企业结合自己的情况学习和试行"全员生产维修",初步形成了一个适合我国国情的设备管理与维修体制——设备综合管理体制,使我国设备维修工作得到了进一步完善并走向正轨。

20 世纪 90 年代,随着微电子技术、机电一体化等技术的不断成熟,特别是我国工业化水平的迅速提高,以技术改造和修理相结合的设备维修工作迅速发展。这一时期,在设备维修制度上,普遍推行状态维修、定期维修和事后维修三种维修方式,以定期维修为主,向定期维修和状态维修并重的方向发展(事后维修仍然存在)。在修理类别上,大修、项修、小修三种类别已具有一定的代表性和普及性。

进入 21 世纪后,随着计算机技术、信号处理技术、测试技术、表面工程技术等不断应用于设备维修技术,改善性维修、无维修设计等得到迅猛发展。

二、设备维修技术的发展趋势

现代科学技术和社会经济相互渗透、相互促进、相互结合,机电设备的机电一体化、高速化、微电子化趋势越来越明显,这使机电设备的操作越来越容易,而机电设备故障的诊断和维修则变得越来越困难。而且,机电设备一旦发生故障,尤其是连续化生产设备,往往会导致整套设备停机,从而造成一定的经济损失,如果危及安全和环境,还会造成严重的社会影响。随着社会经济的迅速发展,生产规模的日益扩大,先进生产方式的出现和采用,机电设备维修技术不断得到人们的重视和关注。设备维修技术的发展必然朝着以计算机技术、信号处理技术、测试技术、表面工程技术等现代技术为依托,以现代设备状态监测与故障诊断技术为先导,以机电一体化为背景,以满足现代化工业生产日益提高的要求为目标,以不断完善的维修技术为手段的方向发展。

任务三 了解设备故障诊断技术

一、设备故障诊断的实施过程

测取设备在运行中或相对静止条件下的状态信息,通过对信号的处理和分析,并结合设备的历史状况,定量识别设备及其零部件的技术状态,预知有关异常、故障,并预测未来技术状态,从而确定必要的对策的技术,即**设备故障诊断技术**。

图 1-2 所示为故障诊断的三个阶段,即状态监测、分析诊断和治理预防。

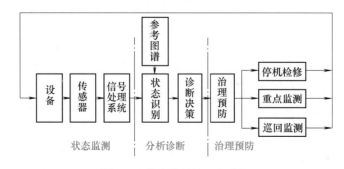

图 1-2 故障诊断的三个阶段

1. 状态监测

状态监测是指通过传感器，采集设备在运行中的各种信息，把它们转变为电信号或其他信号，再把这些信号送到信号处理系统进行处理。信号处理系统的主要作用是把有用信号提取出来，而把无用信号和干扰信号排除。

2. 分析诊断

分析诊断包括状态识别和诊断决策两个部分。状态识别就是把参数或图谱和参考的参量或参考的图谱进行比较，进而识别设备是否存在故障，通过这样的状态识别后，就可以得出诊断结果。

3. 治理预防

治理预防是指根据分析诊断得出的结论，确定治理预防的办法，包括调整、改变操作方式、更换、停机检修等。

二、状态监测与故障诊断的区别与联系

状态监测是故障诊断的基础和前提，没有状态监测就谈不上故障诊断，而故障诊断是对监测结果的进一步分析和处理，诊断是目的。

三、设备故障诊断技术的分类

1. 按照诊断的目的、要求和条件分类

（1）功能诊断和运行诊断　功能诊断主要是针对新安装的设备或刚刚维修过的设备；而运行诊断更多是起到状态监测的作用。

（2）定期诊断和连续监测　定期诊断是指间隔一定的时间后对服役中的设备或系统进行一次常规检查和诊断；连续监测是对设备或系统的运行状态进行连续的监视和检测。

（3）直接诊断和间接诊断　直接诊断是直接根据关键零部件的状态信息来确定其所处的状态，如轴承间隙、齿面磨损。直接诊断迅速可靠，但往往受到机械结构和工作条件的限制而无法实现。间接诊断是通过设备运行中的二次效应参数来间接判断关键零部件的状态变化，由于多数二次效应参数属于综合信息，因此在间接诊断中出现伪警或漏检的可能性会增加。

（4）在线诊断和离线诊断　在线诊断是指对现场正在运行的设备自动实施实时监测和诊断；而离线诊断是利用磁带记录仪等设备将现场的状态信号记录后，带回实验室后再结合诊断对象的历史档案进行进一步的分析诊断或通过网络进行诊断。

（5）常规诊断和特殊诊断　常规诊断是在设备正常服役条件下进行的诊断，大多数诊断属于这一类型的诊断。但在个别情况下，需要创造特殊的服役条件来采集信号，例如，动力机组的起动和停机过程要通过转子的扭振和弯曲振动的几个临界转速采集起动和停机过程中的振动信号，停机对于诊断其故障是一定的，所要求的振动信号在常规诊断中是采集不到的，因而需要采用特殊诊断。

（6）简易诊断和精密诊断　简易诊断一般由现场作业人员进行。凭借听、摸、看、闻来检查，也可通过便携式简单诊断仪器（如测振仪、声级计、工业内窥镜、红外测温仪等）对设备进行人工监测，根据设定的标准或人为经验确定设备是否处于正常状态。精密诊断一般要由专业人员来实施，需要采用先进的传感器采集现场信号，然后采用精密诊断仪器和各种先进分析手段（包括计算机辅助方法、人工智能技术等）进行综合分析，确定故障类型、

程度、部位和产生故障的原因，了解故障的发展趋势。

2. 按照诊断的物理参数分类

设备故障诊断技术按诊断的物理参数分类的情况见表1-1。

表1-1 设备故障诊断技术按诊断的物理参数分类

诊断技术名称	状态检测参数
振动诊断技术	平衡振动、瞬态振动、机械导纳及模态参数
声学诊断技术	噪声、声阻、超声及发射等
温度诊断技术	温度、温差、温度场及热像等
污染诊断技术	气体、液体、固体的成分变化，泄漏及残留物等
无损诊断技术	裂纹、变形、斑点及色泽等
压力诊断技术	压差、压力及压力脉动等
强度诊断技术	力、转矩、应力及应变等
电参数诊断技术	电信号、功率及磁特性等
趋向诊断技术	设备的各种技术性能指标
综合诊断技术	各种物理参数的组合与交叉

3. 按照诊断的直接对象分类

诊断对象不同，诊断方法、诊断技术、诊断设备都有很大区别，按照机械零件、液压系统、旋转机械、往复机械、工程结构、工艺流程、生产系统、电气设备等进行分类，见表1-2。

表1-2 按直接诊断对象分类

诊断技术名称	直接诊断对象
机械零件诊断技术	齿轮、轴承、转轴、钢丝绳、连接件等
液压系统诊断技术	泵、阀、液压元件及液压系统等
旋转机械诊断技术	转子、轴承、叶轮、风机、泵、离心机、汽轮发电机组及水轮发电机组等
往复机械诊断技术	内燃机、压气机、活塞及曲柄连杆机构等
工程结构诊断技术	金属结构、框架、桥梁、容器、建筑物、静止电气设备等
工艺流程诊断技术	各种生产工艺过程
生产系统诊断技术	各种生产系统、生产线
电气设备诊断技术	发电机、电动机、变压器、开关电器

任务四 了解设备零件的失效形式及修理更换原则

一、机械零件的磨损及对策

相接触的物体相对运动时发生阻力的现象称为摩擦。相对运动的零件的摩擦表面发生尺寸、形状和表面质量变化的现象称为磨损。摩擦是不可避免的自然现象，磨损是摩擦的必然结果，两者均发生于材料表面。摩擦与磨损相伴产生，造成机械零件的失效。当机械零件配合面产生的磨损超过一定限度时，会引起配合性质的改变，使间隙加大、润滑条件变坏，产生冲击，磨损就会变得越来越严重，这种情况下极易发生事故。一般机械设备中约有80%的零件因磨损而失效报废。据估计，世界上的能源消耗有30%～50%是由于摩擦和磨损造成的。

摩擦和磨损涉及的科学技术领域很广，特别是磨损，它是一种微观和动态的过程，在这一过程中，机械零件不仅会发生外形和尺寸的变化，而且会出现其他各种物理、化学和机械现象。零件的工作条件是影响磨损的基本因素，包括运动速度、相对压力、润滑与防护情况、温度、材料、表面质量和配合间隙等。

以摩擦副为主要零件的机械设备，在正常运转时，机械零件的磨损过程一般可分为磨合（跑合）阶段、稳定磨损阶段和剧烈磨损阶段，如图1-3所示。

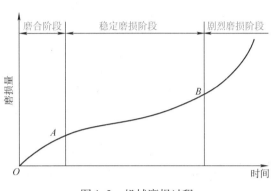

图1-3　机械磨损过程

（1）磨合阶段　新的摩擦副表面具有一定的表面粗糙度，实际接触面积小。开始磨合时，在一定载荷的作用下，表面逐渐磨平，磨损速度较大，如图中的线段OA。随着磨合的进行，实际接触面积逐渐增大，磨损速度减缓。在机械设备正式投入运行前，认真进行磨合是十分重要的。

（2）稳定磨损阶段　经过磨合阶段，摩擦副表面发生加工硬化，微观几何形状改变，建立了弹性接触条件。这一阶段磨损趋于稳定、缓慢，图1-3中线段AB的斜率就是磨损速度，点B对应的横坐标时间就是零件的耐磨寿命。

（3）剧烈磨损阶段　经过点B以后，摩擦条件发生较大的变化，如温度快速升高、金属组织发生变化、冲击增大、磨损速度急剧增加、机械效率下降、精度降低等，从而导致零件失效，机械设备无法正常运转。

通常将机械零件的磨损分为黏着磨损、磨料磨损、疲劳磨损、腐蚀磨损和微动磨损五种类型。

（一）黏着磨损

黏着磨损又称为黏附磨损，是指当构成摩擦副的两个摩擦表面相互接触并发生相对运动时，由于黏着作用，接触表面的材料从一个表面转移到另一个表面所引起的磨损。

根据零件摩擦表面的破坏程度，黏着磨损可分为轻微磨损、涂抹、擦伤、撕脱和咬死五类。

1. 黏着磨损机理

摩擦副的表面实际上是微凸体之间的接触，即使在载荷不大时，单位面积上的接触应力也很大，如果这一接触应力大到足以使微凸体发生塑性变形，并且接触处很干净，那么这两个零件的表面将直接接触而产生黏着。当摩擦表面发生相对滑动时，黏着点在切应力作用下变形甚至断裂，造成接触表面的损伤破坏。这时，如果黏着点的黏着力足够大，并超过摩擦接触点两种材料之一的强度，则材料便会从该表面上被扯下，使材料从一个表面转移到另一个表面。通常这种材料的转移是由较软的表面转移到较硬的表面上。在载荷和相对运动作用下，两接触点间重复产生"黏着→剪断→再黏着"的循环过程，使摩擦表面温度显著升高，油膜破坏，严重时表层金属局部软化或熔化，接触点产生进一步黏着。

在金属零件的摩擦中，黏着磨损是剧烈的，常常会导致摩擦副的灾难性破坏，应加以避免。但是，在由非金属零件或金属零件和聚合物件构成的摩擦副中，摩擦时聚合物会转移到金属表面上形成单分子层，凭借聚合物的润滑特性，可以提高耐磨性，此时黏着磨损则起到有益的作用。

2. 减少或消除黏着磨损的对策

摩擦表面产生黏着是黏着磨损的前提，因此，减少或消除黏着磨损的对策就有两方面。

（1）控制摩擦表面的状态 摩擦表面的状态主要是指表面自然洁净程度和微观表面粗糙度。摩擦表面越洁净、越光滑，越可能发生表面的黏着。因此，应当尽可能使摩擦表面有吸附物质、氧化物层和润滑剂。例如，在润滑油中加入油性添加剂，能有效地防止金属表面产生黏着磨损；大气中的氧通常会在金属表面形成一层保护性氧化膜，能防止金属直接接触和发生黏着，有利于减少摩擦和磨损。

（2）控制摩擦表面材料的成分和金相组织 材料成分和金相组织相近的两种金属材料之间最容易发生黏着磨损。这是因为两个摩擦表面的材料形成固溶体的倾向强烈，因此，构成摩擦副的材料应当是形成固溶体倾向最小的两种材料，即应当选用不同材料成分和晶体结构的材料。此外，金属间化合物具有良好的抗黏着磨损性能，因此也可选用易于在摩擦表面形成金属间化合物的材料。如果这两个要求都不能满足，则通常在摩擦表面覆盖能有效抵抗黏着磨损的材料，如铅、锡、银等软金属或合金。

（二）磨料磨损

磨料磨损也称为磨粒磨损，它是当摩擦副的接触表面之间存在硬质颗粒，或者当摩擦副材料一方的硬度比另一方的硬度大得多时，所产生的一种类似金属切削过程的磨损。磨料磨损是机械磨损的一种，其特征是在接触面上有明显的切削痕迹。在各类磨损中，磨料磨损约占50%，是十分常见且危害性严重的一种磨损，其磨损速率和磨损强度都很大，致使机械设备的使用寿命大大降低，能源和材料大量消耗。

根据摩擦表面所受应力和冲击的不同，磨料磨损的形式可分为凿削式、高应力碾碎式和低应力擦伤式三类。

1. 磨料磨损机理

磨料磨损的机理属于磨料颗粒的机械作用，磨料的来源有切屑侵入、流体带入、表面磨损产物、材料组织的表面硬点及夹杂物等。

2. 减少或消除磨料磨损的对策

磨料磨损是由磨料颗粒与摩擦表面的机械作用引起的，因而，减少或消除磨料磨损的对策也有两方面。

（1）磨料方面 磨料磨损与磨料的相对硬度、形状、大小（粒度）有密切的关系。磨料的硬度相对于摩擦表面材料硬度越大，磨损越严重；呈棱角状的磨料比圆滑状的磨料的挤切能力强，磨损率高。实践与试验表明，在一定粒度范围内，摩擦表面的磨损量随磨粒尺寸的增大而按比例较快地增加，但当磨料粒度达到一定尺寸（称为临界尺寸）后，磨损量基本保持不变。这是因为磨料本身的缺陷和裂纹随着磨料尺寸增大而增多，导致磨料的强度降低，易于断裂破碎。

（2）摩擦表面材料方面 摩擦表面材料的显微组织、力学性能（如硬度、断裂韧度、弹性模量等）与磨料磨损有很大关系。在一定范围内，硬度越高，材料越耐磨，因为硬度反映了被磨损表面抵抗磨料压力的能力。断裂韧度反映材料对裂纹的产生和扩散的敏感性，对材料的磨损特性也有重要的影响。因此，必须综合考虑硬度和断裂韧度的取值，只有两者配合合理时，材料的耐磨性才最佳。弹性模量的大小，反映被磨材料是否能以弹性变形的方式去适应磨料、允许磨料通过，而不发生塑性变形或切削作用，避免或减少表面材料的磨损。

（三）疲劳磨损

疲劳磨损是摩擦表面材料微观体积受循环接触应力作用产生重复变形，导致产生裂纹和分离出微片或颗粒的一种磨损。

疲劳磨损根据其危害程度可分为非扩展性疲劳磨损和扩展性疲劳磨损两类。

1. 疲劳磨损机理

疲劳磨损的过程就是裂纹产生和扩展的破坏过程。根据裂纹产生的位置，疲劳磨损的机理有以下两种情况。

（1）滚动接触疲劳磨损 在滚动接触过程中，材料表层受到周期性载荷作用，引起塑性变形、表面硬化，最后在表面出现初始裂纹，并沿与滚动方向呈小于45°的倾角方向由表向里扩展。表面上的润滑油由于毛细管的吸附作用而进入裂纹内表面，当滚动体接触到裂口处时将裂口封住，使裂纹两侧内壁承受很大的挤压作用，加速裂纹向内扩展。在载荷的继续作用下，形成麻点状剥落，在表面上留下痘斑状凹坑，深度在0.2mm以下。

（2）滚滑接触疲劳磨损 根据弹性力学，两滚动接触物体在表面下0.786b（b为平面接触区的半宽度）处切应力最大，该处塑性变形最剧烈，在周期性载荷作用下的反复变形使材料局部弱化，并在该处首先出现裂纹。在滑动摩擦力引起的切应力和法向载荷引起的切应力叠加作用下，使最大切应力从0.786b处向表面移动，形成滚滑疲劳磨损，剥落层深度一般为0.2~0.4mm。

2. 减少或消除疲劳磨损的对策

疲劳磨损是由于疲劳裂纹的萌生和扩展而产生的，因此，减少或消除疲劳磨损的对策就是控制影响裂纹萌生和扩展的因素，主要有以下几方面。

（1）材质 钢中存在的非金属夹杂物易引起应力集中，这些夹杂物的边缘最易形成裂纹，从而降低材料的接触疲劳寿命。

材料的组织状态对其接触疲劳寿命有重要影响。通常，晶粒细小、均匀，碳化物呈球状且均匀分布，均有利于提高滚动接触疲劳寿命。

硬度在一定范围内增加，其接触疲劳强度将随之增大。例如，轴承钢表面硬度为62HRC左右时，其抗疲劳磨损能力最大。对于传动齿轮的齿面，其硬度在58~62HRC范围内最佳，而当齿面受冲击载荷时，硬度宜取下限。此外，两个接触滚动体表面硬度的匹配也很重要。例如，滚动轴承中，滚道和滚动元件的硬度相近，或者滚动元件比滚道硬度高出10%为宜。

（2）接触表面粗糙度 适当降低表面粗糙度值可有效提高抗疲劳磨损的能力。如滚动轴承表面粗糙度由$Ra0.40\mu m$降低到$Ra0.20\mu m$，寿命可提高2~3倍；由$Ra0.20\mu m$降低到$Ra0.10\mu m$，寿命可提高1倍；而降低到$Ra0.05\mu m$以下，对寿命的提高影响很小。表面粗糙度要求的高低与表面承受的接触应力有关，通常接触应力大或表面硬度高时，均要求表面粗糙度值低。

（3）表面残余内应力 一般来说，表层在一定深度范围内存在残余压应力，不仅可提高弯曲、扭转疲劳强度，还能提高接触疲劳强度，减少疲劳磨损。但是，残余压应力过大也有害。

（4）其他因素　润滑油的选择很重要，润滑油黏度越高，越有利于改善接触部分的压力分布，同时不易渗入表面裂纹中，这对抗疲劳磨损十分有利；而润滑油中加入活性氯化物添加剂或是能发生化学反应形成酸类物质的添加剂，则会降低轴承的疲劳寿命。机械设备的装配精度影响齿轮齿面啮合接触面积的大小，自然也对接触疲劳寿命有影响。具有腐蚀作用的环境因素对疲劳往往起有害作用，如润滑油中的水。

（四）腐蚀磨损

在摩擦过程中，金属同时与周围介质发生化学反应或电化学反应，引起金属表面的腐蚀剥落，这种现象称为腐蚀磨损。它是与机械磨损、黏着磨损、磨料磨损等相结合时才能形成的一种机械化学磨损。因此，腐蚀磨损的机理与前述三种磨损的机理不同。腐蚀磨损是一种极为复杂的磨损过程，经常发生在高温或潮湿的环境下，更容易发生在有酸、碱、盐等特殊介质的条件下。

按腐蚀介质不同，腐蚀磨损可分为氧化磨损和特殊介质下的腐蚀磨损两大类。

在通常情况下，氧化磨损比其他磨损轻微得多。

减少或消除氧化磨损的对策主要有：

（1）控制氧化膜生长的速度与厚度　在摩擦过程中，金属表面形成氧化物的速度要比非摩擦时快得多。在常温下，金属表面形成的氧化膜厚度非常小，例如，铁的氧化膜厚度为 $1 \sim 3mm$，铜的氧化膜厚度约为 5nm。但是，氧化膜的生成速度随时间而变化。

（2）控制氧化膜的性质　金属表面形成的氧化膜的性质对氧化磨损有重要影响。若氧化膜紧密、完整无孔，与金属表面基体结合牢固，则有利于防止金属表面氧化；若氧化膜本身性脆，与金属表面基体结合差，则容易被磨掉。例如，铝的氧化膜是硬脆的，在无摩擦时，其保护作用大；但在摩擦时，其保护作用很小。又如，低温下铁的氧化物是紧密的，与基体结合牢固；但在高温下，随着厚度增大，内应力也增大，将导致膜层开裂、脱落。

（3）控制硬度　当金属表面氧化膜硬度远大于与其结合的基体金属的硬度时，在摩擦过程中，即使在小的载荷作用下，也易破碎和磨损；当两者硬度相近时，在小载荷、小变形条件下，因两者变形相近，故氧化膜不易脱落；但在受大载荷作用而产生大变形时，氧化膜也易破碎。最有利的情况是氧化膜硬度和基体硬度都很高，在载荷作用下变形小，氧化膜不易破碎，耐磨性好。例如镀硬铬时，其硬度为 900HBW 左右，铬的氧化膜硬度也很高，所以镀硬铬得到了广泛应用。然而，大多数金属氧化物都比原金属硬而脆，厚度又很小，故对摩擦表面的保护作用很有限。但在不引起氧化膜破裂的工况下，表面的氧化膜层有防止金属之间黏着的作用，因而有利于抗黏着磨损。

特殊介质下的腐蚀磨损是摩擦副表面金属材料与酸、碱、盐等介质作用生成的各种化合物，在摩擦过程中不断被磨掉的磨损过程。腐蚀磨损的速度与介质的腐蚀性质和作用温度有关，也与相互摩擦的两个金属形成的电化学腐蚀的电位差有关。介质腐蚀性越强，作用温度越高，腐蚀磨损速度越快。

减少或消除特殊介质下的腐蚀磨损的对策主要有：

1）使摩擦表面受腐蚀时能生成一层结构紧密且与金属基体结合牢固、阻碍腐蚀继续发生或使腐蚀速度减缓的保护膜，可使腐蚀磨损速度减小。

2）控制机械零件或构件所处的应力状态。当机械零件受到重复应力作用时，所产生的腐蚀速度比不受应力时快得多。

（五）微动磨损

两个接触表面由于受相对低振幅振荡运动而产生的磨损称为微动磨损。它产生于相对静止的接合零件上，因而往往易被忽视。例如，在键联结处、过盈配合处、螺栓联接处、铆钉连接接头处等产生的磨损为微动磨损。

微动磨损使配合精度下降，过盈配合部件结合紧度下降甚至松动，联接件松动乃至分离，严重者会引起事故。微动磨损还易引起应力集中，导致联接件疲劳断裂。

1. 微动磨损的机理

由于微动磨损集中在局部范围内，同时两个摩擦表面永远不脱离接触，磨损产物不易往外排除，磨屑在摩擦表面起着磨料的作用；又因摩擦表面之间的压力使表面凸起部分黏着，黏着处被外界小振幅引起的摆动所剪切，剪切处表面又被氧化，所以微动磨损兼有黏着磨损和氧化磨损的作用。

微动磨损是一种兼有磨料磨损、黏着磨损和氧化磨损的复合磨损形式。

2. 减少或消除微动磨损的对策

实践与试验表明，外界条件（如载荷、振幅、温度、润滑等）及材质对微动磨损影响相当大，因而，减少或消除微动磨损的对策主要有以下几方面。

（1）载荷 在一定条件下，随着载荷增大，微动磨损量将增加，但是当超过某临界载荷之后，微动磨损量将减小。采用超过临界载荷的紧固方式可有效减少微动磨损。

（2）振幅 当振幅较小时，单位磨损率较小；当振幅超过 $50 \sim 150\mu m$ 时，单位磨损率显著上升。因此，应有效地将振幅控制在 $30\mu m$ 以内。

（3）温度 低碳钢在 0℃ 以上时，微动磨损量随温度上升而逐渐降低；在 $150 \sim 200℃$ 时，微动磨损量突然降低；继续升高温度，微动磨损量上升；温度从 135℃ 升高到 400℃ 时，微动磨损量增加 15 倍。中碳钢在其他条件不变、温度为 130℃ 时，微动磨损量发生转折；超过此温度，微动磨损量大幅度降低。

（4）润滑 用黏度大、抗剪切强度高的润滑脂有一定效果，固体润滑剂（如 MoS_2、PTFE 等）效果更好。普通的液体润滑剂对防止微动磨损效果不佳。

（5）材质性能 提高硬度及选择适当材料配副都可以减小微动磨损。将一般碳钢表面硬度从 180HV 提高到 700HV 时，微动磨损量可降低 50%。一般来说，抗黏着性能好的材料配副对抗微动磨损也好。采用表面处理（如硫化或磷化处理以及镀上金属镀层）是降低微动磨损的有效措施。

二、机械零件的变形及对策

机械零件或构件在外力的作用下产生形状或尺寸变化的现象称为变形。过量的变形是机械失效的重要类型，也是判断韧性断裂的明显征兆。例如，各类传动轴的弯曲变形、桥式起重机主梁在变形下挠曲或扭曲、汽车大梁的扭曲变形、弹簧的变形等。变形量随时间不断增加，逐渐改变了产品的初始参数，当超过允许极限时，将丧失规定的功能。有的机械零件会因变形引起接合零件出现附加载荷、相互关系失常或加速磨损，甚至造成断裂等灾难性后果。

根据外力去除后变形能否恢复，机械零件或构件的变形可分为弹性变形和塑性变形两大类。

1. 弹性变形

金属零件在作用应力小于材料屈服强度时产生的变形称为弹性变形。弹性变形的特点如下：

1）当外力去除后，零件变形消除，恢复原状。

2）材料弹性变形时，应变与应力成正比，其比值称为弹性模量，它表示材料对弹性变形的阻力。在其他条件相同时，材料的弹性模量越高，由这种材料制成的机械零件或构件的刚度便越高，在受到外力作用时保持其固有尺寸和形状的能力就越强。

3）弹性变形量很小，一般不超过材料原长度的 0.1% ~ 1.0%。

在金属零件的使用过程中，若产生超量弹性变形（超过设计允许的弹性变形），则会影响零件的正常工作。例如：当传动轴工作时，超量弹性变形会引起轴上齿轮啮合状况恶化，影响齿轮和支承它的滚动轴承的工作寿命；机床导轨或主轴发生超量弹性变形，会引起加工精度降低甚至不能满足加工精度。因此，在机械设备运行中，防止超量弹性变形是十分必要的。除了正确设计外，正确使用也十分重要，应严防超载运行，注意运行温度规范，防止热变形等。

2. 塑性变形

塑性变形又称为永久变形，是指机械零件在外加载荷去除后留下来的一部分不可恢复的变形。金属零件的塑性变形从宏观形貌特征上看，主要有翘曲变形、体积变形和时效变形三种形式。

（1）翘曲变形 当金属零件本身受到某种应力（如机械应力、热应力或组织应力等）的作用，其实际应力值超过了金属在该状态下的拉伸屈服强度或压缩屈服强度后，就会产生呈翘曲、椭圆或歪扭的塑性变形。因此，金属零件产生翘曲变形是它自身受复杂应力综合作用的结果。翘曲变形常见于细长轴类、薄板状零件以及薄壁的环形和套类零件。

（2）体积变形 金属零件在受热与冷却过程中，由于金相组织转变引起比体积变化，导致金属零件体积胀缩的现象称为体积变形。例如，钢件淬火相变时，奥氏体转变为马氏体或下贝氏体时比体积增大，体积膨胀，淬火相变后残留奥氏体的比体积减小，体积收缩。马氏体形成时的体积变化程度与淬火相变时马氏体中的含碳量有关：钢件中含碳量越多，形成马氏体时的比体积变化越大，膨胀量也越大。此外，钢中碳化物不均匀分布往往会增大变形程度。

（3）时效变形 钢件热处理后产生不稳定组织，由此引起的内应力处于不稳定状态；铸件在铸造过程中形成的铸造内应力也处于不稳定状态。在常温下放置或使用较长时间，不稳定状态的应力会逐渐发生转变，并趋于稳定，由此伴随产生的变形称为时效变形。

塑性变形导致机械零件各部分尺寸和外形的变化，将引起一系列不良后果。例如，机床主轴塑性弯曲，将不能保证加工精度，导致废品率增大，甚至使主轴不能工作。

零件的局部塑性变形虽然不像零件的整体塑性变形那样引起明显失效，但也是引起零件失效的重要形式。如键联结、花键联结、挡块和销钉等，由于静压力作用，通常会引起配合的一方或双方的接触表面挤压（局部塑性变形），随着挤压变形的增大，可能使能够反向运动的零件引起冲击，使原配合关系破坏的过程加剧，从而导致机械零件失效。

3. 防止和减少机械零件变形的对策

变形是不可避免的，可从下列四个方面采取相应的对策防止和减少机械零件变形。

（1）设计 设计时不仅要考虑零件的强度，还要重视零件的刚度和制造、装配、使用、拆卸、修理等问题。

1）正确选用材料，注意工艺性能。如铸造的流动性、收缩性，锻造的可锻性、冷镦性，焊接的冷裂、热裂倾向性，机加工的可加工性，热处理的淬透性、冷脆性等。

2）合理布置零件，选择适当的结构尺寸。如避免尖角，棱角改为圆角、倒角；厚薄悬殊的部分可开工艺孔或加厚太薄的地方；安排好孔洞位置，把不通孔改为通孔等。形状复杂的零件在可能条件下采用组合结构、镶拼结构，以改善受力状况。

3）在设计中，注意应用新技术、新工艺和新材料，减少制造时的内应力和变形。

（2）加工 在加工中要采取一系列工艺措施来防止和减少变形。对毛坯要进行时效以消除其残余内应力。时效有自然时效和人工时效两种。自然时效是将生产出来的毛坯在露天存放 1～2 年，这是利用毛坯材料的内应力有在 12～20 个月逐渐消失的特点，在此时间段内其时效效果最佳；缺点是时效周期太长。人工时效可使毛坯通过高温退火、保温缓冷而消除内应力，也可利用振动作用来进行人工时效。高精度零件在精加工过程中必须安排人工时效。

制订零件的机械加工工艺规程时，在工序、工步的安排上，以及工艺装备和操作上均应采取减少变形的工艺措施。例如，遵循粗、精加工分开的原则，在粗、精加工中间留出一段存放时间，以利于消除内应力。

机械零件在加工和修理过程中要减少基准的转换，保留加工基准留给维修时使用，减少维修加工中因基准不统一而造成的误差。对于经过热处理的零件来说，注意预留加工余量、调整加工尺寸、预加变形，这是非常必要的。在知道零件的变形规律之后，可预先加以反向变形量，经热处理后两者抵消；也可预加应力或控制应力的产生和变化，使最终变形量符合要求，达到减少变形的目的。

（3）修理 在修理过程中，既要满足恢复零件的尺寸、配合精度、表面质量等技术要求，还要检查和修复主要零件的形状、位置误差。为了尽量减少零件在修理中产生的应力和变形，应当制订出与变形有关的标准和修理规范，设计简单可靠、好用的专用量具和工夹具，同时注意大力推广"三新"（新技术、新工艺、新材料），特别是新的修复技术，如刷镀、粘接等。

（4）使用 加强设备管理，制订并严格执行操作规程，加强对机械设备的检查和维护，不超负荷运行，避免局部超载或过热等。

三、机械零件的断裂及对策

断裂是零件在机械、热、磁、腐蚀等单独作用或联合作用下，其本身连续性遭到破坏，发生局部开裂或分裂成几部分的现象。

机械零件断裂后不仅完全丧失工作能力，还可能造成重大的经济损失或伤亡事故。尤其是现代机械设备日益向着大功率、高转速的趋势发展，机械零件断裂失效的概率有所提高。尽管与磨损、变形相比，机械零件因断裂而失效的情况很少，但机械零件的断裂往往会造成严重的机械事故，产生严重的后果，是一种最危险的失效形式。

机械零件的断裂一般可分为延性断裂、脆性断裂、疲劳断裂和环境断裂四种形式。

1. 延性断裂

延性断裂又称为塑性断裂或韧性断裂。当外力引起的应力超过抗拉强度，发生塑性变形后造成的断裂称为延性断裂。延性断裂的宏观特点是断裂前有明显的塑性变形，常出现"缩颈"现象。延性断裂断口形貌的微观特点是断面有大量韧窝（即微坑）覆盖。延性断裂实际上是显微空洞形成、长大、连接以致最终导致断裂的一种破坏方式。

2. 脆性断裂

金属零件或构件在断裂之前无明显的塑性变形，发展速度极快的一类断裂称为脆性断裂。它通常在没有预示信号的情况下突然发生，是一种极危险的断裂形式。

3. 疲劳断裂

机械设备中的许多零件，如轴、齿轮、凸轮等，都是在交变应力作用下工作的。它们工作时所承受的应力一般都低于材料的屈服强度或抗拉强度，按静强度设计的标准是安全的。但在实际生产中，在重复及交变载荷的长期作用下，机械零件或构件仍然会发生断裂，这种现象称为疲劳断裂，它是一种普通而严重的失效形式。在机械零件的断裂失效中，疲劳断裂占很大的比重，为80%~90%。

疲劳断裂的类型很多，根据循环次数的多少可分为高周疲劳和低周疲劳两种类型。高周疲劳又称为高循环疲劳或应力疲劳，是指机械零件断裂前在低应力（低于材料的屈服强度甚至弹性极限）下，经历多次应力循环（一般大于10^5次）的疲劳，是一种常见的疲劳破坏。如曲轴、汽车后桥半轴、弹簧等零部件的失效一般属于高周疲劳破坏。

低周疲劳又称为应变疲劳。低周疲劳的特点是承受的交变应力很高，一般接近或超过材料的屈服强度，因此每一次应力循环都有少量的塑性变形，而断裂前所经历的循环周次较少，一般只有10^2~10^5次，寿命短。

4. 环境断裂

环境断裂是指材料与某种特殊环境相互作用而引起的具有一定环境特征的断裂方式。延性断裂、脆性断裂、疲劳断裂均未涉及材料所处的环境，实际上机械零件的断裂除了与材料的特性、应力状态和应变速度有关外，还与周围的环境密切相关，尤其是在腐蚀环境中，材料表面的裂纹边沿由于氧化、腐蚀或其他过程使材料强度下降，促使材料发生断裂。环境断裂主要有应力腐蚀断裂、氢脆断裂、高温蠕变断裂、腐蚀疲劳断裂及冷脆断裂等形式。

5. 减少或消除机械零件断裂的对策

(1) 设计　在金属结构设计上要合理，尽可能减少或避免应力集中，合理选择材料。

(2) 工艺　采用合理的工艺结构，注意消除残余应力，严格控制热处理工艺。

(3) 使用　按设备说明书操作、使用机电设备，杜绝超载使用机电设备。

四、机械零件的蚀损及对策

蚀损即腐蚀损伤。机械零件的蚀损，是指金属材料与周围介质产生化学反应或电化学反应而导致的破坏。疲劳点蚀、腐蚀和穴蚀等统称为蚀损。疲劳点蚀是指零件在循环接触应力作用下表面发生的点状剥落的现象；腐蚀是指零件受周围介质的化学及电化学作用，表层金属发生化学变化的现象；穴蚀是指零件在温度变化和介质的作用下，表面产生针状孔洞，并不断扩大的现象。

金属腐蚀是普遍存在的自然现象，它所造成的经济损失十分惊人。据不完全统计，全世界因腐蚀而不能继续使用的金属零件，约占其产量的10%以上。

金属零件由于周围的环境以及材料内部成分和组织结构的不同，腐蚀破坏有凹洞、斑点、溃疡等多种形式。

按金属与介质的作用机理，机械零件的蚀损可分为化学腐蚀和电化学腐蚀两大类。

1. 机械零件的化学腐蚀

化学腐蚀是指单纯由化学作用引起的腐蚀。这一腐蚀过程不产生电流，介质是非导电性的。化学腐蚀的介质一般有两种形式：一种是气体腐蚀，指干燥空气、高温气体等介质中的腐蚀；另一种是非电解质溶液中的腐蚀，指有机液体、汽油、润滑油等介质中的腐蚀，它们与金属接触时进行化学反应形成表面膜，在不断脱落又不断生成的过程中使零件腐蚀。

大多数金属在室温下的空气中就能自发地氧化，但在表面形成氧化物层之后，如能有效地隔离金属与介质间的物质传递，就成为保护膜；如果氧化物层不能有效阻止氧化反应的进行，那么金属将不断被氧化。

在高温空气中，铁和铝都能生成完整的氧化膜，铝的氧化膜具有良好的保护性能；而铁的氧化膜与铁结合不良，起不了保护作用。

2. 金属零件的电化学腐蚀

电化学腐蚀是金属与电解质物质接触时产生的腐蚀。大多数金属的腐蚀都属于电化学腐蚀，其涉及面广，造成的经济损失大。电化学腐蚀与化学腐蚀的不同点在于其腐蚀过程有电流产生。电化学腐蚀过程比化学腐蚀强烈得多，这是由于电化学腐蚀的条件易形成和存在。

电化学腐蚀的根本原因是腐蚀电池的形成。在原电池中，作为阳极的锌被溶解，作为阴极的铜未被溶解，在电解质溶液中有电流产生。电化学腐蚀原理与此很相近，同样需要形成原电池的三个条件：两个或两个以上的不同电极电位的物体，或在同一物体中具有不同电极电位的区域，以形成正、负极；电极之间需要有导体相连接或电极直接接触；有电解液。

金属零件常见的电化学腐蚀形式主要有：

（1）大气腐蚀　即潮湿空气中的腐蚀。

（2）土壤腐蚀　如地下金属管线的腐蚀。

（3）在电解质溶液中的腐蚀　如酸、碱、盐等溶液中的腐蚀。

（4）在熔融盐中的腐蚀　如热处理车间，熔盐加热炉中的盐炉电极和所处理的金属发生的腐蚀。

3. 减少或消除机械零件蚀损的对策

（1）正确选材　根据环境介质和使用条件，选择合适的耐蚀材料，如含有镍、铬、铝、硅、钛等元素的合金钢；在条件许可的情况下，尽量选用尼龙、塑料、陶瓷等材料。

（2）合理设计　在制造机械设备时，即使采用了较优质的材料，如果在结构的设计上不从金属防护角度加以全面考虑，也会引起机械应力、热应力以及流体的停滞和聚集、局部过热等问题，从而加速腐蚀过程。因此，设计结构时应尽量使整个部位的所有条件均匀一致，做到结构合理、外形简化、表面粗糙度合适。

（3）覆盖保护层　在金属表面上覆盖一层不同的材料，可改变表面结构，使金属与介质隔离开来，以防止腐蚀。常用的覆盖材料有金属或合金、非金属保护层和化学保护层等。

（4）电化学保护　对被保护的机械设备通以直流电流进行极化，以消除电位差，使之达到某一电位时，被保护金属的腐蚀可以很小，甚至呈无腐蚀状态。这种方法要求介质必须是导电的、连续的。

（5）添加缓蚀剂　在腐蚀性介质中加入少量缓蚀剂（能减小腐蚀速度的物质），可减轻腐蚀。按化学性质的不同，缓蚀剂有无机化合物和有机化合物两类。无机化合物能在金属表面形成保护，使金属与介质隔开，如重铬酸钾、硝酸钠、亚硫酸钠等；有机化合物能吸附在金属表面上，使金属的溶解和还原反应都受到抑制，从而减轻金属腐蚀，如胺盐、琼脂、动物胶、生物碱等。

（6）改变环境条件 将环境中的腐蚀介质去除，可减少其腐蚀作用。如采用通风、除湿、去掉二氧化硫气体等措施。对常用金属材料来说，把相对湿度控制在临界湿度（50%~70%）以下，可显著减缓大气腐蚀。

五、设备零件修理与更换原则

机器设备在修理前进行检查时，正确地确定各种失效零件是修复还是更换，将直接影响机器设备修理的质量、成本、效率和周期。这不仅是一个技术问题，而且是一个综合性的问题，需要同时考虑设备的精度、修理费用、本单位的修理技术水平以及生产工艺对机器设备各种精度、性能的要求等。这些问题有时是互相矛盾的，必须具体问题具体分析，结合所修理设备的实际情况，分清主次，正确处理精度与成本、需要与可能等的矛盾，有时还要结合对失效零件的分析，决定某些结构或零件是否需要改进。

（一）确定零件修换应考虑的因素

机械零件失效后对机电设备的影响有两个方面：一方面是失效零件能否保证其正常工作；另一方面是零件失效对整台设备的影响。确定零件修换应考虑的因素有两大方面。

1. 失效零件能否保证其正常工作方面的影响因素

失效零件能保证其正常工作的条件是零件的失效没有超过其允许的程度。

（1）零件对其本身刚度和强度的影响 在某些场合，零件的磨损可允许达到其强度所决定的数值，这时应按零件的强度极限来决定零件是否修复或更换。当零件表面产生裂纹时，继续使用会使其迅速发生变化，引起严重事故，这时必须修换。重型设备的主要承力件发现裂纹必须更换；一般零件，由于磨损加重，间隙增大，而导致冲击加重，应从强度角度考虑修复或更换。

（2）零件对磨损条件恶化的影响 磨损零件继续使用可引起磨损加剧，甚至出现效率下降、发热、表面剥蚀等，最后引起断裂等事故，这时必须修复或更换。如渗碳或氮化的主轴支承轴颈磨损，失去或接近失去硬化层时，就应该修复或更换。

2. 失效零件对整台设备的影响因素

（1）零件对设备精度的影响 有些零件磨损后影响设备精度，如金属切削机床主轴磨损将使其加工的工件质量达不到要求，这时就应该修复或更换。一般零件的磨损未超过规定公差时，估计能使用到下一修理周期者可不更换；估计用不到下一修理期，或会对精度产生影响，拆卸又不方便的，应考虑修复或更换，或者备料待换。

（2）零件对完成预定使用功能的影响 当设备零件磨损已不能完成预定的使用功能时，应予以修复或更换。如离合器失去传递动力的作用，液压系统不能达到预定的压力和压力分配，凸轮机构不能保证预定的运动规律等，均应考虑修复或更换。

（3）零件对机器性能和操作的影响 当设备零件磨损到虽还能完成预定的使用功能，但影响了设备的性能和操作时，应根据其磨损程度决定是否修复或更换。如齿轮传动噪声增大、效率下降、平稳性渐遭破坏，零件间相互位置产生偏移，运动阻力增加等，均应予以修复或更换。

（4）零件对设备生产率的影响 设备零件磨损后，增加了设备空转运行的时间，或增加了操作工人的劳动强度，从而降低了设备的生产率，此时应根据磨损情况决定是否修复或更换。如机床导轨磨损，配合表面研伤，丝杠副磨损、弯曲等，使机床不能满负荷工作或因此增加了操作工人的劳动强度，致使生产率下降，应按实际情况决定是否修复或更换。

在确定失效零件是否应修复或更换时，必须首先考虑零件对整台设备的影响，然后考虑零件能否满足其正常工作的条件。

（二）修复零件应满足的要求

机电设备零件失效后，在保证设备精度的前提下，能够修复的应尽量修复，要尽量减少更换新件。一般来说，对失效零件进行修复，可节约材料、减少配件的加工、减少备件的储备量，从而降低修理成本和缩短修理时间。应不断提高零件修理工艺水平，使更多的更换件转化为修复件。失效的零件是修复还是更换新件，是由很多因素决定的，应当综合分析，根据下列原则确定。

（1）可靠性　要考虑零件修理后的使用寿命。修理后的零件至少应能维持一个修理周期，即属于小修范围的零件要能维持一个小修间隔期；属于大修或项修范围的零件，修复后应能维持一个项修间隔期。

（2）准确性　修复零件应全面恢复零件原有的技术性能，或达到修理技术文件所规定的技术标准（或条件），其中包括零件的尺寸、公差、表面粗糙度、几何公差、硬度或技术条件等。

（3）经济性　保证设备精度、性能是修复设备零件的一个基本原则。保证修理质量和降低修理费用往往是矛盾的，各种修理方法消耗的费用也不相同。因此，决定失效零件是修理还是更换以及采取什么方法修复，必须考虑修理的经济性，修复磨损零件必须既能保证维修质量又能降低维修费用。修复零件在考虑经济效益时，应在保证前两项要求的前提下降低修理成本。比较更换与修复的经济性时，要同时比较修复与更换的成本和使用寿命，当相对修理成本低于相对新制件成本时，应考虑修复。即满足

$$\frac{S_修}{T_修} < \frac{S_新}{T_新}$$

式中　$S_修$——修复旧件的费用（元）；

　　　$T_修$——修复零件的使用期（月）；

　　　$S_新$——新件的成本（元）；

　　　$T_新$——新件的使用期（月）。

（4）可能性　修理工艺的技术水平直接影响修理方法的选择，也影响修复或更换的选择。失效零件在本厂和附近工厂能否修复，是选择修理方法以及决定零件修复或更换的重要因素。要不断提高设备修理的可能性，一方面应考虑工厂现有的修理工艺技术水平能否保证修理后达到零件的技术要求；另一方面应不断提高和更新工厂现有的修理工艺技术水平，通过学习、研制开发，结合实际生产情况，采用更先进的修理工艺。

（5）安全性　修复的零件必须保持或恢复足够的强度和刚度，必要时要进行强度和刚度检验。例如，轴类零件修磨后外径减小，轴套镗孔后孔径增大，会影响零件的强度和刚度。

（6）时间性　失效零件采取修复措施，其修理周期一般应比重新制造周期短，否则应考虑更换新件。但对于一些大型、精密的重要零件，一时无法更换新件的，尽管修理周期可能要长些，也应考虑对旧零件进行修复。

（三）制订修换件明细表

修换件明细表是预测机电设备修理时需要更换或修复的零件的明细表。它是设备大修前准备备品配件的依据，应当力求准确。

编制修换件明细表时一般应遵循以下原则：

1）需要锻、铸、焊接件毛坯的更换件，制造周期长、精度高的更换件，需外购大型、高精度滚动轴承、液压元件、气动元件、密封件等，需采用修复技术的主要零件，零件制造周期不长但需用量较大的零件等，均应列入修换件明细表。

2）所有使用期限不超过修理间隔期的易损零件，均应列入修换件明细表。

3）使用期限虽然大于修理间隔期，但如果设备上的相同零件很多或同型号的设备很多而需大量消耗的零件，均应列入修换件明细表。

4）稀有及关键性设备（不论其使用期限长短）的全部配件，均应列入修换件明细表。

5）修理前检查中确定应更换的零件，如无库存储备，应按配件制作，可根据检查后提出的修换件明细表制造。

6）用铸铁、一般钢材毛坯加工，工序少而且大修理时制造不影响工期的零件，可不列入修换件明细表。

7）需以毛坯或半成品形式准备的零件、需要成对（组）准备的零件，都应在修换件明细表上加以说明。

8）对流水线上的设备或关键设备，可考虑按部件准备更换件，即采用"更换部件法"，其经济效益非常显著。

任务五　了解设备维修前的准备工作

为了保证设备正常运行和安全生产，对设备实行有计划的预防性修理，是工业企业设备管理与维修工作的重要组成部分。本任务介绍设备大修工艺过程、设备修理方案的确定、设备修理前的技术和物质准备等内容。

一、设备大修工艺过程

为保持机电设备的各项精度和工作性能，在实施维护保养的基础上，必须对机电设备进行预防性计划修理，其中设备大修工作是恢复设备精度的一项重要工作。在设备预防性计划修理类别中，设备大修是工作量大、修理时间较长的一类修理。设备大修就是将设备全部或大部分解体，修复基础件，更换或修复机械零件、电气零件，调整修理电气系统，整机装配和调试，以达到全面清除大修前存在的缺陷、恢复设备规定的精度与性能的目的。

机电设备大修过程一般包括：解体前整机检查、拆卸部件、部件检查、必要的部件分解、零件清洗及检查、部件修理装配、总装配、空运转试车、负荷试车、整机精度检验、竣工验收等，如图1-4所示。在实际工作中，应按大修作业计划进行并同时做好作业调度、作业质量控制及竣工验收等主要管理工作。

图1-4　机电设备大修的工作过程

机电设备的大修过程一般可分为修前准备、施工和修后验收三个阶段。

1. 修前准备

为了使修理工作顺利地进行并做到准确无误，修理人员应认真听取操作者对设备修理的要求，详细了解待修设备的主要问题，如设备精度丧失情况、主要机械零件的磨损程度、传动系统的精度状况和外观缺陷等；了解待修设备为满足工艺要求应做哪些部件的改进和改装，阅读有关技术资料、设备使用说明书和历次修理记录，熟悉设备的结构特点、传动系统和原设计精度要求，以便提出预检项目。经预检确定大件、关键件的具体修理方法，准备专用工具和检测量具，确定修后的精度检验项目和试车验收要求，这样就为整台设备的大修做好了各项技术准备工作。

2. 施工

施工开始后，首先进行设备的解体工作，按照与装配相反的顺序和方向，即"先上后下，先外后里"的顺序，有次序地解除零部件在设备中相互约束和固定的形式。拆卸下来的零件应进行二次预检，根据二次预检情况提出二次补修件；还要根据更换件和修复件的供应、修复情况，大致排定修理工作进度，以使修理工作有步骤、按计划地进行，以免因组织工作的衔接不当而延长修理周期。

设备修理能够达到的精度和效能与修理工作配备的技术力量、设备大修次数及修前技术状况等有关。一般认为，对于初次大修的机械设备，它的精度和效能都应达到原出厂的标准；经过两次以上大修的设备，其修后的精度和效能要比新设备低。如果上次大修后的技术状态比较好，将会使这次修理的质量容易接近原出厂的标准；反之，就会给下次大修造成困难，其修后质量较难接近原出厂标准，甚至无法进行修理。

对于在修理工作中能够恢复到原有精度标准的设备，应全力以赴，保证达到原有精度标准。对于恢复不到原出厂标准的设备，应有所侧重，根据该设备所承担的生产任务，对关系较大的几项精度指标，多投入技术力量和多下工夫，使之达到保证生产工艺最起码的要求。对于具体零部件的修复，应根据待修件的结构特点、精度高低并结合现场的修复能力，拟订合理的修理方案和相应的修复方法，进行修复直至达到要求。

设备整机的装配工作以验收标准为依据进行。装配工作应选择合适的装配基准面，确定误差补偿环节的形式及补偿方法，确保各零部件之间的装配精度，如平行度、同轴度、垂直度及传动的啮合精度要求等。

3. 修后验收

凡是经过修理装配调整好的设备，都必须按有关规定的精度标准项目或修前拟订的精度项目，进行各项精度检验和试验，如几何精度检验、空运转试验、载荷试验和工作精度检验等，全面检查衡量所修理设备的质量、精度和工作性能的恢复情况。

设备修理后，应记录对原技术资料的修改情况和修理中的经验教训，做好修后工作小结，与原始资料一起归档，以备下次修理时参考。

二、设备修理方案的确定

对设备大修，不但要达到预定的技术要求，而且要力求提高经济效益。因此，在修理前应切实掌握设备的技术状况，制订切实可行的修理方案，充分做好技术和生产准备工作；在修理中要积极采用新技术、新材料、新工艺和现代管理方法，做好技术、经济和组织管理工作，以保证修理质量，缩短停修时间，降低修理费用。

必须通过预检，在详细调查了解设备修理前技术状况、存在的主要缺陷和产品工艺对设备的技术要求后，立即分析制订修理方案，其主要内容有：

1) 按产品工艺要求，设备的出厂精度标准能否满足生产需要；如果个别主要精度项目标准不能满足生产需要，能否采取工艺措施提高精度；哪些精度项目可以免检。

2）对多发性重复故障部位，分析改进设计的必要性与可能性。

3）对关键零部件，如精密主轴部件、精密丝杠副、分度蜗杆副的修理，本企业维修人员的技术水平和条件能否胜任。

4）对基础件，如床身、立柱、横梁等的修理，采用磨削、精刨或精铣工艺，在本企业或本地区其他企业实现的可能性和经济性。

5）为了缩短修理时间，哪些部件采用新部件比修复原部件更经济。

6）如果由本企业承修，哪些修理作业需委托外企业协作，与外企业联系并达成初步协议。如果本企业不能胜任和不能实现对关键零部件、基础件的修理工作，应确定委托其他企业来承修，这些企业是指专业修理公司、设备制造公司等。

三、设备修理前的技术准备

机电设备大修前的准备工作很多，大多是技术性很强的工作，其完善程度和准确性、及时性都会直接影响大修进度计划、修理质量和经济效益。设备修理前的技术准备，包括设备修理的预检和预检的准备、修理图样资料的准备、各种修理工艺的制订及修理工检具的制造和供应。各企业的设备维修组织和管理分工有所不同，但设备大修前的技术准备工作内容及程序大致相同，如图1-5所示。

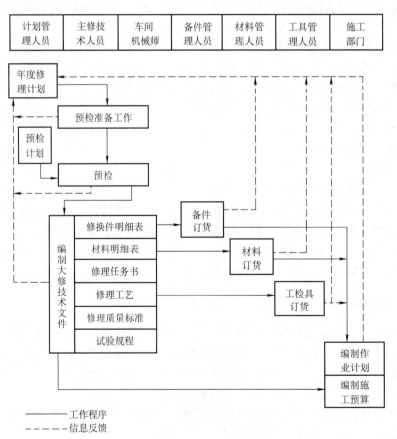

图1-5 设备大修准备工作内容及程序

1. 预检

为了全面深入了解设备技术状态劣化的具体情况，在大修前安排的停机检查，通常称为预检。预检工作由主修技术人员负责，设备使用单位的机械人员和维修工人参加，并共同承担。预检工作量由设备的复杂程度、劣化程度决定，设备越复杂，劣化程度越严重，预检工作量就越大，预检时间也越长。

预检既可验证事先预测的设备劣化部位及程度，又可发现事先未预测到的问题，从而全面、深入了解设备的实际技术状态，结合已经掌握的设备技术状态劣化规律，作为制订修理方案的依据。从预检结束至设备解体大修开始之间的时间间隔不宜过长，否则可能在此期间设备技术状态加速劣化，致使预检的准确性降低，给大修施工带来困难。

2. 编制大修技术文件

通过预检和分析确定修理方案后，必须以大修技术文件的形式做好修理前的技术准备工作。机电设备大修技术文件有修理技术任务书、修换件明细表、材料明细表、修理工艺、修理质量标准等。这些技术文件是编制修理作业计划，准备备品、配件、材料，校算修理工时与成本，指导修理作业以及检查和验收修理质量的依据，它们的正确性和先进性是衡量企业设备维修技术水平的重要标志之一。

四、设备修理前的物质准备

设备修理前的物质准备是一项非常重要的工作，是搞好维修工作的物质条件。实际工作中，经常由于备品配件供应不上而影响修理工作的正常进行，延长修理停歇时间，造成"窝工"现象，使生产受到损失。因此，必须加强设备修理前的物质准备工作。

主修技术人员在编制好修换件明细表和材料明细表后，应及时将明细表交给备件、材料管理人员，备件、材料管理人员在核对库存后提出订货。主修技术人员在制订好修理工艺后，应及时把专用工、检具明细表和图样交给工具管理人员。工具管理人员经校对库存后，把所需用的库存专用工检具送有关部门鉴定，按鉴定结果，如需修理应提请有关部门安排修理，同时要对新的专用的工检具提出订货。

五、设备维修方式与修理类别

机电设备的修理是修复由正常或非正常原因造成的设备损坏和精度劣化，通过修理更换已经磨损、老化、腐蚀的零件，使设备性能得到恢复。机电设备的故障将造成生产的停顿和企业的经济损失。为了保证设备正常运行和安全生产，对设备实行有计划的预防性修理是工业企业设备管理工作的重要组成部分。

（一）常用的设备维修方式

机电设备常用的维修方式有事后维修、预防维修、改善维修和无维修设计。

1. 事后维修

事后维修是指机电设备发生故障后进行的修理，即不坏不修、坏了再修。对一些主要设备，应当尽量避免事后维修；但对那些对生产影响较小或有备机的设备，采取事后维修是比较经济合算的。

2. 预防维修

在机电设备发生故障之前就进行的修理称为预防维修。由于预防维修可以制订计划，因此又把这种有计划的预防维修称为计划预修。它的主要优点是减少设备的意外事故，确保生产的连续性，使设备维护与修理工作纳入计划，消除了生产组织的盲目性；提高了设备的利用率，降低了修理成本，延长了设备的自然寿命。

目前主要有两种计划预修体系，即计划预修制与预防维修。在预防维修的基础上又发展了全员生产维修。

计划预修制是以修理周期结构为核心的一种修理体系。所谓修理周期结构是指在一个修理周期内，大修、项修、小修和定期检查的次数与排列顺序。设备的修理周期结构是编制设备预修计划的依据。预防维修则以设备的日常点检和定期检查为基础，它要求按照规定的检查内容和标准定期检查设备，根据检查结果，编制预修计划，对检查的内容、标准和检查周期并无现成的规定，必须按设备的具体情况具体分析，自行制订，并在实践中不断修改，使其符合实际磨损规律。两种体系既有共性又有差异，近年来又各自有所发展，并且在某些方面互相渗透。例如，计划预修制指出了对设备进行技术诊断，按诊断结果和实际开动台时修正预修计划的措施；预防维修也提出了对使用情况稳定的设备，可依据维修记录，找出磨损规律，确定修理周期，以省略检查等。

3. 改善维修

改善维修也称为改善性维修。改善维修是为了防止故障重复发生而对机电设备的技术性能加以改进的一种维修。它结合修理进行技术改造，修理后，可提高设备的部分精度、性能和效率。

机电设备在运行过程中将出现一些薄弱环节，这就需要对某些设备或零部件进行技术改造和结构改进，提高其可靠性，提高设备的技术水平，以取得更好的经济效果。

改善维修的重点如下：

1）原设备部分结构不合理，新产品中已改进。

2）可改善故障频发的结构。

3）可缩短辅助时间。

4）可减轻操作强度，减轻能耗和污染。

5）按工艺要求提高部分精度。

改善维修的最大特点是修改结合。在实际生产中，改善维修常常结合机电设备的大修、项修进行。在进行改善维修时，应根据对机件故障的检查和分析结果，有计划地改进机电设备结构和机件材质等方面的修理。

4. 无维修设计

无维修设计是设备维修的理想目标，是指针对机电设备维修过程中经常遇到的故障，在新设备的设计中采取改进措施予以解决，力求使维修工作量降低到最低限度或根本不需要进行维修。

（二）设备修理类别

由于设备维修方式和修理对象、部位、程度及企业生产性质等的不同，设备的修理类别也不完全一样。按修理内容、技术要求和工作量大小可划分为小修、项修和大修三种类型。在工业企业的实际设备管理与维修工作中，小修已和二级维护保养合在一起进行；项修主要是针对性修理，很多企业通过加强维护保养和针对性修理、改善性修理等来保证设备的正常运行；但是对于动力设备、大型连续性生产设备、起重设备以及某些必须保证安全运转和经济效益显著的设备，有必要在适当的时间安排大修。各类设备所包含的工作内容和要求不一样，要根据每台设备的使用和磨损情况，确定不同的修理类别。

1. 小修

小修也称为日常维修，是根据设备日常检查或其他状态检查中所发现的设备缺陷或劣化征兆，在故障发生之前及时进行排除的修理，它属于预防修理范围，工作量不大。日常维修是车间维修组除项修和故障修理任务之外的一项极其重要的控制故障发生的日常性维修工作。

小修是对设备进行修复，更换部分磨损较快和使用期限等于或小于修理间隔期的零件，调整设备的局部结构，以保证设备能正常运转到下一次计划修理时间的修理。小修时，要对拆卸下来的零件进行清洗，将设备外部全部擦净。小修一般在生产现场进行，由车间维修工人执行。一般情况下，可以用二级保养代替小修。

二级保养是以维修工人为主，操作工人参加，对设备进行全面清洗、部分解体检查和局部修理的一种计划检修工作。其主要内容包括：恢复安装水平；调整影响工艺要求的主要项目的间隙；局部恢复精度；修复或更换必要的磨损零件；刮研磨损的局部及刮平伤痕、毛刺；清洗各润滑部位，换油并治理漏油部位；清扫、检查、调整电器部位；做好全面检查记录，为计划修理（大修、项修）提供依据。机电设备累计运转约2500h，要进行一次二级保养，一般停修时间为24～32h。

2. 项修

项修即项目修理，也称针对性修理。项修是为了使设备处于良好的技术状态，对设备精度、性能、效率达不到工艺要求的某些项目或部件，按需要所进行的具有针对性的局部修理。

项修时，对设备进行部分解体，修理或更换部分主要零件与基准件的数量为10%～30%，修理使用期限等于或小于修理间隔期的零件；对床身导轨、刀架、床鞍、工作台、横梁、立柱、滑块等进行必要的刮研，但总刮研面积不超过30%～40%，其他摩擦面不刮研。项修时要求校正坐标，恢复设备规定精度、性能及功率；对其中个别难以恢复的精度项目，可以延长至下一次大修时恢复；对设备的非工作表面要打光后涂漆。项修的大部分修理项目由专职维修工人在生产车间现场进行，个别要求高的项目由机修车间承担。设备项修后，质量管理部门和设备管理部门要组织机械员、主修人员和操作者，根据项修技术任务书的规定和要求，共同检查验收。检验合格后，由项修质量检验员在检修技术任务书上签字，主修人员填写设备完工通知单，并由送修与承修单位办理交接手续。

项修的主要内容如下：

1）全面进行精度检查，据此确定拆卸分解需要修理或更换的零部件。

2）修理基准件，刮研或磨削需要修理的导轨面。

3）对需要修理的零部件进行清洗、修复或更换（到下次修理前能正常使用的零件不更换）。

4）清洗、疏通各润滑部位，换油、更换油毡油线。

5）治理漏油部位。

6）喷漆或补漆。

7）按修理精度、出厂精度或项修技术任务书规定的精度标准进行检验，对修完的设备进行全部检查。但对项修时难以恢复的个别精度项目可适当放宽。

3. 大修

大修即大修理，是以全面恢复设备工作精度、性能为目标的一种计划修理。大修是针对长期使用的机电设备，为了恢复其原有的精度、性能和生产率而进行的全面修理。

在设备大修中，对设备使用中发现的原设计制造缺陷，如局部设计结构不合理、零件材料设计使用不当、整机维修性差、拆装困难等，可应用新技术、新材料、新工艺进行针对性的改进，以期提高设备的可靠性。也就是说，通过"修中有改、改修结合"的方式提高设备的技术素质。

大修的主要内容如下：

1）对设备的全部或大部分部件解体检查，全部进行精度检验，并做好记录。

2）全部拆卸设备的各部件，对所有零件进行清洗，做出修复或更换的鉴定。

3）编制大修理技术文件，并做好备件、材料、工具、检具、技术资料等各方面的准备。

4）更换或修复磨损零部件，以恢复设备应有的精度和性能。

5）刮研或磨削全部导轨面（磨损严重的应先刨削或铣削）。

6）修理电气系统。

7）配齐安全防护装置和必要的附件。

8）整机装配，并调试达到符合大修质量标准。

9）翻新外观，重新喷漆、电镀。

10）整机验收，按设备出厂标准进行检验。

除做好正常大修内容外，还应考虑适时、适当地进行相关技术改造，如对多发性故障部位，可改进设计来提高其可靠性；对落后的局部结构设计、不当的材料使用、落后的控制方式等，酌情进行改造；按照产品工艺要求，在不改变整机结构的情况下，局部提高个别主要部件的精度等。

对机电设备大修总的技术要求是：全面清除修理前存在的缺陷，大修后应达到设备出厂或修理技术文件所规定的性能和精度标准。

榜样的力量

胡应华，男，中共党员，中国第二重型机械集团有限公司首席技能大师。参加工作40余年来，胡应华带领团队完成了"世界第一"8万t大型模锻压机、"亚洲第一锤"100t/m无砧座对击锤、宝钢5m轧机等数十项国家重大装备的装配工作，练就了重型成套设备完美装配的绝技绝活。他用无私的奉献、高尚的品德、精湛的技艺和灵巧的双手，为国家重点工程建设和企业发展做出了突出贡献，先后荣获全国劳动模范、全国技术能手、中华技能大奖、中国机械工业联合会技能大师、四川省十大杰出技术能手等荣誉，领办国家级、省级技能大师工作室，享受国务院政府特殊津贴。

思考题与习题

一、名词解释

1. 小修　　2. 大修　　3. 零件失效　　4. 零件磨损　　5. 零件变形

6. 简易诊断法　　7. 精密诊断法

二、判断题（正确的在题后的括号里画"√"，错误的画"×"）

1. 机械设备大修，必须严格按原设计图样完成，不得对原设备进行改装。　　（　　）

2. 只要修复零件的费用与修复后的使用期之比小于新制零件的费用与新件使用期之比，就一定得修复，不得使用新件。　　（　　）

3. 零件修复后的使用寿命，应能维持一个修理周期。　　（　　）

三、简答题

1. 简述机电设备修理的主要工作过程。

2. 简述机电设备维修技术的发展趋势。

3. 简述机电设备大修前准备工作的主要项目。

4. 简述设备预检的主要内容。

5. 如何判定机械零件是否失效？

6. 机械零件的失效形式主要有哪些？应采取什么对策？

7. 机械零件磨损过程曲线对机械设备的维护使用有什么指导意义？

8. 机械零件的磨损形式主要有哪几种？有何对策？

9. 对于机械设备中零件的变形，应从哪些方面进行控制？

10. 机械零件常见的断裂形式有哪几类？实际工作中常采用哪些方法来减少断裂的发生？

11. 简述失效零件修复更换的基本原则。

12. 常用的设备维修方式有哪些？

13. 设备修理类别有哪些？各包括哪些基本内容？

14. 简述设备维修计划的编制方法。

15. 简述设备修理计划的实施步骤。

项目二 机电设备的拆卸与装配

▶ 学习目标

1. 熟悉机电设备拆卸的一般原则和拆卸顺序。
2. 熟悉机电设备常用拆卸工具的使用方法。
3. 掌握机电设备拆卸的常用方法和注意事项。
4. 掌握常用机械零部件的拆卸方法和注意事项。
5. 掌握机械零部件的清洗内容和清洗方法。
6. 熟悉机械零部件的检验内容和检验方法。
7. 树立安全文明生产和环境保护意识。
8. 培养学生的底线思维能力，增强学生的安全意识。

任务一　机电设备的拆卸

一、机电设备拆卸的一般规则和要求

任何机电设备都是由许多零部件组合而成的。需要修理的机电设备，必须经过拆卸才能对失效零部件进行修复或更换。如果拆卸不当，往往会造成零部件损坏，使设备精度降低，有时甚至无法修复。机电设备拆卸的目的是便于检查和修理零部件，拆卸工作量约占整个修理工作量的20%。因此，为保证修理质量，在动手解体机电设备前，必须周密计划，对可能遇到的问题有所估计，做到有步骤地进行拆卸，一般应遵循下列规则和要求。

1. 拆卸前的准备工作

（1）拆卸场地的选择与清理　拆卸前应选择好工作场地，不要选有风沙、尘土的地方。工作场地应是避免闲杂人员频繁出入的地方，以防止造成意外混乱。不要使泥土、油污等弄脏工作场地的地面。机电设备进入拆卸场地之前应进行外部清洗，以保证机电设备的拆卸不影响其精度。

（2）保护措施　在清洗机电设备外部之前，应预先拆下或保护好电气设备，以免其受潮损坏。对于易氧化、锈蚀等的零件，要及时采取相应的保护、保养措施。

（3）拆卸前的放油　尽可能在拆卸前将机电设备中的润滑油趁热放出，以利于拆卸工作的顺利进行。

（4）了解机电设备的结构、性能和工作原理　为避免拆卸工作的盲目性，确保修理工作的正常进行，在拆卸前，应详细了解机电设备各方面的状况，熟悉机电设备各部分的结构特

点、传动系统以及零部件的结构特点和相互间的配合关系，明确其用途和相互间的作用，以便合理安排拆卸步骤和选用适宜的拆卸工具或设施。

2. 拆卸的一般原则

（1）根据机电设备的结构特点，选择合理的拆卸步骤　机电设备的拆卸顺序，一般是由整体拆成总成，由总成拆成部件，由部件拆成零件；或由附件到主机，由外部到内部。在拆卸比较复杂的部件时，必须熟读装配图，并详细分析部件的结构以及零件在部件中所起的作用，特别应注意那些装配精度要求高的零部件。这样可以避免混乱，使拆卸工作有序进行，达到利于清洗、检查和鉴定的目的，为修理工作打下良好的基础。

（2）合理拆卸　在机电设备的修理拆卸中，应坚持能不拆的就不拆、该拆的必须拆的原则。若零部件可不必经拆卸就符合要求，则不必拆开，这样不但可减少拆卸工作量，而且能延长零部件的使用寿命。如对于过盈配合的零部件，拆装次数过多会使过盈量消失而致使装配不紧固；对于较精密的间隙配合件，拆后再装，将很难恢复已磨合的配合关系，从而加速零件的磨损。但是，对于不拆开便难以判断其技术状态而又可能产生故障的零部件，或无法进行必要保养的零部件，则一定要拆开。

（3）正确使用拆卸工具和设备　在弄清楚机电设备零部件的拆卸步骤后，合理选择和正确使用相应的拆卸工具是很重要的。拆卸时，应尽量采用专用的或合适的工具和设备，避免乱敲乱打，以防零件损伤或变形。如拆卸轴套、滚动轴承、齿轮、带轮等时，应该使用拔轮器或压力机；拆卸螺柱或螺母时，应尽量采用尺寸相符的呆扳手。

3. 拆卸时的注意事项

拆卸机电设备时，还应考虑到修理后的装配工作，为此应注意以下事项。

（1）对拆卸零件要做好核对工作或做好记号　机电设备中有许多配合的组件和零件，经过选配或重量平衡等，所以装配的位置和方向均不允许改变。例如：汽车发动机中各缸的挺杆、推杆和摇臂在运行中各配合副表面得到较好的磨合，不宜变更原有的配合关系；多缸内燃机的活塞连杆组件是按重量成组选配的，不能在拆装后互换，如发动机的连杆与下盖在拆卸时应该先检查有无装配记号或平衡标记。因此在拆卸时，有原记号的要核对，如果原记号已错乱或不清晰，则应按原样重新标记，以便安装时对号入位，避免发生错乱。

（2）分类存放零件　对拆卸下来零件的存放应遵循如下原则：同一总成或同一部件的零件应尽量放在一起，根据零件的大小与精密度分别存放；不应互换的零件要分组存放；怕脏、怕碰的精密零部件应单独拆卸与存放；怕油的橡胶件不应与带油的零件一起存放；易丢失的零件，如垫圈、螺母，要用钢丝串在一起或放在专门的容器里；各种螺栓和螺柱应装上螺母存放；钢铁件、铝质件、橡胶件和皮质件等零件，应按材质不同分别存放于不同的容器中。

（3）保护拆卸零件的加工表面　在拆卸过程中，一定不要损伤拆卸下来的零件的加工表面，否则将给修复工作带来麻烦，并会因此而引起漏气、漏油、漏水等故障，也会导致机械设备技术性能降低。

二、典型零部件的拆卸方法

典型零部件的拆卸应遵循拆卸的一般原则，结合其各自的特点，采用相应的拆卸方法来达到拆卸的目的。

1. 齿轮副的拆卸

为了提高传动精度，对传动比为1的齿轮副宜采用误差相消法装配，即使一个外齿轮的最大径向圆跳动处的齿间与另一个齿轮的最小径向圆跳动处的齿间相啮合。为避免拆卸后再装配的误差不能消除，拆卸时应在两齿轮的相互啮合处做上记号，以便装配时恢复原精度。

2. 轴上定位零件的拆卸

在拆卸齿轮箱中的轴类零件时，必须先了解轴的阶梯方向，进而决定拆卸轴时的移动方向，然后拆去两端轴盖和轴上的轴向定位零件，如紧定螺钉、圆螺母、弹簧垫圈、保险弹簧等。先要松开装在轴上的齿轮、套等不能通过轴盖孔的零件的轴向紧固关系，并注意轴上的键能随轴通过各孔，才能用木锤击打轴端而拆下轴。否则不仅拆不下轴，还会对轴造成损伤。

3. 螺纹联接的拆卸

螺纹联接在机电设备中是应用最为广泛的联接方式，具有结构简单、调整方便和可多次拆卸装配等优点。其拆卸虽比较容易，但往往因重视不够、工具选用不当、拆卸方法不正确等而造成损坏。因此拆卸螺纹联接件时，一定要注意选用合适的呆扳手或旋具，尽量不用活扳手。对于较难拆卸的螺纹联接件，应先弄清楚螺纹的旋向，不要盲目乱拧或用过长的加力杆。拆卸双头螺柱时，要用专用的扳手。

（1）断头螺钉的拆卸 遇到螺钉断头在机体表面及以下和螺钉断头露在机体表面外一部分等情况时，可选用不同的方法进行拆卸。

当螺钉断头在机体表面及以下时，可以采用下列方法进行拆卸：

1）在螺钉上钻孔，打入多角淬火钢杆，将螺钉拧出，如图2-1所示。注意打击力不可过大，以防损坏机体上的螺纹。

2）在螺钉中心钻孔，攻反向螺纹，拧入反向螺钉旋出，如图2-2所示。

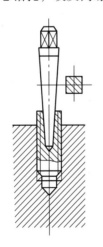
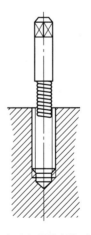

图2-1　多角淬火钢杆拆卸断头螺钉　　　　图2-2　攻反向螺纹拆卸断头螺钉

3）在螺钉上钻直径相当于螺纹小径的孔，再用同规格的螺纹刃具攻螺纹；或钻相当于螺纹大径的孔，重新攻一比原螺纹直径大一级的螺纹，并选配相应的螺钉。

4）用电火花在螺钉上打出方形或扁形槽，再用相应的工具拧出螺钉。

当螺钉的断头露在机体表面外一部分时，可以采用下列方法进行拆卸：

1）在螺钉的断头上用钢锯锯出沟槽，然后用一字旋具将其拧出；或在断头上加工出扁头或方头，然后用扳手拧出。

2）在螺钉的断头上加焊一弯杆（图 2-3a）或螺母（图 2-3b）拧出。

3）当断头螺钉较粗时，可用扁錾子沿圆周将其剔出。

（2）打滑内六角圆柱头螺钉的拆卸　内六角圆柱头螺钉用于紧固定联接的场合较多。当内六角磨圆后会产生打滑现象而不容易拆卸，这时可将一个孔径比螺钉头直径稍小一点的六角螺母放在内六角圆柱头螺钉头上，如图 2-4 所示，然后将螺母与螺钉焊接成一体，待冷却后用扳手拧六角螺母，即可将螺钉迅速拧出。

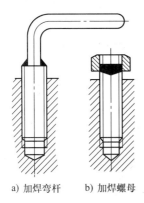

a) 加焊弯杆　　b) 加焊螺母

图 2-3　露在机体表面外断头螺钉的拆卸

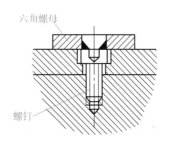

六角螺母

螺钉

图 2-4　拆卸打滑内六角圆柱头螺钉

（3）锈死螺纹件的拆卸　当用于紧固或联接的螺纹件（如螺钉、螺柱、螺母等）锈死不易拆卸时，可采用下列方法进行拆卸：

1）用锤子敲击螺纹件的四周，以震松锈层，然后将其拧出。

2）可先向拧紧方向稍拧一点，再向反方向拧，如此反复拧紧和拧松，逐步拧出。

3）在螺纹件四周浇些煤油或松动剂，浸渗一定时间后，先轻轻锤击四周，使锈蚀面略微松动后再行拧出。

4）若零件允许，还可采用快速加热包容件的方法使其膨胀，然后迅速拧出螺纹件。

5）采用车、锯、錾、气割等方法破坏螺纹件。

（4）成组螺纹联接件的拆卸　成组螺纹联接件的拆卸，除要按照单个螺纹件的方法拆卸外，还要做到以下几点：

1）首先将各螺纹件拧松 1~2 圈，然后按照一定的顺序，先四周后中间再按对角线方向逐一拆卸，以免力量集中到最后一个螺纹件上，造成难以拆卸或零部件的变形和损坏。

2）对于难拆部位的螺纹件，要先拆卸下来。

3）拆卸悬臂部件的环形螺柱组时，要特别注意安全。首先要仔细检查零部件是否垫稳、起重索是否捆牢，然后从下面开始按对称位置拧松螺柱进行拆卸。最上面的一个或两个螺柱要在最后分解吊离时拆下，以防事故发生或零部件损坏。

4）注意仔细检查在外部不易观察到的螺纹件，在确定整个成组螺纹件已经拆卸完后，方可将螺纹联接件分离，以免造成零部件损坏。

4. 过盈配合件的拆卸

拆卸过盈配合件时，应视零件配合尺寸和过盈量的大小，选择合适的拆卸方法以及工具和设备，如拔轮器、压力机等，不允许使用铁锤直接敲击零部件，以防损坏零部件。在无专用工具的情况下，可用木锤、铜锤、塑料锤或垫以木棒（块）、铜棒（块）用铁锤敲击。无论使用何种方法拆卸，都要检查有无销钉、螺钉等附加固定或定位装置，若有应先拆下。施力部位必须正确，以使零件受力均匀不歪斜，如对轴类零件，力应作用在受力面的中心。要保证拆卸方向的正确性，特别是带台阶、有锥度的过盈配合件的拆卸。

滚动轴承的拆卸属于过盈配合件的拆卸范畴，它的使用范围较广泛，因为其有自身的拆卸特点，所以在拆卸时，除要遵循过盈配合件的拆卸要点外，还要考虑到它自身的特殊性。

1）拆卸尺寸较大的轴承或其他过盈配合件时，为了使轴和轴承免受损害，要利用加热来拆卸。图 2-5 所示是使轴承内圈加热来拆卸轴承的情况。加热前把靠近轴承的那一部分轴用石棉隔离开来，然后在轮上套上一个套圈使零件隔热，再使拆卸工具的抓钩抓住轴承的内圈，迅速将加热到 100℃ 的油倾倒在轴承内圈上，使轴承内圈加热，然后开始从轴上拆卸轴承。

温差拆卸法

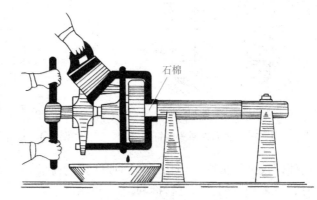

图 2-5　轴承的加热拆卸

2）齿轮两端装有圆锥滚子轴承的外圈如图 2-6 所示，当用拔轮器不能拉出轴承的外圈时，可同时用干冰局部冷却轴承的外圈，然后迅速将其从齿轮中拉出。

3）拆卸滚动轴承时，应在轴承内圈上加力拆下；拆卸位于轴末端的轴承时，可用小于轴承内径的铜棒、木棒或软金属抵住轴端，轴承下垫以垫块，再用锤子敲击，如图 2-7 所示。

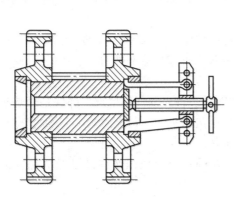

图 2-6　轴承的冷却拆卸

轴承拆卸击卸法

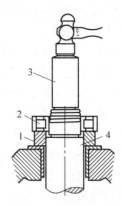

图 2-7　用锤子、铜棒拆卸轴承
1—垫块　2—轴承　3—铜棒　4—轴

　　若用压力机拆卸位于轴末端的轴承，可采用图2-8所示的加垫块法将轴承压出。用此方法拆卸轴承的关键是必须使垫块同时抵住轴承的内、外圈，且着力点要正确。否则，轴承将受损伤。垫块可用两块等高的方铁或U形和两半圆形垫铁。

　　如果用拔轮器拆卸位于轴末端的轴承，则必须使抓钩同时勾住轴承的内、外圈，且着力点也必须正确，如图2-9所示。

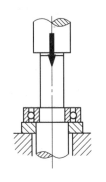

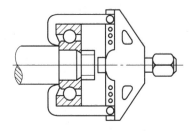

图2-8　压力　　　　　轴承拆卸顶压法　　　　　图2-9　拔轮器拆卸轴承
机拆卸轴承

　　4) 拆卸锥形滚柱轴承时，一般将内、外圈分别拆卸。如图2-10a所示，将拔轮器张套放入外圈底部，然后伸入张杆使张套张开勾住外圈，再扳动手柄，使张套外移，即可拉出外圈。用图2-10b所示的内圈拉头来拆卸内圈，先将拉套套在轴承内圈上，转动拉套，使其收拢后，将下端凸缘压入内圈的沟槽，然后转动手柄，拉出内圈。

　　5) 如果因轴承内圈过紧或锈死而无法拆卸，则应破坏轴承内圈而保护轴，如图2-11所示。操作时应注意安全。

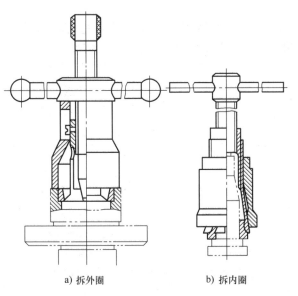

a) 拆外圈　　　　　　b) 拆内圈

图2-10　锥形滚柱轴承的拆卸

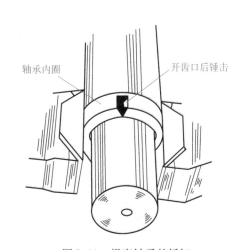

图2-11　报废轴承的拆卸

5. 不可拆连接件的拆卸

　　不可拆连接件有焊接件和铆接件等，焊接、铆接属于永久性连接，在修理时通常不

锯削零件

拆卸。

1）焊接件的拆卸可用锯割、等离子切割，或用小钻头排钻孔后再锯，也可采用氧乙炔焰气割等方法。

2）铆接件的拆卸可用錾子切割掉或锯割掉，或气割掉铆钉头，或用钻头钻掉铆钉等。操作时应注意不要损坏基体零件。

三、拆卸方法示例

现以图 2-12 所示电动机的拆卸为例说明拆卸工作的一般方法与步骤。

电动机在检修和维护保养时，经常需要拆装，如果拆装时操作不当，就会损害零部件。拆卸前，应预先在线头、端盖、刷架等处做好标记，以便于修复后的装配。在拆卸过程中，应同时进行检查和测量，并做好记录。

1. 拆卸步骤

1）拆开端接头，拆绕线转子电动机时，抬起或提出电刷，拆卸刷架。

2）拆卸带轮或联轴器。

3）拆卸风罩和风叶。

4）拆卸轴承盖和端盖（先拆卸联轴端，后拆卸集电环或换向端）。

5）抽出或吊出转子。

2. 主要零部件的拆卸

（1）带轮或联轴器的拆卸　首先在带轮（或联轴器）的轴伸端（或联轴端）做好尺寸标记，再拆开电动机的端接头；

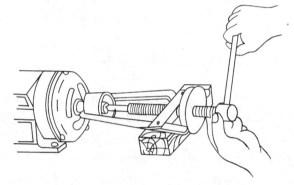

图 2-12　用顶拔器拆卸带轮或联轴器

然后把带轮或联轴器上的定位螺钉或销子松脱取下，用两爪或三爪顶拔器把带轮或联轴器慢慢拉出。丝杠尖端必须对准电动机轴端的中心，使其受力均匀，便于拉出，如图 2-12 所示。若拉不下来时，切忌硬卸，可在定位螺钉孔内注入煤油，待数小时后再拆；如仍然拉不出，可用喷灯在带轮或联轴器四周加热，使其膨胀，就可拉出，但加热温度不能太高，以防轴变形。不能用锤子直接敲出带轮，以防带轮或联轴器碎裂，使轴变形或端盖等部件受损。

（2）刷架、风罩和风叶的拆卸　先松开刷架弹簧，抬起刷架卸下电刷，然后取下刷架。拆卸时应做好记号，以便于装配。

对于封闭式电动机，在拆下带轮或联轴器后，就可以把外风罩螺栓松脱，取下风罩；然后把转尾轴端风叶上的定位螺钉或销子松脱取下，用金属棒或锤子在风叶四周均匀地轻敲，风叶就可脱落下来。对于小型电动机的风叶，一般不用拆下，可随转子一起抽出；但如果后端盖内的轴承需要加油或更换，则必须拆卸，可把转子连同风叶放在压床中一起压出。对于 JO2、JO3 等型号的电动机，由于其风叶是用塑料制成的，内孔有螺纹，故可用热水使塑料风叶膨胀后再卸下。

（3）轴承盖和端盖的拆卸　先把轴承的外盖螺栓松下，拆下轴承外盖，然后松开端盖的紧固螺栓，在端盖与机座的接缝处做好记号，随后用木锤均匀敲打端盖四周，把端盖取下。较大型电动机的端盖较重，应先用起重机吊住，以免端盖卸下时跌碎或碰坏绕组。对于大型电动机，可先把轴伸端的轴承外盖卸下，再松下端盖的紧固螺栓，然后用木锤敲打轴伸端，这样就可以把转子连同端盖一起取出。

（4）抽出转子　对于小型电动机的转子，如上所述，可以连同端盖一起取出。抽出转子时应小心，动作要慢一些，注意不可歪斜以免碰伤定子绕组；对于绕线转子异步电动机，还要注意不要损伤集中环和刷架。大型电动机的转子较重，要用起重机设备将转子吊出，方法如图 2-13 所示。

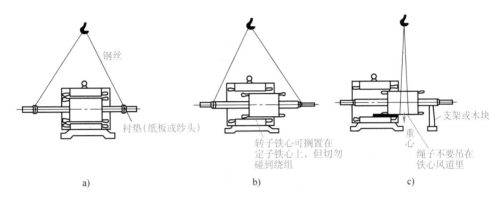

图 2-13　用起重设备吊出转子

某车床主轴部件的拆卸如图 2-14 所示。图示主轴的阶梯形状为向左直径减小，故拆卸主轴的方向应向右。其拆卸的具体步骤如下：

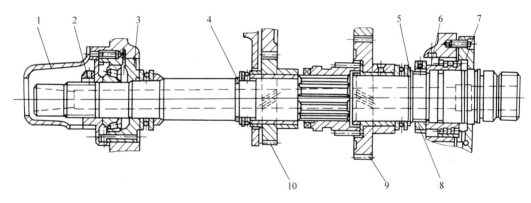

图 2-14　某车床主轴部件的拆卸

1—后罩盖　2、8—圆螺母　3—轴承座　4—卡簧　5—垫圈

6—螺钉　7—端盖　9、10—齿轮

1）先将端盖 7、后罩盖 1 与主轴箱间的联接螺钉松脱，拆卸端盖 7 及后罩盖 1。

2）松开螺钉 6 后，松开主轴上的圆螺母 8 及 2（由于推力轴承的关系，圆螺母 8 只能松开到碰至垫圈 5）。

3）用相应尺寸的装拆钳，将轴向定位用的卡簧 4 撑开向左移出沟槽，并置于轴的外表面上。

4）当主轴向右移动而完全没有零件障碍时，在主轴的尾部（左端）垫铜或铝等较软金属圆棒后，再用大木锤敲击主轴。边向右移动主轴，边向左移动相关零件，当轴上零件全部松脱时，从主轴箱后端插入铁棒（使轴上件落在铁棒上，以免落入主轴箱内），从主轴箱前端抽出主轴。

5）轴承座 3 在松开其紧固螺钉后，可垫铜棒向左敲出。

6）主轴上的前轴承垫了铜套后，可向左敲击取下内圈，向右敲击取出外圈。

任务二　机械零件的清洗

对拆卸后的机械零件进行清洗是修理工作的重要环节。清洗方法和清理质量，对零件鉴定的准确性、设备的修复质量、修理成本和使用寿命等都将产生重要影响。

零件的清洗包括清除油污、水垢、积炭、锈层和旧涂装层等。

1. 脱脂

清除零件上的油污，常采用清洗液，如有机溶剂、碱性溶液、化学清洗液等。清洗方法有擦洗、浸洗、喷洗、气相清洗及超声波清洗等。清洗方式有人工清洗和机械清洗。

机电设备修理中常用擦洗的方法，即将零件放入装有煤油、轻柴油或化学清洗剂的容器中，用棉纱擦洗或毛刷刷洗，以去除零件表面的油污。这种方法操作简便、设备简单，但效率低，多用于单件小批生产的中小型零件及大型零件工作表面的脱脂。一般不宜用汽油做清洗剂，因其有溶脂性，会损害工人身体且容易引起火灾。

喷洗是将具有一定压力和温度的清洗液喷射到零件表面，以清除油污。这种方法清洗效果好、生产率高，但设备复杂，适用于形状不太复杂、表面有较严重油垢的零件的清洗。

清洗不同材料的零件和不同润滑材料产生的油污时，应采用不同的清洗剂。清洗动、植物油污可用碱性溶液，因为这种油污能与碱性溶液起皂化反应，生成肥皂和甘油溶于水。但碱性溶液对不同的金属有不同程度的腐蚀性，尤其对铝的腐蚀性较强。因此，清洗不同的金属零件应该采用不同的配方，表 2-1 和表 2-2 分别列出了清洗钢铁零件和铝合金零件的配方。

表 2-1　清洗钢铁零件的配方

成　　分	配方 1	配方 2	配方 3	配方 4
苛性钠/kg	7.5	20	—	—
碳酸钠/kg	50	—	5	—
磷酸钠/kg	10	50	—	—
硅酸钠/kg	—	30	2.5	—
软肥皂/kg	1.5	—	5	3.6
磷酸三钠/kg	—	—	1.25	9
磷酸氢二钠/kg	—	—	1.25	—
偏硅酸钠/kg	—	—	—	4.5
重铝酸钠/kg	—	—	—	0.9
水/L	1000	1000	1000	450

表 2-2　清洗铝合金零件的配方

成　分	配方 1	配方 2	配方 3
碳酸钠/kg	1.0	0.4	1.5~2.0
重铝酸钠/kg	0.05	—	0.05
硅酸钠/kg	—	—	0.5~1.0
肥皂/kg	—	—	0.2
水/L	100	100	100

矿物油不溶于碱溶液，因此清洗零件表面的矿物油油垢时，需要加入乳化剂，使油脂形成乳油液而脱离零件表面。为加速去除油垢的过程，可采用加热、搅拌、压力喷洗、超声波清洗等措施。

2. 除锈

在机械设备修理中，为保证修理质量，必须彻底清除零件表面的腐蚀物，如钢铁零件的表面锈蚀。根据具体情况，目前主要采用机械、化学和电化学等方法进行清除。

（1）机械法除锈　利用机械摩擦、切削等作用清除零件表面锈层，常用方法有刷、磨、抛光、喷砂等。单件小批生产或修理时可由人工打磨锈蚀表面；成批生产或有条件的场合，可采用机器除锈，如电动磨光、抛光、滚光等。喷砂法除锈是利用压缩空气，把一定粒度的砂子通过喷枪喷在零件锈蚀的表面上，这样不仅除锈快，还可为涂装、喷涂、电镀等工艺做好表面准备，经喷砂处理的表面可达到干净、有一定表面粗糙度的表面要求，从而提高覆盖层与零件的结合力。

（2）化学法除锈　利用一些酸性溶液溶解金属表面的氧化物，以达到除锈的目的。目前使用的化学溶液主要是硫酸、盐酸、磷酸或其混合溶液，加入少量的缓蚀剂。其工艺过程是：脱脂→水冲洗→除锈→水冲洗→中和→水冲洗→去氢。为保证除锈效果，一般都将溶液加热到一定的温度，严格控制时间，并要根据被除锈零件的材料采用合适的配方。

（3）电化学法除锈　电化学除锈又称为电解腐蚀，这种方法可节约化学药品，除锈效率高、除锈质量好，但消耗能量大且设备复杂。常用的方法有阳极腐蚀，即把锈蚀件作为阳极；还有阴极腐蚀，即把锈蚀件作为阴极，用铅或铅锑合金做阳极。阳极腐蚀的主要缺点是当电流密度过高时，易腐蚀过度而破坏零件表面，故适用于外形简单的零件；阴极腐蚀无过蚀问题，但氢容易浸入金属中，产生氢脆，降低零件塑性。

3. 清除涂装层

清除零件表面的保护涂装层时，可根据涂装层的损坏程度和保护涂装层的要求，进行全部或部分清除。涂装层清除后，要将其冲洗干净，准备再喷刷新涂层。

清除方法一般是采用手工工具，如刮刀、砂纸、钢丝刷或手提式电动、风动工具进行刮、磨、刷等。有条件时可采用化学方法，即用各种配制好的有机溶剂、碱性溶液退漆剂等。使用碱性溶液退漆剂时，可将其涂刷在零件的漆层上，使之溶解软化，然后用手工工具进行清除。

使用有机溶液退漆时，要特别注意安全。工作场地要通风、防火，操作者要穿戴防护用具，工作结束后要将手洗干净，以防中毒。使用碱性溶液退漆时，不要让铝制零件、皮革、橡胶、毡质零件接触，以免腐蚀损坏。操作者要戴耐碱手套，避免皮肤接触受伤。

任务三 机械零件的检验

对清洗后的机械零件进行有针对性的检验和测量，鉴别其所处的技术状态，进行分类和决策，从而拟定出合理的修理技术方案及其相应的工艺措施，不仅是机电设备修理前的重要工作，而且自始至终贯穿在全部修理过程中。

一、机械零件检验、分类及技术条件

机械零件在检验和分类时，必须综合考虑下列技术条件：

1）零件的工作条件与性能要求，如零件材料的力学性能、热处理及表面特性等。

2）零件可能产生的缺陷（如龟裂、裂纹等）对其使用性能的影响，掌握其检测方法与标准。

3）易损零件的极限磨损及允许磨损标准。

4）配合件的极限配合间隙及允许配合间隙标准。

5）零件的其他特殊报废条件，如镀层性能、镀层与基体的结合强度、平衡性和密封件的破坏以及弹性件的弹力消失等。

6）零件工作表面状态异常，如精密零件工作表面的划伤、腐蚀；表面储油性能被破坏等。

零件通过上述分析、检验和测量，便可将其划分为可用的、不可用的和需修的三大类。

可用零件是指其所处技术状态仍能满足各级修理技术标准，不经任何修理，便可直接进入装配阶段使用。如果零件所处技术状态已劣于各级修理技术标准或使用规范等，均属于需修零件。不过有些零件通过修理不仅能达到各级修理技术标准，而且经济合算，此时应尽量给予修理和重新使用；而有些零件，虽然通过修理能达到各级修理技术标准，但费用很高，极不经济，通常不予修理而换用新零件。当零件所处技术状态（如材料变质、强度不足等）已无法采用修理方法来达到规定的技术要求时，应做报废处理。

二、机械零件的检测方法

目前，常见的检测方法有检视法、测量法和隐蔽缺陷的无损检测法。一般视生产需要选择适宜的方法进行检测，以便做出全面的技术鉴定。

1. 检视法

检视法主要是凭人的器官（眼、手和耳等）感觉或借助简单工具（放大镜、锤子等）、标准块等检验、比较和判断零件的技术状态的一种方法。显然，此法简单易行，且不受条件限制，因而被普遍采用；但要求检视人员有实践经验，而且只能做定性分析和判断。检视法是目前检测中不可缺少的重要方法。

2. 隐蔽缺陷的无损检测法

无损检测的主要任务是确定零件隐蔽缺陷的性质、大小、部位及取向等，因此，在具体选择无损检测法和操作时，必须结合零件的工作条件，考虑其受力状况、生产工艺、检测要求与效果及经济性等。

目前，生产中常用的无损检测法主要有渗透检测、磁粉检测、超声检测和射线检测等。

（1）渗透检测法 其原理是在清洗后的零件表面上涂上渗透剂，渗透剂通过表面缺陷的毛细管作用进入缺陷中，这时可利用缺陷中的渗透剂以颜色显示缺陷，或在紫外线照射下产生荧光将缺陷的位置和形状显示出来。渗透检测法的原理及过程如图 2-15 所示。

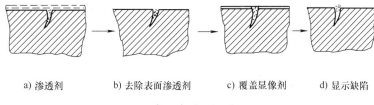

a) 渗透剂   b) 去除表面渗透剂   c) 覆盖显像剂   d) 显示缺陷

图 2-15　渗透检测法的原理及过程

用此法检测方便、简单，能检测出用任何材料制作的零件和零件任何结构形状表面上约 1mm 宽的微裂纹。

（2）磁粉检测法　其原理是利用铁磁材料在电磁场作用下能够发生磁化。被测零件在电磁场作用下，由于其表面或近表面（几毫米之内）存在缺陷，磁力线只得绕过缺陷产生磁力线泄漏或聚集形成局部磁化吸附磁粉，从而显示出缺陷的位置、形状和取向。图 2-16 所示为磁粉检测法的原理。

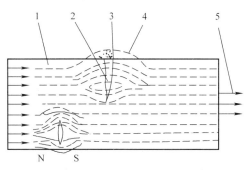

图 2-16　磁粉检测法的原理
1—零件　2—缺陷　3—局部缺陷
4—泄漏磁通　5—磁力线

采用磁粉检测时，必须注意磁化方法的选择，使磁力线方向尽可能垂直或以一定角度穿过缺陷的取向，以获得最佳的检测效果；同时需注意检测后的退磁处理，以免影响使用。

磁粉检测法设备简单、检测可靠、操作方便，但是只适用于铁磁材料零件表面和近表面缺陷的检测。

（3）超声检测法　其原理是利用某些物质的压电效应产生的超声波在介质中传播时遇到不同介质间的界面（内部裂纹、夹渣和缩孔等缺陷）会产生反射、折射等特性。通过检测仪器可将超声波在缺陷处产生的反射、折射波显示在荧光屏上，从而确定零件内部缺陷的位置、大小和性质等。超声检测法的原理如图 2-17 所示。

超声检测法的主要特点是穿透能力强、灵敏度高；适用范围广，不受材料限制；设备轻巧、使用方便，可到现场检测，但只适用于零件内部缺陷的检测。

（4）射线检测法　它是利用射线（X 射线）照射零件时，如果遇到缺陷（裂纹、气孔、疏松或夹渣等），则射线较容易透过的特点。这样，从被测零件缺陷处透过射线的能量较其他地方多，当这些射线照射到胶片，经过感光和显影后，便形成不同的黑度（反差），从而分析判断出零件缺陷的形状、大小和位置。图 2-18 所示为射线检测法的原理。

射线检测法最大的特点是从感光胶片上较容易判定此零件缺陷的形状、尺寸和性质，并且胶片可长期保存备查。但是检测设备投资及检测费用较高，且需要有相应防射线的安全措施，只用于对重要零件的检测或者用超声检测尚不能判定的检测。

必须指出，零件检测分类时，还应注意结合件的特殊要求以进行相应的特殊试验，如高速运动的平衡试验、弹性件的弹性试验及密封件的密封试验等，只有这样才能对零件做出全面的技术鉴定与正确的分类。

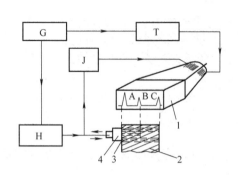

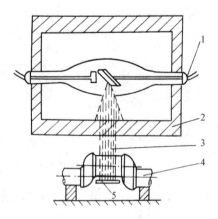

图 2-17　超声检测法的原理

A—初始脉冲　B—缺陷脉冲　C—底脉冲

G—同步发生器　H—高频脉冲发生器

J—接收放大器　T—时间扫描器

1—荧光屏　2—零件　3—耦合剂　4—探头

图 2-18　射线检测法的原理

1—射线管　2—保护箱　3—射线

4—零件　5—感光胶片

三、典型机械零件的检验

零件检验的内容分修前检验、修后检验和装配检验。修前检验在机电设备拆卸后进行，对已确定需要修复的零件，可根据零件损坏情况及生产条件，确定适当的修复工艺，并提出修理技术要求。对报废的零件，要提出需要补充的备件型号、规格和数量，没有备件的需提出零件工作图或测绘草图。修后检验是指检验零件加工或修理后的质量是否达到了规定的技术标准，以确定是成品、废品还是返修品。装配检验是指检查待装零件（包括修复的和新的）的质量是否合格，能否满足装配的技术要求。在装配过程中，应对每道工序进行检验，以免装配过程中产生中间工序不合格，从而影响装配质量。组装后，还须检验累积误差是否超过装配的技术要求。机电设备总装后要进行试运转，检验工作精度、几何精度及其他性能，以检查修理质量是否合格，同时要进行必要的调整工作。

1. 检验方法

机电设备在修理过程中的检验有以下方法。

（1）目测　用眼睛或借助放大镜对零件进行观察，对零件表面进行宏观检验，如是否有裂纹、断裂、疲劳剥落、磨损、刮伤、蚀损等。

（2）耳听　通过机电设备运转发出的声音、敲击零件发出的声音来判断其技术状态。

（3）尺寸及几何精度测量　用相应的测量工具和仪器对零件的尺寸、形状及相互位置精度进行检测。

（4）力学性能测定　使用专用仪器、设备对零件的力学性能，如应力、强度、硬度等进行测定。

（5）试验　对不便检查的部位，通过水压试验、无损检测等试验来确定其状态。

（6）分析　通过金相分析了解零件材料的微观组织，通过射线分析了解零件材料的晶体结构，通过化学分析了解零件材料的合金成分及数量等。

2. 主要零件的检验

（1）床身导轨的检查   机电设备的床身是基础零件，最起码的要求是保持其形态完整。一般情况下，虽然床身导轨本身断面大，不易断裂，但是由于铸件本身的缺陷（砂眼、气孔、缩松），加之受力大以及切削过程中的振动和冲击，床身导轨也可能存在裂纹，这是应首先检查的。检查方法是：用锤子轻轻敲打床身各非工作面，凭发出的声音进行鉴别，当有破哑声发出时，则判断其部位可能有裂纹。微细的裂纹可用煤油渗透法检查。对导轨面上的凸凹、掉块或碰伤，均应查出并标注记号，以备修理。

（2）主轴的检查   主轴的损坏形式主要是轴颈磨损、外表拉伤，产生圆度误差、同轴度误差和弯曲变形及锥孔碰伤、键槽破裂、螺纹损坏等。

常见的主轴同轴度误差的检查方法如图 2-19 所示。

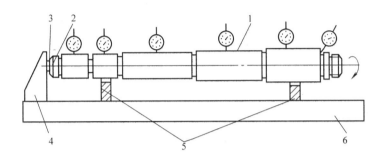

图 2-19   主轴同轴度误差的检查方法
1—主轴   2—堵头   3—钢球   4—支承板   5—V 形架   6—检验平板

主轴 1 放置于检验平板 6 上的两个 V 形架 5 上，主轴后端装入堵头 2，堵头 2 中心孔顶一钢球 3，紧靠支承板 4；在主轴各轴颈处用百分表触头与轴颈表面接触，转动主轴，百分表指针的摆动差即为同轴度误差。轴肩轴向圆跳动误差也可从端面处的百分表读出。一般应将同轴度误差控制在 0.015mm 之内，轴向圆跳动误差应小于 0.01mm。

至于主轴锥孔中心线对支承轴颈的径向圆跳动误差，可在放置好的主轴锥孔内放入锥柄检验棒，然后将百分表触头分别触及锥柄检验棒靠近主轴端及相距 300mm 处的两点，回转主轴，观察百分表指针，即可测得主轴锥孔中心线对支承轴颈的径向圆跳动误差。

主轴的圆度误差可用千分尺和圆度仪测量，其他损坏、碰伤情况可通过目测看到。

（3）齿轮的检查   齿轮工作一段时间后，由于齿面磨损，齿形误差增大，将影响齿轮的工作性能。因此，要求齿形完整，不允许有挤压变形、裂纹和断齿现象。齿厚的磨损量应控制在不大于 $0.15m$（m 为模数）的范围内。

生产中常用专用齿厚卡尺来检查齿厚偏差，即用齿厚减薄量来控制侧隙。还可用公法线千分尺测量齿轮公法线长度的变动量来控制齿轮的运动准确性，这种方法简单易行，生产中常用。图 2-20 所示为齿轮公法线长度变动量的测量。

测量齿轮公法线长度的变动量时，首先要根据被测齿轮的齿数 z 计算跨齿数 k（k 值也可通过查阅资料确定）：

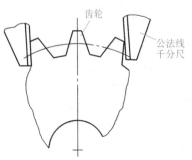

图 2-20   齿轮公法线
长度变动量的测量

$$k = \frac{z}{9} + 0.5 \qquad\qquad (2-1)$$

k 值要取整数，然后按 k 值用公法线千分尺测量一周公法线长度。其中最大值与最小值之差即为公法线长度变动量，当该变动量小于规定的公差值时，则齿轮该项指标合格。齿轮的内孔、键槽、花键及螺纹都必须符合标准要求，不允许有拉伤和破坏现象。

（4）滚动轴承的检查　对于滚动轴承，应着重检查内圈、外圈滚道。整个工作表面应光滑，不应有裂纹、微孔、凹痕和脱皮等缺陷。滚动体的表面也应光滑，不应有裂纹、微孔和凹痕等缺陷。此外，保持器应该完整，铆钉应该紧固。如果发现滚动体轴承的内、外有间隙，不要轻易更换，可通过预加载荷调整，消除因磨损而增大的间隙，提高其旋转精度。

3. 编制修换零件明细表

根据零件检查的结果，可编制、填写修换零件明细表。明细表一般可分为修理零件明细表、缺损零件明细表、外购外协件明细表、滚动轴承明细表及标准件明细表等。

任务四　装配尺寸链的建立及计算

一、尺寸链的建立

设计和制造、修理都需要保证零件的尺寸精度和形状、位置精度，在装配时要保证装配精度，从而达到机械设备的技术性能要求。而众多的尺寸、几何关系连在一起时，就会相互影响并产生累积误差。一些相互联系的尺寸组合，按一定顺序排列成封闭的尺寸链环，便称为尺寸链。尺寸链原理在结构设计、加工工艺及装配工艺的分析计算中应用极为广泛。

机械设备或部件在装配的过程中，零件或部件间有关尺寸构成的互相有联系的封闭尺寸组合称为装配尺寸链。图 2-21 所示为减速箱装配图，其中箱体和箱盖形成的内腔尺寸 A_1 和 A_2、轴套凸线高度尺寸 A_3 和 A_5 以及轴肩长度 A_4，构成一组装配尺寸链。这个结构装配后形成一组传动件，要求轴肩和轴套凸缘间保留一定的间隙 N。

运用尺寸链原理可以方便可靠地计算各种尺寸链，协调各尺寸间的相互影响，并控制许多尺寸的累积误差。

在加工和装配的过程中，为了计算方便，常常将相互联系的尺寸或注有几何公差的几何要素，按一定顺序排列构成封闭尺寸组合，从图样上抽出来单独绘成一个封闭尺寸的尺寸链环图形，就形成了尺寸链图。

1. 尺寸链的组成

（1）封闭环　图 2-22 所示为减速箱装配图（图 2-21）的尺寸链图。尺寸链中的每个尺寸简称为环，其中封闭环 A_Σ 是零件在加工过程中或机械设备在装配过程中间接得到的尺寸，封闭环可能是一个尺寸或角度，也可能是一个间隙、过盈量或其他数值的偏差。在装配中，封闭环代表装配技术要求，体现装配质量指标；在加工中，封闭环代表间接获得的尺寸，或者被代换的原设计要求尺寸。封闭环的特性是其他环的误差必然综合累积在这个环上，因此封闭环的误差是所有各组成环误差的综合。

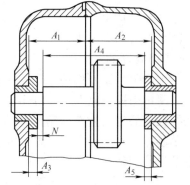

图 2-21　减速箱装配图

（2）组成环　组成环是在尺寸链中影响封闭环误差增大或减小的其他环。组成环本身的误差是由其本身的制造条件独立产生的，不受其他环的影响，因此是由加工设备和加工方法来确定的。

（3）增环　增环（如图 2-22 中的 A_1、A_2）是指在尺寸链中，当其他尺寸不变时，该组成环增大，封闭环也随着增大。对于组成环的增环，在它的尺寸字母代号上加注右向箭头表示，如 $\vec{A}_1$。

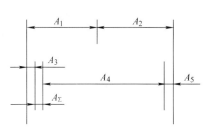

图 2-22　尺寸链图

（4）减环　减环（如图 2-22 中的 A_3、A_4、A_5）是指在尺寸链中，当其他尺寸不变时，该组成环增大，封闭环反而减小。对于组成环的减环，在它的尺寸字母代号上加注左向箭头表示，如 $\overleftarrow{A}_3$。

尺寸链各组成环之间的关系可用尺寸链方程表示。封闭环的公称尺寸为增环与减环的公称尺寸之差，即

$$A_\Sigma = (\vec{A}_1 + \vec{A}_2) - (\overleftarrow{A}_3 + \overleftarrow{A}_4 + \overleftarrow{A}_5)$$

在 n 环尺寸链中，由 $n-1$ 个尺寸组成，组成环中增环数为 m 个，减环数为 $n-(m+1)$ 个，则

$$A_\Sigma = \sum_{i=1}^{m} \vec{A}_i - \sum_{i=m+1}^{n-1} \overleftarrow{A}_i \tag{2-2}$$

2. 尺寸链分类

1）根据尺寸链中组成环的性质分类，尺寸链可以分为线性尺寸链、角度尺寸链、平面尺寸链和空间尺寸链。

2）按尺寸链相互联系的形态分类，尺寸链可以分为串联尺寸链、并联尺寸链和混联尺寸链。

① 串联尺寸链。各组尺寸链之间以一定的基准线互相串联结合成为相互有关的尺寸链组合，如图 2-23 所示。在串联尺寸链中，由于前一组尺寸链中各环的尺寸误差，引起基准线位置的变化，从而引起后一组尺寸链的起始位置发生根本的变动。因此在串联尺寸链中，公共基准线是计算中应当特别注意的关键问题。

② 并联尺寸链。在各组尺寸链之间，以一定的公共环互相并联结合成的复合尺寸链称为并联尺寸链。它一般由几个简单的尺寸链组成，如图 2-24 所示。并联尺寸链中的关键问题是要由几个尺寸链的误差累积关系来分析确定公共环的尺寸公差。因此，并联尺寸链的特点是几个尺寸链具有一个或几个公共环，当公共环有一定的误差存在时，将同时影响几组尺寸链关系的变化。

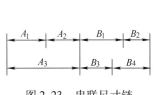

图 2-23　串联尺寸链

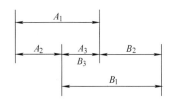

图 2-24　并联尺寸链

③ 混联尺寸链。由并联尺寸链和串联尺寸链混合组成的复合尺寸链称为混联尺寸链，

如图 2-25 所示。在混联尺寸链中，既有公共的基准线，又有公共环，这在分析混联尺寸链时应当特别注意。

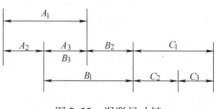

图 2-25　混联尺寸链

3. 尺寸链所表示的基本关系

组成尺寸链的尺寸之间的相互影响关系，也就是"组成环"和"封闭环"之间的影响关系，在任何情况下，组成环误差都将累积在封闭环上，累积后形成封闭环的误差。由于在组成环中有增环和减环的区别，因此它们对封闭环的影响状况也就不一样，其区别如下：

1）增环对封闭环误差的累积关系为同向影响，即增环误差增大（或减小）可使封闭环尺寸相应地一同增大（或减小），而且使封闭环尺寸向偏大方向偏移。

2）减环对封闭环误差的累积关系为反向影响，即减环误差增大（或减小）可使封闭环尺寸相应地减小（或增大），而且使封闭环尺寸向偏小方向偏移。

3）综合增环尺寸使封闭环向偏大方向偏移、减环尺寸使封闭环向偏小方向偏移的情况，结果是使封闭环尺寸向两个方向扩大，最后使封闭环尺寸的误差 δ_{Σ} 增大。因此可以看出，无论尺寸链的组成环有多少，无论它的形式和用途怎样，都反映了封闭环和组成环之间的相互影响关系，而这种相互影响关系也正是尺寸链所代表的基本关系。尺寸链所代表的基本关系是用来说明尺寸链的基本原理和本质问题的。

（1）封闭环的极限尺寸　封闭环的上极限尺寸等于各增环的上极限尺寸之和减去各减环的下极限尺寸之和；封闭环的下极限尺寸等于各增环的下极限尺寸之和减去各减环的上极限尺寸之和，即

$$A_{\Sigma \max} = \sum_{i=1}^{m} \vec{A}_{i\max} - \sum_{i=m+1}^{n-1} \overleftarrow{A}_{i\min} \tag{2-3}$$

$$A_{\Sigma \min} = \sum_{i=1}^{m} \vec{A}_{i\min} - \sum_{i=m+1}^{n-1} \overleftarrow{A}_{i\max} \tag{2-4}$$

（2）封闭环的上、下极限偏差　封闭环的上极限偏差应是封闭环的上极限尺寸与公称尺寸之差，也等于各增环上极限偏差之和减去各减环下极限偏差之和；封闭环的下极限偏差应是封闭环的下极限尺寸与公称尺寸之差，也等于各增环下极限偏差之和减去各减环上极限偏差之和，即

$$B_{\mathrm{S}}A_{\Sigma} = A_{\Sigma \max} - A_{\Sigma} = \sum_{i=1}^{m} B_{\mathrm{S}}\vec{A}_{i} - \sum_{i=m+1}^{n-1} B_{\mathrm{X}}\overleftarrow{A}_{i} \tag{2-5}$$

$$B_{\mathrm{X}}A_{\Sigma} = A_{\Sigma \min} - A_{\Sigma} = \sum_{i=1}^{m} B_{\mathrm{X}}\vec{A}_{i} - \sum_{i=m+1}^{n-1} B_{\mathrm{S}}\overleftarrow{A}_{i} \tag{2-6}$$

（3）封闭环的公差　封闭环的公差等于封闭环的上极限尺寸减去下极限尺寸，经化简后即为各组成环公差之和，即

$$T_{\Sigma} = \sum_{i=1}^{n-1} T_{i} \tag{2-7}$$

（4）各组成环平均尺寸的计算　有时为了计算方便，往往将某些尺寸的非对称公差带变换成对称公差带的形式，这样公称尺寸就要换算成平均尺寸。如某组成环的平均尺寸按下式计算：

$$A_{iM} = \frac{A_{i\max} + A_{i\min}}{2} \tag{2-8}$$

同理，封闭环的平均尺寸等于各增环的平均尺寸之和减去各减环的平均尺寸之和，即

$$A_{\sum M} = \sum_{i=1}^{m} \vec{A}_{iM} - \sum_{i=m+1}^{n-1} \overleftarrow{A}_{iM} \tag{2-9}$$

（5）各组成环平均偏差的计算　各组成环的平均偏差等于各环的上极限偏差与下极限偏差之和的一半。如某组成环的平均偏差按下式计算：

$$\begin{aligned} B_M A_i = A_{iM} - A_i &= \frac{A_{i\max} + A_{i\min}}{2} - A_i \\ &= \frac{(A_{i\max} - A_i) + (A_{i\min} - A_i)}{2} \\ &= \frac{B_S A_i + B_X A_i}{2} \end{aligned} \tag{2-10}$$

同理，封闭环的平均偏差等于各增环的平均偏差之和减去各减环的平均偏差之和，即

$$B_M A_{\sum} = \sum_{i=1}^{m} B_M \vec{A}_i - \sum_{i=m+1}^{n-1} B_M \overleftarrow{A}_i \tag{2-11}$$

二、尺寸链的计算

尺寸链计算通常可分为线性尺寸链计算、角度尺寸链计算、平面尺寸链计算和空间尺寸链计算。在这四种计算中，通常以线性尺寸链为基本形式来建立计算公式，而且最初是按照极值法来进行推导的。

极值法（又称为极大极小法）解尺寸链是指当所有增环处于极大（或极小）尺寸，且所有减环处于极小（或极大）尺寸时，求解封闭环的上极限尺寸（或下极限尺寸）。

例2-1　图2-26所示为汽车发动机曲轴轴颈装配尺寸链，设计要求轴向装配间隙为0.05～0.25mm，即 $A = 0^{+0.25}_{+0.05}$mm，曲轴主轴颈前后两端套有止推垫片，直齿圆柱齿轮被压紧在主轴颈台肩上，试确定曲轴主轴颈长度 $A_1 = 43.50$mm，前后止推垫片厚度 $A_2 = A_4 = 2.5$mm，轴承座宽度 $A_3 = 38.5$mm 等尺寸的上、下极限偏差。

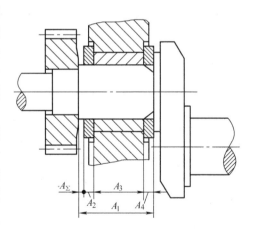

图2-26　汽车发动机曲轴轴颈装配尺寸链

解：1）绘出尺寸链图，如图2-27所示。

2）确定增环和减环：尺寸 A_1 为增环；尺寸 A_2、A_4、A_3 为减环，尺寸 A_{Σ} 为封闭环。

3）按等公差法计算，有

$$\begin{aligned} T_M &= \frac{T_{\Sigma}}{n-1} = \frac{0.25 - 0.05}{5-1}\text{mm} = \frac{0.20}{4}\text{mm} \\ &= 0.05\text{mm} \end{aligned}$$

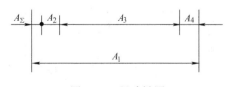

图2-27　尺寸链图

根据各环加工难易调整各环公差，并按"向体原则"安排偏差位置，于是得

$$A_2 = A_4 = 2.5_{-0.04}^{\ 0}\,mm, \quad A_3 = 38.5_{-0.07}^{\ 0}\,mm$$

计算 A_1 环的上、下极限偏差，得

$$B_S A_\Sigma = \sum_{i=1}^{m} B_S \vec{A_i} - \sum_{i=m+1}^{n-1} B_X \overleftarrow{A_i}$$

根据题意得 $B_S A_\Sigma = \overrightarrow{B_S A_1} - (\overleftarrow{B_X A_2} + \overleftarrow{B_X A_3} + \overleftarrow{B_X A_4})$

故 $\overrightarrow{B_S A_1} = B_S A_\Sigma + (\overleftarrow{B_X A_2} + \overleftarrow{B_X A_3} + \overleftarrow{B_X A_4})$

得 $\overrightarrow{B_S A_1} = \{(+0.25) + [(-0.04) + (-0.04) + (-0.07)]\}\,mm$

$$= [(+0.25) + (-0.15)]\,mm = +0.10\,mm$$

同理 $B_X A_\Sigma = \sum_{i=1}^{m} B_X \vec{A_i} - \sum_{i=m+1}^{n-1} B_S \overleftarrow{A_i}$

根据题意得 $B_X A_\Sigma = \overrightarrow{B_X A_1} - (\overleftarrow{B_S A_2} + \overleftarrow{B_S A_3} + \overleftarrow{B_S A_4})$

故 $\overrightarrow{B_X A_1} = B_X A_\Sigma + (\overleftarrow{B_S A_2} + \overleftarrow{B_S A_3} + \overleftarrow{B_S A_4})$

得 $\overrightarrow{B_X A_1} = [(+0.05) + (0 + 0 + 0)]\,mm = +0.05\,mm$

用竖式验算封闭环，结果见表 2-3。

经由竖式验算认定符合间隙的设计要求，所以 $A_1 = 43.5_{+0.05}^{+0.10}\,mm$。

表 2-3   例题计算结果   （单位：mm）

公称尺寸		$B_S A_\Sigma$	$B_X A_\Sigma$
增环	43.50	+ 0.10	+ 0.05
减环	− 2.50	+ 0.04	0
	− 2.50	+ 0.04	0
	− 38.50	+ 0.07	0
封闭环	0	+ 0.25	+ 0.05

任务五   典型零部件的装配

一台庞大复杂的机电设备是由许多零件和部件组成的。按照规定的技术要求，将若干个零件组合成组件，由若干个组件和零件组合成部件，最后由所有的部件和零件组合成整台机电设备的过程，分别称为组装、部装和总装，统称为装配。

机电设备质量的好坏，与装配质量的高低有密切的关系。机械设备的装配工艺是一项复杂细致的工作，是按技术要求将零部件连接或固定起来，使机械设备的各个零部件保持正确的相对位置和相对关系，以保证机械设备所应具有的各项性能指标的过程。若装配工艺不当，即使有高质量的零件，机械设备的性能也很难达到要求，严重时甚至可造成机电设备或人身事故。因此，机械零部件的装配必须根据机电设备的性能指标，认真仔细地按照技术规

范进行。做好充分、周密的准备工作，正确选择并熟悉和遵从装配工艺是机械零部件装配的两个基本要求。

一、零部件装配前的准备工作

1）研究和熟悉机械设备及各部件总成装配图和有关技术文件与技术资料。了解机械设备及零部件的结构特点、各零部件的作用、各零部件的相互连接关系及连接方式。对于那些有配合要求、运动精度较高或有其他特殊技术条件要求的零部件，尤其应予以特别的重视。

2）根据零部件的结构特点和技术要求，确定合适的装配工艺、方法和程序，准备好必备的工、量、夹具及材料。

3）按清单清理、检测各待装零部件的尺寸精度与制造或修复质量，核查技术要求，凡有不合格者一律不得装配。对于螺柱、键及销等标准件稍有损伤者，应予以更换，不得勉强留用。

4）零部件装配前必须进行清洗。对于经过钻孔、铰削、镗削等机械加工的零件，要将金属屑末清除干净；润滑油道要用高压空气或高压油吹洗干净；有相对运动的配合表面要保持洁净，以免因脏物或尘粒等杂质侵入其间而加速配合件表面的磨损。

二、零部件装配的一般原则和要求

装配时的顺序应与拆卸顺序相反。要根据零部件的结构特点，选用合适的工具或设备，严格仔细按顺序装配，注意零部件之间的相互位置和配合精度要求。

1）对于过渡配合和过盈配合零件的装配，如滚动轴承的内、外圈等，必须采用相应的铜棒、铜套等专门工具和工艺措施进行手工装配，或按技术条件借助设备进行加温加压装配。如遇有装配困难的情况，应先分析原因，排除故障，提出有效的改进方法，再继续装配，千万不可乱敲乱打鲁莽行事。

2）对油封件必须使用芯棒压入，对配合表面要经过仔细检查和擦净，如有毛刺应经修整后方可装配；螺柱联接按规定的转矩值分次序均匀紧固；螺母紧固后，螺柱露出的螺牙不少于两个且应等高。

3）凡是摩擦表面，装配前均应涂上适量的润滑油，如轴颈、轴承、轴套、活塞、活塞销和缸壁等。各部件的密封垫（纸板、石棉、钢皮、软木垫等）应统一按规格制作。自行制作时，应细心加工，切勿让密封垫覆盖润滑油、水和空气的通道。机械设备中的各种密封管道和部件装配后不得有渗漏现象。

4）过盈配合件装配时，应先涂润滑油脂，以利于装配和减少配合表面的初磨损。另外，应根据零件拆卸下来时所做的各种装配记号进行装配，以防装配出错而影响装配进度。

5）对某些有装配技术要求的零部件，如有装配间隙、过盈量、灵活度、啮合印痕等要求的，应边装配边检查，并随时进行调整，以避免装配后返工。

6）在装配前，要对有平衡要求的旋转零件按要求进行静平衡或动平衡试验，合格后才能装配。这是因为某些旋转零件，如带轮、飞轮、风扇叶轮、磨床主轴等新配件或修理件，可能会由于金属组织密度不均、加工误差、本身形状不对称等原因，使零部件的重心与旋转轴线不重合，在高速旋转时，会因此而产生很大的离心力，引起机电设备的振动，加速零件磨损。

7）每个部件装配完毕，必须严格仔细地进行检查和清理，防止有遗漏或错装的零件，特别是对于工作环境要求固定装配的零部件。严防将工具、多余零件及杂物留存在箱体之中，确信无疑之后，再进行手动或低速试运行，以防机械设备运转时引起意外事故。

三、螺纹联接的装配

螺纹联接是一种可拆卸的固定联接，具有结构简单、联接可靠、装拆方便等优点，在机械设备中应用非常广泛。

1. 螺纹联接的基本类型

螺纹联接有四种基本类型，即螺栓联接、双头螺柱联接、螺钉联接和紧定螺钉联接。前两种需拧紧螺母才能实现联接，后两种不需要螺母。

（1）螺栓联接 被联接件的孔中不切制螺纹，装拆方便。螺栓联接分为普通螺栓联接和铰制孔用螺栓联接两种。图 2-28a 所示为普通螺栓联接，螺栓与孔之间有间隙，由于其加工简便、成本低，所以应用最广。图 2-28b 所示为铰制孔用螺栓联接，被联接件上的孔用高精度铰刀加工而成，螺栓杆与孔之间一般采用过渡配合（H7/m6、H7/n6），主要用于需要螺栓承受横向载荷或需靠螺杆精确固定被联接件相对位置的场合。

（2）双头螺柱联接 使用两端均有螺纹的螺柱，一端旋入并紧定在较厚被联接件的螺纹孔中，另一端穿过较薄被联接件的通孔，如图 2-28c 所示。拆卸时，只要拧下螺母，就可以使联接零件分开。双头螺柱联接适用于被联接件较厚，要求结构紧凑和经常拆装的场合，如剖分式滑动轴承座与轴承盖的联接、气缸盖的紧固等。

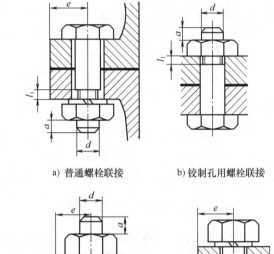

a) 普通螺栓联接　　b) 铰制孔用螺栓联接

c) 双头螺柱联接　　d) 螺钉联接

图 2-28　螺纹联接的基本类型

（3）螺钉联接 螺钉直接旋入被联接件的螺纹孔中，如图 2-28d 所示，其结构较简单，适用于被联接件之一较厚或另一端不能装螺母的场合。但这种联接不宜经常拆卸，以免破坏被联接件的螺纹孔而导致滑扣。

（4）紧定螺钉联接 将紧定螺钉拧入一个零件的螺纹孔中，其末端顶住另一零件的表面（图 2-29），或顶入相应的凹坑中。常用于固定两个零件的相对位置，并可传递不大的力或转矩。

2. 螺纹联接装配的基本要求

（1）螺纹联接的预紧 螺纹联接预紧的目的在于增强联接的可靠性和紧密性，以防止受载后被联接件间出现缝隙或发生相对滑移。为了得到可靠、紧固的螺纹联接，装配时必须保证螺纹副

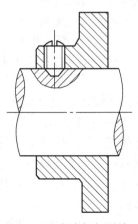

图 2-29　紧定螺钉联接

具有一定的摩擦力矩,此摩擦力矩是由施加拧紧力矩后使螺纹副产生一定的预紧力而获得的。对设备装配技术文件规定有预紧力要求的螺纹联接,必须用专门的方法保证准确的拧紧力矩。表2-4列出的是拧紧碳素钢螺纹件的参考力矩。

表2-4 拧紧碳素钢(40钢)螺纹件的参考力矩

螺纹尺寸/mm	M8	M10	M12	M14	M16	M18	M20	M22	M24
标准拧紧力矩/N·m	10	30	35	53	85	120	190	230	270

(2)螺纹联接的防松 螺纹联接由于具有自锁性,通常在静载荷的作用下没有自动松脱现象,但在振动或冲击载荷作用下,会因螺纹工作面间的正压力突然减小,造成因摩擦力矩降低而松动的问题。因此,用于有冲击、振动或交变载荷作用的螺纹联接,必须有可靠的防松装置。

(3)保证螺纹联接的配合精度 螺纹联接的配合精度由螺纹公差带和旋合长度两个因素确定。

3. 螺纹联接的装配工艺

(1)常用工具 螺栓联接的常用装拆工具有活扳手、呆扳手、内六角扳手、套筒扳手、棘轮扳手、旋具等。装拆双头螺柱时采用专用工具,如图2-30所示。

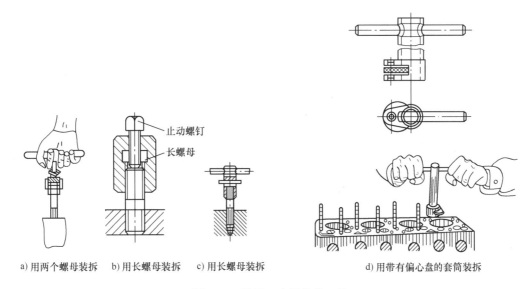

a)用两个螺母装拆　b)用长螺母装拆　c)用长螺母装拆　　　　d)用带有偏心盘的套筒装拆

图2-30 装拆双头螺柱的工具

(2)控制预紧力的方法 通常通过控制螺栓沿轴线的弹性变形量来控制螺纹联接的预紧力,主要有以下几种方法。

1)控制转矩法。利用专门的装配工具控制拧紧力矩的大小,如指示式扭力扳手、定扭矩扳手、电动扳手、风动扳手等。这类工具在拧紧螺栓时,可在读出所需拧紧力矩的数值时终止拧紧,或达到预先设定的拧紧力矩时便自行终止拧紧。如图2-31所示,用指示式扭力扳手使预紧力矩达到规定值。其原理是柱体2的方头1插入梅花套筒并套在螺母或螺钉头部,拧紧时,与手柄5相连的弹性扳手柄3产生变形,而与柱体2装在一起的指针4不随弹性扳手柄 3 绕柱体 2 的轴线转动，这样指针尖 6 与固定在手柄 3 上的刻度盘 7 形成相对角度偏移，即在刻度盘上显示出拧紧力矩的大小。

2）控制伸长量法。通过测量螺栓的伸长量来控制预紧力的大小，如图 2-32 所示。螺母拧紧前螺栓长 L_1，按预紧力要求拧紧后，长度为 L_2，测量 L_1 和 L_2 便可知道拧紧力矩是否正确。大型设备装配时的螺柱联接常采用这种方法，如在大型水压机和柴油发动机的装配中，其立柱或机体联接螺栓的拧紧通常先确定出螺柱的伸长量，然后采用液压拉力装置或加热的方法使螺柱伸长后，将螺母旋入计算位置，螺柱冷却至常温（或弹性收缩）后，形成一定的预紧力。常见加热方法有低压感应电加热及蒸汽管缠绕加热等方式。加热前，根据材料的热胀系数计算出所需温度，加热时应注意安全，防止发生触电或烫伤事故。

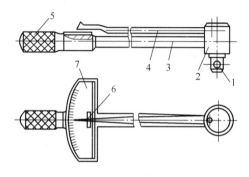

图 2-31　指示式扭力扳手

1—方头　2—柱体　3—弹性扳手柄　4—指针
5—手柄　6—指针尖　7—刻度盘

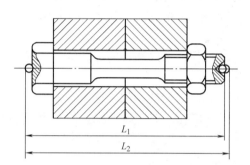

图 2-32　螺栓伸长量的测量

3）控制扭角法。对于不便于测量螺柱伸长量的螺纹联接，还可通过控制螺母拧紧时应转过的角度来控制预紧力。其原理与控制螺栓伸长量相同，只是将螺栓伸长量转换成螺母与各被联接件贴紧后再拧转的角度。

（3）螺纹联接的防松　螺纹联接一般都具有自锁性，受静载荷或工作温度变化不大时，不会自行松脱，但在冲击、振动及工作温度变化很大时可能产生松脱。螺纹联接一旦出现松脱，轻者会影响机械设备的正常运转，重者会造成严重的事故。因此，装配后采取有效的防松措施，才能防止螺纹联接松脱，保证螺纹联接安全可靠。常用的防松装置有摩擦防松装置和机械防松装置两大类；另外，还可以采用破坏螺纹副的不可拆防松方法，如铆冲防松和粘接防松等。

1）摩擦防松装置。

① 对顶螺母防松如图 2-33 所示，这种装置使用两个螺母，先将靠近被联接件的下螺母拧紧至规定位置，用扳手固定其位置，再拧紧其紧邻的上螺母。当拧紧上螺母时，上、下螺母之间的螺杆会受拉力而伸长，使两个螺母分别与螺杆牙面的两侧产生接触压力和摩擦力，当螺杆突加载荷时，会始终保持一定的摩擦力，起到防松的作用。这种防松装置由于增加了一只螺母，因而结构尺寸和成本略有增加，适用于平稳、低速和重载的联接。

② 弹簧垫圈防松。如图 2-34 所示，这种防松装置使用的弹簧垫圈是用弹性较好的 65Mn 钢材经热处理制成的，开有 70°～80° 的斜口，并上下错开。当拧紧螺母时，垫在工件与螺母之间的弹簧垫圈受压，产生弹性反力，使螺纹副的接触面间产生附加摩擦力，以此防止螺母松动。而且垫圈的楔角分别抵住螺母和工件表面，也有助于防止螺母回松。这种装置

容易刮伤螺母和被联接件表面，但它结构简单、使用方便、防松可靠，常用在不经常装拆的部位。

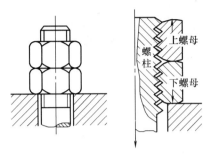 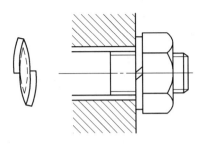

图 2-33 对顶螺母防松   图 2-34 弹簧垫圈防松

③ 自锁螺母防松。如图 2-35 所示，螺母一端制成非圆形收口或开缝后径向收口。当螺母拧紧后，收口胀开，利用收口的弹力使旋合螺纹间压紧。这种装置防松可靠，可多次拆装而不降低防松性能，适用于较重要的联接。

2）机械防松装置。这类防松装置是利用机械方法强制地使螺母与螺杆、螺母与被联接件互相锁定，以达到防松的目的。常用的有以下几种。

① 开口销与带槽螺母防松。如图 2-36 所示，这种装置是用开口销把螺母锁在螺栓上，并将开口销尾部扳开与螺母侧面贴紧。它防松可靠，但螺杆上销孔位置不易与螺母最佳锁紧位置的槽口吻合，一般用于受冲击或载荷变化较大的场合。

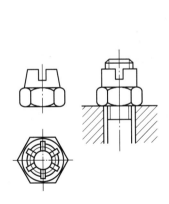 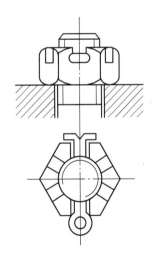

图 2-35 自锁螺母防松   图 2-36 开口销与带槽螺母防松

② 止动垫圈防松。图 2-37a 所示为圆螺母止动垫圈防松装置。装配时，先把垫圈的内翅插进螺杆槽中，然后拧紧螺母，再把外翅弯入螺母的外缺口内；图 2-37b 所示为带耳止动垫圈防止六角螺母回松的装置。这种方法结构简单，使用方便，防松可靠。

③ 串联钢丝防松。这种防松装置如图 2-38 所示，它是用低碳钢丝连续穿过一组螺钉头部的径向小孔，将各螺钉串联起来，使其互相制动来防止回松的。串联钢丝防松适用于位置较紧凑的成组螺钉联接，其防松可靠，但拆装不方便。装配时应注意钢丝穿绕的方向，图 2-38a 中

的钢丝穿绕方向是错误的。

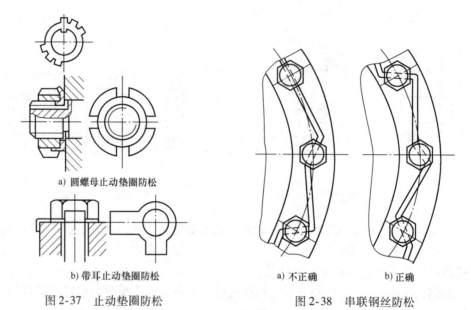

a) 圆螺母止动垫圈防松

b) 带耳止动垫圈防松

图 2-37　止动垫圈防松

a) 不正确　　　b) 正确

图 2-38　串联钢丝防松

3）破坏螺纹副的不可拆防松。如图 2-39 所示，在螺母拧紧后，采用端铆、冲点、焊接、粘接等方法破坏螺纹副，使螺纹联接不可拆卸。端铆是在螺母拧紧后，把螺柱末端伸出部分铆死。冲点是在螺母拧紧后，利用冲头在螺柱末端与螺母的旋合缝处打冲点，利用冲点防松。

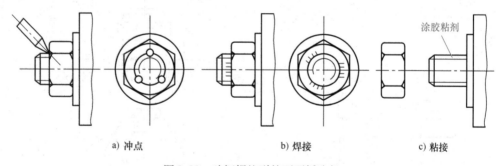

涂胶粘剂

a) 冲点　　　　　　　　b) 焊接　　　　　　　　c) 粘接

图 2-39　破坏螺纹副的不可拆防松

这种方法简单可靠，为永久性联接，但拆卸后联接件不能重复使用，适用于不需拆卸的特殊零件。

（4）螺纹联接装配时的注意事项

1）为便于拆装和防止螺纹锈死，在联接的螺纹部分应加润滑油（脂），不锈钢螺纹的联接部分应加润滑剂。

2）螺纹联接中，螺母必须全部拧入螺杆的螺纹中，且螺栓应高出螺母外端面 2~5 个螺距。

3）被联接件应均匀受压，互相紧密贴合，联接牢固。拧紧成组螺栓或螺母时，应根据被联接件形状和螺栓的分布情况，按一定的顺序进行操作，以防止受力不均或工件变形，如图 2-40 所示。

4）双头螺栓与机体螺纹联接应有足够的紧固性，联接后的螺栓轴线必须和机体表面垂直。

5）拧紧力矩要适当。太大时，螺栓或螺钉易被拉长，甚至断裂或使机件变形；太小时，则不能保证工作时的可靠性。

6）螺纹联接件在工作中受振动或冲击载荷时，要装好防松装置。

四、键联结的装配

键是用来联结轴和轴上的零件，如带轮、联轴器、齿轮等，使它们周向固定以便传递转矩的一种机械零件。它具有结构简单、工作可靠、拆装方便等优点，因此获得了广泛的应用。键按其结构特点和用途，可分为松键联结、紧键联结和花键联结三大类。

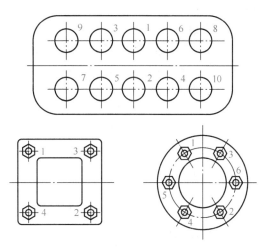

图 2-40　拧紧成组螺母的顺序

1. 松键联结的装配

松键联结是指靠键的两侧面传递转矩而不承受轴向力的键联结。松键联结的键主要有普通平键、半圆键及导向平键等，如图 2-41a ~ c 所示。松键联结能保证轴上零件与轴有较高的同轴度，对中性良好，主要用于高速精密设备的传动变速系统中。

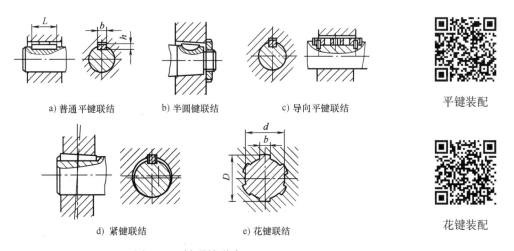

a) 普通平键联结　　b) 半圆键联结　　c) 导向平键联结　　平键装配

d) 紧键联结　　　　e) 花键联结　　　　花键装配

图 2-41　键联结形式

松键联结的装配要求如下：

1）清理键及键槽上的毛刺、锐边，以防装配时形成较大的过盈量而影响配合的可靠性。

2）对重要的键联结，装配前应检查键和槽的加工精度以及键槽对轴线的对称度和平行度。

3）用键的头部与轴槽试配，保证其配合。然后锉配键长，在键长方向，普通平键与轴槽留有约 0.1mm 的间隙，但导向平键不应有间隙。

4）配合面上加全损耗系统用油后将键压入轴槽，应使键与槽底贴平。装入轮毂件后，半圆键、普通平键、导向平键的上表面和毂槽的底面应留有间隙。

2. 紧键联结的装配

紧键联结除能传递转矩外，还可传递一定的轴向力。紧键联结常用的键有楔键、钩头楔键和切向键，图 2-41d 所示为普通楔键联结。紧键联结的对中性较差，常用于对中性要求不高、转速较低的场合。

紧键联结的装配要求如下：

1）键和轮毂槽的斜度一定要吻合，装配时楔键上、下两个工作面和轴槽、轮毂槽的底部应紧密贴合，而两侧面应留有间隙。切向键的两个斜面斜度应相同，其两侧面应与键槽紧密贴合，顶面留有间隙。

2）钩头楔键装配后，其钩头与套件端面间应留有一定距离，以便于拆卸。

3）装配时，用涂色法检查接触情况，若接触不好，可用锉刀或刮刀修整键槽底面。

3. 花键联结的装配

花键联结由于齿数多，故具有承载能力大、对中性好、导向性好等优点，但成本较高。花键联结对轴的强度削弱小，因此广泛地应用于大载荷和同轴度要求高的机械设备中，如图 2-41e 所示。按工作方式不同，花键有静联结和动联结两种形式。

花键联结的装配要点如下：

1）在装配前，首先应彻底清理花键及花键轴的毛刺和锐边，并将其清洗干净。装配时，应在花键轴表面涂上润滑油，转动花键轴检查啮合情况。

2）静联结的花键孔与花键轴有少量的过盈量，装配时可用铜棒轻轻敲入，但不得过紧，否则会拉伤配合表面。对于过盈较大的配合，可将套件加热（80～120℃）后进行装配。

3）动联结花键应保证精确的间隙配合，其套件在花键轴上应滑动自如，灵活无阻滞，转动套件时不应有明显的间隙。

五、销联接的装配

销有圆柱销、圆锥销、开口销等种类，如图 2-42 所示。圆柱销一般依靠过盈配合固定在孔中，因此对销孔尺寸、形状和表面粗糙度要求较高。被联接件的两孔应同时钻、铰，表面粗糙度值不大于 $Ra1.6\mu m$。装配时，销钉表面可涂润滑油，用铜棒轻轻敲入。圆柱销不宜多次装拆，否则会降低定位精度和联接的可靠性。

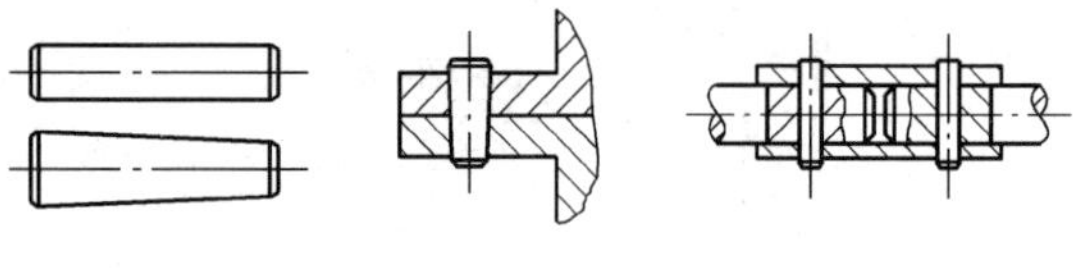

圆锥销装配时，两联接件的销孔也应

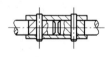
a) 圆柱销和圆锥销　　b) 定位作用　　c) 联接作用

图 2-42　销钉及其作用

一起钻、铰。在钻、铰时，按圆锥销小头直径选用钻头（圆锥销的规格用销小头直径和长度表示）或相应锥度的铰刀。铰孔时用试装法控制孔径，以圆锥销能自由插入80%～85%为宜。最后用锤子敲入，销钉的大头可稍露出，或与被联接件表面齐平。

销联接的装配要求如下：

1）圆柱销按配合性质有间隙配合、过渡配合和过盈配合，使用时应按规定选用。

2）销孔的加工一般在调整好相关零件的位置后，一起钻削和铰削，其表面粗糙度值为 $Ra1.6～3.2\mu m$。装配定位销时，销子涂上润滑油后用铜棒垫在销子头部，把销子打入孔中，或用 C 形夹将销子压入。对于不通孔，销子装入前应磨出通气平面，让孔底空气能够排出。

3）装配圆锥销时，应保证销与销孔的锥度正确，其接触斑点应大于 70%。锥孔铰削深度宜用圆锥销试配，以手推入圆锥销长度的 80%~85% 为宜。圆锥销装紧后大端倒角部分应露出锥孔端面。

4）开尾圆锥销打入孔中后，应将小端开口扳开，防止其在振动时脱出。

5）销顶端的内、外螺纹应便于拆卸，装配时不得损坏。

6）过盈配合的圆柱销一经拆卸就应更换，不宜继续使用。

六、过盈连接件的装配

过盈连接是依靠包容件（孔）和被包容件（轴）的过盈配合，使装配后的两零件表面产生弹性变形，在配合面之间形成横向压力，依靠此压力产生的摩擦力传递转矩和轴向力。其结构简单、对中性好、承载能力强，能承受变动载荷和冲击载荷，但配合面的加工要求较高。

过盈连接按结构形式可分为圆柱面过盈连接、圆锥面过盈连接和其他形式过盈连接。

过盈连接的装配方法按其过盈量、公称尺寸的大小主要有压入法、热装法、冷装法等。

1. 过盈连接的装配要求

1）检查配合尺寸是否符合规定要求。应有足够、准确的过盈值，实际最小过盈值应等于或稍大于所需的最小过盈值。

2）配合表面应具有较小的表面粗糙度值，一般为 $Ra0.8\mu m$，圆锥面过盈连接还要求配合接触面积达到 75% 以上，以保证配合稳固性。

3）配合面必须清洁，不应有毛刺、凹坑、凸起等缺陷，配合前应加油润滑，以免拉伤表面。

4）锤击时，不可直击零件表面，应采用软垫加以保护。

5）压入时必须保证孔的中心线和轴的轴线一致，不允许有倾斜现象。压入过程必须连续，速度不宜太快，一般为 2~4mm/s（不应超过 10mm/s），并准确控制压入行程。

6）细长件、薄壁件及结构复杂的大型件过盈连接要进行装配前检查，并按装配工艺规程进行，避免发生装配质量事故。

2. 圆柱面过盈连接的装配

（1）压入法 压入装配法可分为锤击法和压力机压入法两种，适用于过盈量不大的配合。

锤击法可根据零件的大小、过盈量、配合长度和生产批量等因素，用锤子或大锤将零件打入装配，一般适用于过渡配合。用压力机压入法需具备螺旋压力机、气动杠杆压力机、液压机等设备，直径较大的就需用大吨位的压力机。圆柱面过盈连接的压入方法和设备如图 2-43 所示。

（2）热装法 对于过盈量较大的配合一般采用热装的方法，利用物体受热后膨胀的原理，将包容件加热到一定温度，使孔径增大，然后与常温下的相配件装配，待冷却收缩后，配合件便形成过盈连接紧紧地连接在一起。热装法适用于配合零件，尤其是过盈配合的零件。

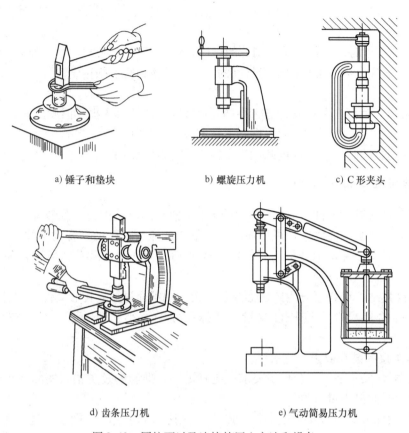

a) 锤子和垫块　　　　　　b) 螺旋压力机　　　　　　c) C形夹头

d) 齿条压力机　　　　　　e) 气动简易压力机

图 2-43　圆柱面过盈连接的压入方法和设备

　　应根据零件的大小、配合尺寸公差、零件的材料、零件的批量、工厂现有设备状况等条件确定配合件是否采用热装法。对于大直径的齿轮件中的齿毂与齿圈的装配、一般蜗轮减速机中轮毂与蜗轮圈的装配等，因其属于无键连接传递转矩，一般都采用热装法。对于一般轴与孔的装配，根据其过盈量大小及轴与孔件的材质来确定装配方法。一般过盈量大的应采用热装法，其过盈量不太大的，如果轴与孔都是钢件，也应优先考虑热装。也可选择压装法，但压装的质量不及热装。因压装受设备压力限制、人员操作水平及零件加工质量等因素影响，对于一些较小的配合件，如最常见的滚动轴承等，一般采用热装为宜。

　　1) 加热温度。加热温度的计算公式为

$$T = \frac{\Delta_1 + \Delta_2}{da} + t \qquad (2-12)$$

式中　T——加热温度（℃）；

　　　　a——加热件的线膨胀系数；

　　　　Δ_1——配合的最大过盈量（mm）；

　　　　Δ_2——热装时的间隙量（mm），一般取（1~2）Δ_1；

　　　　d——配合直径（mm）；

　　　　t——室温，一般取 20℃。

　　常用金属材料的线膨胀系数：钢、铸钢，0.000011；铸铁，0.000010；黄铜，0.000018；

青铜，0.000017；纯铜，0.0000017。

对于碳钢件，加热温度可查阅表2-5。

表2-5 碳钢件的加热温度 T

配合直径/mm	Δ_2/mm	H7/u5		H8/t7		H7/s6		H7/r6	
		Δ_1/mm	T/℃	Δ_1/mm	T/℃	Δ_1/mm	T/℃	Δ_1/mm	T/℃
80～100	0.10	0.146	295	0.178	315	0.073	230	0.073	215
>100～120	0.12	0.159	275	0.158	295	0.101	215	0.076	195
>120～150	0.20	0.188	315	0.192	310	0.117	255	0.088	235
>150～180	0.25	0.228	305	0.212	290	0.125	245	0.090	220
>180～220	0.30	0.265	305	0.226	290	0.151	245	0.106	220
>220～260	0.38	0.304	300	0.242	280	0.159	270	0.109	220
>260～310	0.46	0.373	300	0.270	280	0.190	250	0.130	230
>310～360	0.54	0.415	295	0.292	270	0.226	240	0.144	220
>360～440	0.66	0.460	310	0.351	280	0.272	250	0.166	230
>440～500	0.75	0.517	290	0.393	260	0.292	240	0.172	210

2）常用加热方法。

① 热浸加热。该方法加热均匀、应用方便，常用于尺寸及过盈量较小的连接件。

② 电感应加热。该方法适用于大型齿圈的加热。

③ 电炉加热。在专业厂家大批量生产的情况下，通常使用低温加热炉。

④ 煤气炉或油炉加热。大型件可考虑借用铸造烘热型的加热炉。

⑤ 火焰加热。该方法简单，但易过烧，要求具有熟练的操作技术，多用于较小零件的加热。

（3）冷装法 冷装法是利用物体温度下降时体积缩小的原理，将轴件低温冷却，使其尺寸缩小，然后将轴件装入常温的孔中，温度回升后，轴与孔便紧固连接得到过盈连接。

对于过盈量较小的小件可采用干冰冷却，可冷却至 -78℃；对于过盈量较大的大件可采用液氮冷却，可冷却至 -195℃。

当孔件较大而轴件较小时，加热孔件不方便，或有些孔件不允许加热时，可以采用冷装法。冷装法与热装法相比变形量小，适用于一些材料特殊或装配精度要求高的零件，但所用工装设备比较复杂，操作也较麻烦，所以应用较少。

3. 圆锥面过盈连接的装配

利用锥轴和锥孔在轴向相对位移互相压紧来获得过盈连接。

（1）常用的装配方法

1）螺母拉紧圆锥面过盈连接。在图2-44a 中，拧紧螺母，使轴孔之间接触之后获得规定的轴向相对位移而相互压紧。此方法适用于配合锥度为 1:30～1:8 的圆锥面过盈连接。

2）液压装拆圆锥面过盈连接。对于配合锥度为 1:50～1:30 的圆锥面过盈连接，如图2-44b 所示，将高压油从油孔经油沟压入配合面，使孔的小径胀大，轴的大径缩小，同时施加一定的轴向力，使之互相压紧。

利用液压装拆过盈连接时，配合面不易擦伤。但对配合面接触精度要求较高，需要使用高压液压泵等专用设备。这种连接多用于承载较大且需多次装拆的场合，尤其适用于大型零件。

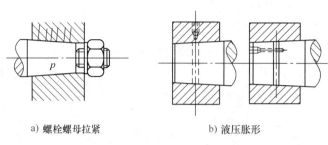

a) 螺栓螺母拉紧　　　　　　　b) 液压胀形

图 2-44　圆锥面过盈连接装配

（2）注意事项　利用液压装拆圆锥面过盈连接时，需要注意以下几点：

1）严格控制压入行程，以保证规定的过盈量。

2）开始压入时，压入速度要小。此时配合面间有少量油渗出，是正常现象，可继续升压。如油压已达到规定值而行程尚未达到，应稍停压入，待包容件逐渐扩大后，再压入到规定行程。

3）达到规定行程后，应先消除径向油压，再消除轴向油压，否则包容件常会弹出而造成事故。拆卸时也应注意。

4）拆卸时的油压应比套合时的低。每拆卸一次再套合时，压入行程一般稍有增加，增加量与配合面锥度的加工精度有关。

5）套装时，配合面要保持洁净，并涂以经过滤的轻质润滑油。

七、轴的装配

1. 轴的结构

轴类零件是组成机器的重要零件，它的作用是支承传动件（如齿轮、带轮、凸轮、叶轮、离合器等）和传递转矩及旋转运动。因此，轴的结构具有以下特点：

1）轴上加工有对传动件进行径向固定或轴向固定的结构，如键槽、轴肩、轴环、环形槽、螺纹、销孔等。

2）轴上加工有便于装配轴上零件和进行轴加工制造的结构，如轴端倒角、砂轮越程槽、退刀槽、中心孔等。

3）为保证轴及其他相关零件能正常工作，轴应具有足够的强度、刚度和精度。

2. 轴的精度

轴的精度主要包括尺寸精度、几何形状精度、相互位置精度和表面粗糙度。

1）轴的尺寸精度是指轴段、轴径的尺寸精度。轴径尺寸精度差，则与其配合的传动件定心精度就差；轴段尺寸精度差，则轴向定位精度就差。

2）轴颈的几何形状精度是指轴的支承轴颈的圆度、圆柱度。轴颈圆度误差过大，滑动轴承在运转时会引起振动。轴颈圆柱度误差过大时，会使轴颈和轴承之间油膜厚度不均，轴瓦表面局部负荷过重而加剧磨损。以上各种误差反映在滚动轴承支承时，将引起滚动轴承的变形而降低装配精度。

3）轴颈轴线和轴的圆柱面、端面的相互位置精度是指对轴颈轴线的径向圆跳动和轴向圆跳动。其误差过大，会使旋转零件装配后产生偏心和歪斜，以致运转时造成轴的振动。

4）机械运转的速度和配合精度等级决定轴类零件的表面粗糙度值。一般情况下，支承轴颈的表面粗糙度值为 $Ra0.8 \sim 0.2\mu m$，配合轴颈的表面粗糙度值为 $Ra3.2 \sim 0.8\mu m$。

轴的精度一般采用以下方法进行检测：轴径误差、轴的圆度误差和圆柱度误差用千分尺对轴径测量后直接得出；轴上各圆柱面对轴颈的径向圆跳动误差及端面对轴颈的垂直度误差按图 2-45 所示的方法确定。

3. 轴、键、传动轮的装配

传动轮（如齿轮、带轮、蜗轮等）与轴一般采用键联结传递运动及转矩，其中又以普通平键联结最为常见，如图 2-46 所示。装配时，选取键长与轴上键槽相配，键底面与键槽底面接触，键两侧采用过渡配合。装配轮毂时，键顶面和轮毂间应留有一定间隙，但与键两侧配合不允许松动。

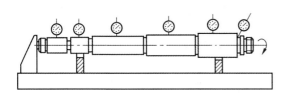

图 2-45　轴的精度检测

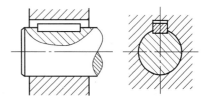

图 2-46　键联结

八、轴承的装配

轴承是支承轴的零件，是机械设备中的重要组成部分。轴承分为滑动轴承和滚动轴承；按承受载荷的方向可分为向心轴承、推力轴承和向心推力轴承等类型。

1. 滑动轴承的装配

（1）滑动轴承的种类　滑动轴承具有润滑油膜吸振能力强，能承受较大冲击载荷，工作平稳、可靠、无噪声，拆装修理方便等特点，因此在旋转轴的支承方面获得了广泛的应用。滑动轴承按其相对滑动的摩擦状态不同，可分为液体摩擦轴承和非液体摩擦轴承两大类。

1）液体摩擦轴承。运转时轴颈与轴承工作面间被油膜完全隔开，摩擦因数小，轴承承载能力大，抗冲击，旋转精度高，使用寿命长。液体摩擦轴承又分为动压液体摩擦轴承和静压液体摩擦轴承。

2）非液体摩擦轴承。包括干摩擦轴承、润滑脂轴承、含油轴承、尼龙轴承等。轴和轴承的相对滑动工作面直接接触或部分被油膜隔开，摩擦因数大，旋转精度低，较易磨损；但结构简单，装拆方便，广泛应用于低速、轻载和精度要求不高的场合。

滑动轴承按结构形状不同又可分为整体式轴承、剖分式轴承等多种形式，如图 2-47 所示。

（2）滑动轴承的装配要求　滑动轴承的装配工作要保证轴和轴承工作面之间获得均匀而适当的间隙、良好的位置精度和应有的表面粗糙度值，在起动和停止运转时有良好的接触精度，保证运转过程中结构稳定可靠。

1）滑动轴承在装配前，应去掉零件的毛刺、锐边，接触表面必须光滑清洁。

2）装配轴承座时，应将轴承或轴瓦装在轴承座上并按轴瓦或轴套中心位置校正。同一传动轴上各轴承的中心线应在一条轴线上，其同轴度误差应在规定的范围内。轴承座底面与机体的接触面应均匀紧密地接触，固定连接应可靠，设备运转时，不得有任何松动移位现象。

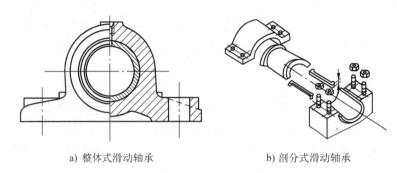

a) 整体式滑动轴承　　　　　　　　　b) 剖分式滑动轴承

图 2-47　滑动轴承结构形式

3）轴转动时，不允许轴瓦或轴套有任何转动。

4）在调整轴瓦间隙时，应保证轴承工作表面有良好的接触精度和合理的间隙。轴承与轴的配合表面接触情况可用涂色法进行检查，研点数应符合要求。

5）装配时，必须保证润滑油能畅通无阻地流入轴承中，并保证轴承中有充足的润滑油存留，以形成油膜。要确保密封装置的质量，不得让润滑油漏到轴承外，并避免灰尘进入轴承。

（3）滑动轴承的装配工艺

1）整体式滑动轴承的装配。如图 2-47a 所示，轴套和轴承座为过盈配合，可根据轴套尺寸的大小和过盈量的大小，采取相应的装配方法。

① 压入轴套。轴套尺寸和过盈量较小时，可用锤子加垫板敲入；轴套尺寸和过盈量较大时，宜用压力机或螺旋拉具进行装配。在压入时，轴套应涂上润滑油，油孔和油槽应与机体对准，不得错位。为防止倾斜，可用导向环或导向心轴导向。

② 轴套定位。压入轴套后，应按图样要求用紧定螺钉或定位销固定轴套位置，以防轴套随轴转动，图 2-48 所示为轴套的定位形式。

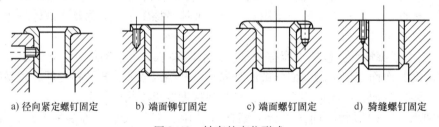

a) 径向紧定螺钉固定　　b) 端面铆钉固定　　c) 端面螺钉固定　　d) 骑缝螺钉固定

图 2-48　轴套的定位形式

③ 轴套孔的修整。轴套压入后，检查轴套和轴的直径，如果因变形不能达到配合间隙要求，可用铰削或刮削研磨的方法修整，使轴套与轴颈之间的接触点达到规定的标准。

2）剖分式滑动轴承的装配。如图 2-47b 所示，其装配工艺要点如下：

① 轴瓦与轴承体的装配。应使瓦背与座孔接触良好，以便于摩擦热量的传导散发和均匀承载。上、下轴瓦与轴承盖和轴承座的接触面积不得小于 40%，用涂色法检查，着色要均匀。如不符合要求，对厚壁轴瓦应以轴承座孔为基准，刮研轴瓦背部。同时，应保证轴瓦台肩能紧靠轴承座孔的两端面，配合要求达到 H7/f7，如果太紧，应修刮轴瓦。薄壁轴瓦的背面不能修刮，只能进行选配。为达到配合的紧固性，厚壁轴瓦或薄壁轴瓦的剖分面都要比

轴承座的剖分面高出一些，其差值一般为 $\Delta h = 0.05 \sim 0.1\text{mm}$，如图 2-49a 所示。轴瓦装入时，为了避免敲毛剖分面，可在剖分面上垫木板，用锤子轻轻敲入，如图 2-49b 所示。

② 轴瓦的定位。用定位销和轴瓦上的凸肩来防止轴瓦在轴承座内做圆周方向转动和轴向移动，如图 2-49c 所示。

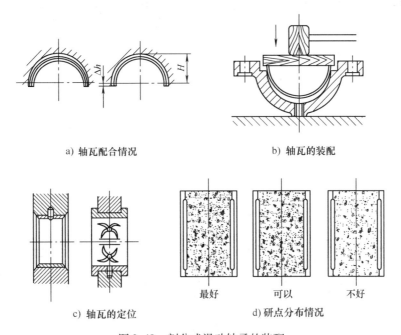

a) 轴瓦配合情况   b) 轴瓦的装配

c) 轴瓦的定位   d) 研点分布情况

最好   可以   不好

图 2-49 剖分式滑动轴承的装配

③ 轴瓦的粗刮。粗刮上、下轴瓦时，可用工艺轴进行研点。其直径要比主轴直径小 $0.03 \sim 0.05\text{mm}$。上、下轴瓦分别刮削。当轴瓦表面出现均匀研点时，粗刮结束。

④ 轴瓦的精刮。粗刮后，在上、下轴瓦剖分面间配以适当的调整垫片，装上主轴合研，进行精刮。精刮时，在每次装好轴承盖后，稍微紧一紧螺母，再用锤子在轴承盖的顶部均匀地敲击几下，使轴瓦盖更好地定位，然后紧固所有螺母。紧固螺母时，要转动主轴，检查其松紧程度。主轴的松紧可以随着刮削的次数，用改变垫片尺寸的方法来调节。螺母紧固后，主轴能够轻松地转动且无间隙，研点达到要求，精刮即结束。合格轴瓦的研点分布情况如图 2-49d 所示。刮研合格的轴瓦，配合表面接触要均匀，轴瓦的两端接触点要实，中部 1/3 长度上接触稍虚，且一般应满足如下要求。

高精度机床：直径≤120mm，20 点/$(25 \times 25)\text{mm}^2$；直径 >120mm，16 点/$(25 \times 25)\text{mm}^2$。

精密机床：直径≤120mm，16 点/$(25 \times 25)\text{mm}^2$；直径 >120mm，12 点/$(25 \times 25)\text{mm}^2$。

普通机床：直径≤120mm，12 点/$(25 \times 25)\text{mm}^2$；直径 >120mm，10 点/$(25 \times 25)\text{mm}^2$。

⑤ 清洗轴瓦。将轴瓦清洗后重新装入。

⑥ 轴承间隙。动压液体摩擦轴承与主轴的配合间隙可参考国家标准数据。

3）轴承座的装配。当轴承座与机体不是同一整体时，需要对轴承座进行装配和找正。装配轴承座时，必须把轴瓦装配在轴承座里，并以轴瓦的中心线来找正轴承座的中心线。一般可用平尺或拉钢丝法来找正其中心线位置，如图 2-50 和图 2-51 所示。

① 用平尺找正时，可将平尺放在轴承座上，平尺的一边与轴瓦口对齐，然后用塞尺检

查平尺与各轴承座之间的间隙情况，从而判断各轴承座中心的同轴度。

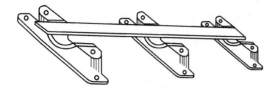 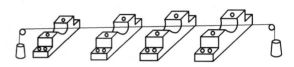

图 2-50　用平尺找正轴承座　　　　　　图 2-51　用拉钢丝法找正轴承座

② 当轴承座间距较大时，可采用拉钢丝法对轴承座的中心线进行找正。即在轴承座上装配一根直径为 0.2 ~ 0.5mm 的细钢丝，使钢丝张紧并与两端的两个轴承座中心线重合，再以钢丝为基准，找正其他各轴承座。实测中，应考虑钢丝的下挠度对中间各轴承座的影响。

③ 用激光准直仪找正轴承座。当传动精度要求较高时，还可采用激光准直仪对轴承座进行找正。这种方法可以使轴承座中心线与激光束的同轴度误差小于 0.02mm，角度误差小于 $\pm 1''$，如图 2-52 所示。

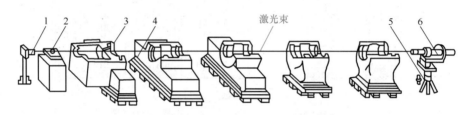

图 2-52　用激光准直仪找正轴承座

1—监视靶　2—三角棱镜　3—光靶　4—轴承座　5—支架　6—激光发射器

2. 滚动轴承的装配

滚动轴承是一种滚动摩擦轴承，一般由内圈、外圈、滚动体和保持架组成。内、外圈之间有光滑的凹槽滚道，滚动体可沿着滚道滚动。保持架的作用是将相邻的滚动体隔开，并使滚动体沿滚道均匀分布，如图 2-53 所示。

滚动轴承具有摩擦因数小、精度高、轴向尺寸小、维护简单、装拆方便等优点，在各类机器设备上应用极其广泛。滚动轴承是由专业厂家大量生产的标准部件，其内径、外径和轴向宽度在出厂时均已确定。滚动轴承的内圈与轴的配合应为基孔制，外圈与轴承孔的配合为基轴制，配合的松紧程度由轴和轴承座孔的尺寸公差来保证。

（1）滚动轴承的装配要点　滚动轴承是一种精密部件，认真做好装配前的准备工作，是保证装配质量的重要环节。

1）装配前应准备好所需工具和量具。

2）认真检查与轴承相配合的轴、轴承座孔

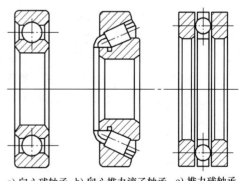

a) 向心球轴承　b) 向心推力滚子轴承　c) 推力球轴承

图 2-53　滚动轴承

等零件表面是否符合图样要求，并用汽油或煤油清洗后擦净，涂上全损耗系统用油。

3）检查轴承型号与图样要求是否一致。

4）滚动轴承的装配方法应根据轴承的结构、尺寸大小和轴承部件的配合性质确定。装配时的压力应直接加在待配合的套圈端面上，不能通过滚动体传递压力。

（2）滚动轴承的装配方法　常用的装配方法有敲入法、压入法、温差法等。

由于轴承类型的不同，轴承内、外圈装配顺序也不同。滚动轴承在装配过程中，应根据轴承的类型和配合松紧程度来确定装配方法和装配顺序。

在一般情况下，滚动轴承内圈随轴转动，外圈固定不动，因此，内圈与轴的配合比外圈与轴承座支承孔的配合要紧一些。滚动轴承的装配大多为较小的过盈配合，常用锤子或压力机压装。为了使轴承圈压力均匀，需用垫套之后加压。轴承压到轴上时，通过垫套施力于内圈端面，如图 2-54a 所示；轴承压到支承孔中时，施力于外圈端面，如图 2-54b 所示；若同时压到轴上和支承孔中，则应同时施力于内、外圈端面，如图 2-54c 所示。

（3）深沟球轴承的装配　深沟球轴承属于不可分离型轴承，采用压入法装入机件，不允许通过滚动体传递压力。若轴承内圈与轴颈配合较紧，外圈与壳体孔配合较松，则先将轴承压入轴颈，如图 2-54a 所示，然后连同轴一起装入壳体中。若外圈与壳体配合较紧，则先将轴承压入壳体孔中，如图 2-54b 所示。轴装入壳体后，两端要装两个深沟球轴承。当一个轴承装好后装第二个轴承时，由于轴已装入壳体内部，

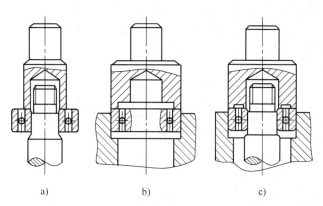

a)　　　　　　　b)　　　　　　　c)

图 2-54　压入法装配深沟球轴承的装配顺序

可以采用图 2-54c 所示的方法装入。还可以采用轴承内圈热胀法、外圈冷缩法或壳体加热法以及轴颈冷缩法装配，其加热温度一般为 60～100℃，冷却温度不得低于 -80℃。

（4）滚动轴承间隙的调整　滚动轴承的间隙分为轴向间隙和径向间隙。滚动轴承的间隙具有保证滚动体正常运转、润滑及热膨胀补偿作用。滚动轴承的间隙不能太大，也不能太小：间隙太大，会使同时承受负荷的滚动体减少，单个滚动体的负荷增大，降低轴承寿命和旋转精度，引起噪声和振动；间隙太小，则容易发热，磨损加剧，同样影响轴承寿命。因此，滚动轴承装配时间隙的调整非常重要，滚动轴承的轴向间隙可由表 2-6 查得。

表 2-6　滚动轴承的轴向间隙　（单位：mm）

轴承内径	宽度系列		
	轻系列	轻和中宽系列	中和重系列
<30	0.03～0.10	0.04～0.11	0.04～0.11
30～50	0.04～0.11	0.05～0.13	0.05～0.13
50～80	0.05～0.13	0.06～0.15	0.06～0.15
80～120	0.06～0.15	0.07～0.18	0.07～0.18

圆锥滚子轴承和推力轴承内、外圈是分开安装的。圆锥滚子轴承的径向间隙 e 与轴向间隙 c 有一定的关系，即 $e = c\tan\beta$，其中 β 为轴承外圈滚道素线与轴线的夹角，一般为 11°～16°。因此，调整轴向间隙也即调整了径向间隙。推力轴承有松圈和紧圈之分，松圈的内孔

比轴大, 与轴能相对转动, 应紧靠静止的机件; 紧圈的内孔与轴应取较紧的配合, 并装在轴上, 如图 2-55 所示。推力轴承不存在径向间隙的问题, 只需要调整轴向间隙。

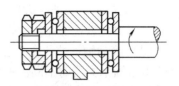

图 2-55　推力轴承松圈
与紧圈的装配位置

这两种轴承的轴向间隙通常采用垫片或防松螺母来调整, 图 2-56 所示为采用垫片调整轴向间隙的例子。调整时, 先将端盖在不用垫片的条件下用螺钉紧固于壳体上。对于图 2-56a 所示结构, 左端盖垫将推动轴承外圈右移, 直至完全将轴承的径向间隙消除为止。这时测量端盖与壳体端面之间的缝隙 a_1 (最好在互成 120° 的三点处测量, 取其平均值), 轴向间隙 c 则由 $e = c\tan\beta$ 求得。根据所需径向间隙 e, 即可求得垫片厚度 $a = a_1 + c$。对于图 2-56b 所示结构, 端盖 1 紧贴壳体 2, 可来回推拉轴, 测得轴承与端盖之间的轴向间隙, 根据允许的轴向间隙大小可得到调整垫片的厚度 a。

图 2-57 所示为用防松螺母调整轴向间隙的例子。先拧紧螺母至将间隙完全消除为止, 再拧松螺母; 退回 $2c$ 的距离, 然后将螺母锁住。

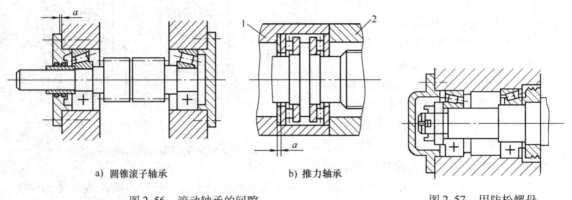

a) 圆锥滚子轴承　　　　b) 推力轴承

图 2-56　滚动轴承的间隙
1—端盖　2—壳体

图 2-57　用防松螺母
调整轴向间隙

九、传动机构的装配

传动机构的作用是在两轴之间传递运动和转矩, 有两轴同轴、平行、垂直或交叉等几种形式。传动机构的类型较多, 在此主要介绍带传动、链传动、齿轮传动、蜗杆传动的装配工艺。

1. 带传动机构的装配

(1) 带传动的形式与特点　带传动是利用带与带轮之间的摩擦力来传递运动和动力的, 也有依靠带和带轮上齿的啮合来传递运动和动力的。带传动按带的截面形状不同可分为 V 带传动、平带传动和同步带传动, 如图 2-58 所示。

带传动结构简单、工作平稳, 由于传动带的弹性和挠性, 具有吸振、缓冲作用, 过载时的打滑能起安全保护作用, 能适应两轴中心距较大的传动; 但带传动的传动比不准确、传动效率较低、带的寿命较短、结构不够紧凑。

V 带传动比平带传动应用更为广泛, 尤其在两带轮中心距较小或传动力较大时应用较多。根据国家标准 (GB/T 11544—2012), 我国生产的普通 V 带共分为 Y、Z、A、B、C、D、E 七种, 其中 Y 型 V 带截面尺寸最小, E 型 V 带截面尺寸最大, 使用最多的是 Z、A、B 三种型号。

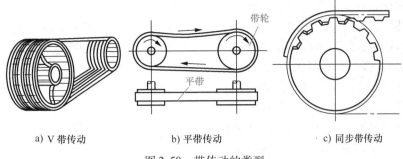

| a) V带传动 | b) 平带传动 | c) 同步带传动 |

图 2-58　带传动的类型

（2）带传动机构的装配技术要求

1）带轮装配在轴上应没有歪斜和跳动。通常要求带轮对带轮轴的径向圆跳动为 $(0.0025 \sim 0.0005) D$，轴向圆跳动为 $(0.0005 \sim 0.001) D$，D 为带轮直径。

2）两轮的中间平面应重合，其倾斜角和轴向偏移量不超过 $1°$，倾角过大会导致带磨损不均匀。

3）带轮工作表面粗糙度要适当，一般为 $Ra3.2\mu m$。表面粗糙度值太小带容易打滑，过于粗糙则带磨损加快。

4）带在带轮上的包角不能太小，对于 V 带传动，带轮包角不能小于 $120°$。

5）带的张紧力要适当。张紧力太小，不能传递一定的功率；张紧力太大，则传动带、轴和轴承都容易磨损，影响使用寿命，同时轴易发生变形，降低效率。张紧力通过调整张紧装置获得。对于 V 带传动，合适的张紧力也可根据经验来判断，用大拇指在 V 带切边中间处能按下 15mm 左右为宜。

6）当带的速度 $v > 5m/s$ 时，应对带轮进行静平衡试验；当 $v > 25m/s$ 时，还需要进行动平衡试验。

V 带传动、平带传动等带传动形式都是依靠带和带轮之间的摩擦力来传递动力的。为保证其工作时具有适当的张紧力，防止打滑，减小磨损及传动平稳，装配时必须按带传动机构的装配技术要求进行。

（3）带轮的装配要点　带轮与轴的配合一般选用 H7/k6 过渡配合，并用键或螺钉固定以传递动力，如图 2-59 所示。

1）带装配前应检查规格、型号及长度，做好带轮孔、轴的清洁工作，轴上涂上全损耗系统用油，用铜棒、锤子轻轻敲入，最好采用专用的螺旋工具压装。

2）装配后，应检查带轮在轴上的装配精度。检查跳动的方法：较大的带轮可用划针盘来检查，较小的带轮可用百分表来检查。

3）两带轮装配后，应使两轮轴线的平行度符合要求，两带轮中心平面的轴向偏

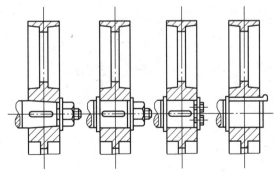

图 2-59　带轮的装配方式

移量 a，平带一般不应超过 1.5mm，V 带不应超过 1mm；两轴不平行度 θ 角不应超过 $\pm 20°$。中心距大的可用拉线法，中心距小的可用钢直尺测量。带轮的中心距要正确，一般可通过检

查并调整带的松紧程度来补偿中心距误差。

4）V带装入带轮时，应先将V带套入小带轮中，再将V带用旋具拨入大带轮槽中，装配时不宜用力过猛，以防损坏带轮。装好的V带平面不应与带轮槽底接触或凸在轮槽外。

5）带轮的拆卸。修理带传动装置前，必须把带轮从轴上拆下来。一般情况下，不能直接用大锤敲打，而应采用顶拔器拆卸。

（4）调整张紧力 由于传动带的材料不是完全的弹性体，带在工作一段时间后会因伸长而松弛，使得张紧力降低。为了保证带传动的承载能力，应定期检查其张紧力，如发现张紧力不符合要求，必须重新调整，使其正常工作。

常用的张紧装置有以下几种：

1）定期张紧装置。通过调节中心距使带重新张紧。如图2-60a、b所示，使用时松开紧定螺钉，旋转调节螺钉改变中心距，直到所需位置，然后固定。图2-60a所示装置适用于接近水平的布置，图2-60b所示装置适用于垂直或接近垂直的传动。

2）自动张紧装置。常用于中小功率的传动，如图2-60c所示，将装有带轮的电动机装配在可以自由转动的摆架上，利用电动机和机架的重量自动保持张紧力。

3）张紧轮张紧。当中心距不能调节时，可采用张紧轮张紧，张紧轮一般装配在松边内侧，使带只受单向弯曲，以延长使用寿命。同时，张紧轮还应尽量靠近大带轮，以减少对包角的影响，如图2-60d所示。有时为了增加小带轮的包角，张紧轮可放在松边外侧靠近小带轮处，如图2-60e所示，但是带绕行一周受弯曲次数增加，带易于疲劳破坏。

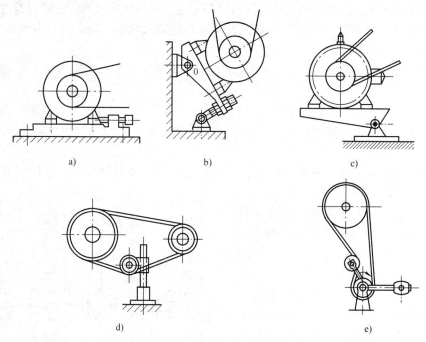

a)　　　　　　　　　　b)　　　　　　　　　　c)

d)　　　　　　　　　　e)

图2-60　带传动的张紧

（5）平带接头的连接 平带的宽度有一定规格，长度按需要截取，并留有一定的余量。平带在装配时对接，其方法主要有胶合（或硫化胶合）、带扣、带螺栓和金属夹板等。

2. 链传动机构的装配

链传动是由两个（或两个以上）具有特殊齿形的链轮和连接链轮的链条组成的，由于链传动是啮合传动，可保证一定的平均传动比，同时适用于两轴距离较远的传动，传动较平稳，传动功率较大，特别适合在温度变化大和灰尘较多的场合使用。常用传动链有套筒滚子链和齿形链。

（1）链传动机构的装配要点

1）两链轮轴线必须平行，否则会加剧链轮和链条的磨损，降低传动平稳性，增加噪声。可通过调整两轮轴两端支承件的位置进行调整。

2）两链轮的中心平面应重合，轴向偏移量应控制在允许范围内。如无具体规定，一般当两轮中心距小于或等于 500mm 时，轴向偏移量应控制在 1mm 以内；当两轮中心距大于500mm 时，轴向偏移量应控制在 2mm 以内，可用长钢直尺或钢丝检查。

3）链轮在轴上固定后，其径向和轴向跳动量应符合规定要求。

4）链轮在轴上的固定方式一般有键连接加紧定螺钉、锥销固定以及轴侧端盖固定。

5）链条的下垂度应符合要求。

6）应定期检查润滑情况，良好的润滑有利于减少磨损，降低摩擦功率损耗，缓和冲击及延长使用寿命，常采用的润滑剂为 HJ20～HJ40 号机械油，温度低时取前者。

（2）链条两端的连接　当两轴的中心距可调节且两轮在轴端时，链条可以预先接好，再装到链轮上。如果结构不允许，则必须先将链条套在链轮上，然后进行连接。

3. 齿轮传动机构的装配

齿轮传动是最常用的传动方式之一，它依靠轮齿间的啮合传递运动和动力。其特点是能保证准确的传动比、传递功率和速度范围大、传动效率高、结构紧凑、使用寿命长，但齿轮传动对制造和装配要求较高。

齿轮传动的类型较多，有直齿、斜齿、人字齿轮传动，还有圆柱齿轮、锥齿轮及齿轮齿条传动等。

（1）齿轮传动机构的装配技术要求

1）齿轮孔与轴的配合应符合要求，不得有偏心和歪斜现象。

2）保证齿轮副有正确的安装中心距和适当的齿侧间隙。

3）齿面接触部位正确，接触面积符合规定要求。

4）滑移齿轮在轴上滑动自如，不应有啃住或阻滞现象，且轴向定位准确；齿轮的错位量不得超过规定值。

5）封闭箱体式齿轮传动机构应密封严密，不得有漏油现象，箱体结合面的间隙不得大于 0.1mm，或涂以液态密封胶密封。

6）对于转速高的大齿轮，应进行静平衡测试。

齿轮传动的装配工作包括：将齿轮装在传动轴上，将传动轴装进齿轮箱体，保证齿轮副正常啮合。装配后的基本要求：保证正确的传动比，达到规定的运动精度；齿轮齿面达到规定的接触精度；齿轮副齿轮之间的啮合侧隙符合规定要求。

渐开线圆柱齿轮传动多用于传动精度要求高的场合，如果装配后出现不允许的齿圈径向圆跳动，就会产生较大的运动误差。因此，首先要将齿轮正确地安装到轴颈上，不允许出现偏心和歪斜。对于运动精度要求较高的齿轮传动，在装配一对传动比为 1 或整数的齿轮时，可采用圆周定向装配，使误差得到一定程度的补偿，以提高传动精度。

齿轮传动的接触精度是以齿面接触斑痕的位置和大小来判断的，它与运动精度有一定的关系，即运动精度低的齿轮传动，其接触精度也不高。因此，在装配齿轮副时，常需检查齿面的接触斑痕，以考核其装配是否正确。图 2-61 所示为渐开线圆柱齿轮副装配后常见的接触斑痕分布情况。图 2-61a 所示为正常情况。图 2-61b、c 所示分别为同向偏接触和异向偏接触，说明两齿轮的轴线不平行，中心距超过规定值，一般装配无法纠正。图 2-61e 所示为沿齿向游离接触，齿圈上各齿面的接触斑痕由一端逐渐移至另一端，说明齿轮端面（基面）与回转轴线不垂直，可卸下齿轮，修整端面予以纠正。另外，还可能沿齿高游离接触，如图 2-61d 所示，说明齿圈径向圆跳动过大，可卸下齿轮重新正确安装。

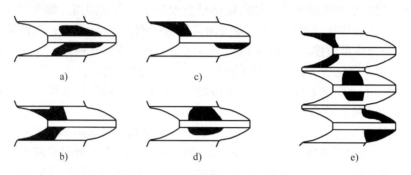

a)   c)

b)   d)   e)

图 2-61　渐开线圆柱齿轮接触斑痕

装配圆柱齿轮时，齿轮副的啮合侧隙是由各种有关零件的加工误差决定的，一般装配无法调整。侧隙大小的检查方法有下列两种：

① 用铅丝检查。在齿面的两端正平行放置两条铅丝，铅丝的直径不宜超过最小侧隙的 3 倍。转动齿轮挤压铅丝，测量铅丝最薄处的厚度，即为侧隙的尺寸。

② 用百分表检查。将百分表测头同一齿轮面沿齿圈切向接触，另一齿轮固定不动，手动摇摆可动齿轮，从一侧接触转到另一侧接触，百分表上的读数差值即为侧隙的尺寸。

（2）圆柱齿轮传动机构的装配要点　齿轮与轴装配时，要根据齿轮与轴的配合性质，采用相应的装配方法，对齿轮、轴进行精度检查，符合技术要求才能装配。装配后，常见的安装误差是偏心、歪斜、端面未靠贴轴肩等，如图 2-62 所示。精度要求高的齿轮副，如图 2-63 所示，应进行径向圆跳动检查（图 2-63a）和轴向圆跳动检查（图 2-63b）。

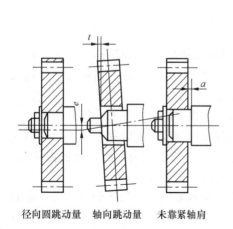

径向圆跳动量　轴向跳动量　未靠紧轴肩

图 2-62　齿轮安装误差

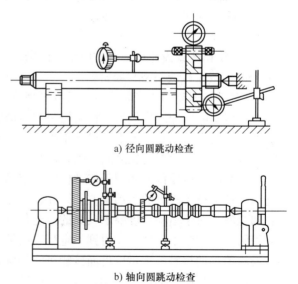

a) 径向圆跳动检查

b) 轴向圆跳动检查

图 2-63　齿轮径向圆跳动和轴向圆跳动的检查

1）装配前的检查。应对箱体各部位的尺寸精度、形状精度、相互位置精度、表面粗糙度及外观质量进行检查。

① 箱体上孔系中心线同轴度误差的检查。图 2-64a 所示为用检验棒检测孔系中心线同轴度误差，图 2-64b 所示为用检验棒和百分表插入孔系配合检测同轴度误差。

② 孔距的测量。

③ 两孔中心线垂直度、相交度的检测。

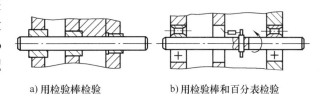

a) 用检验棒检验   b) 用检验棒和百分表检验

图 2-64　同轴度误差的检测

a. 同一平面内相垂直两孔中心线垂直度、相交度误差的检测。垂直度误差的检测方法如图 2-65a 所示，将百分表装在检验棒 1 上，为防止检验棒 1 轴向窜动，在其上装有定位套筒。旋转检验棒 1，百分表在检验棒 2 上 L 长度内两点的读数差，即为两孔中心线在 L 长度内的垂直度误差。图 2-65b 所示为两孔轴线相交度误差的检测。检验棒 1 的测量端做成叉形槽，检验棒 2 的测量端为台阶形，即为通端和止端。检测时，若通端能通过叉形槽，而止端不能通过，则相交度误差合格，否则为不合格。

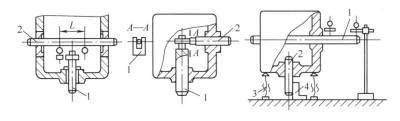

a) 同一平面内垂直   b) 中心线相交程度检测   c) 不同平面内垂直

图 2-65　两孔中心线垂直度和相交度误差的检测

1、2—检验棒　3—千斤顶　4—直角尺

b. 不在同一平面内垂直两孔中心线垂直度误差的检测。如图 2-65c 所示，箱体用千斤顶 3 支承在平板上，用直角尺 4 找正，将检验棒 2 调整到垂直位置。此时，测量检验棒 1 对平板的平行度误差，即为两孔中心线的垂直度误差。

④ 中心线至基面尺寸及平行度误差的检测如图 2-66 所示。

⑤ 中心线与孔端面垂直度误差的检测。图 2-67a 所示为将带检验圆盘的检验棒插入孔中，用涂色法或塞尺检查。图 2-67b 所示为用检验棒和百分表检测。

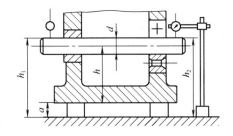

图 2-66　中心线至基面尺寸及平行度误差的检测

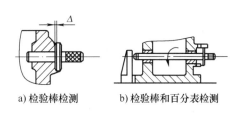

a) 检验棒检测   b) 检验棒和百分表检测

图 2-67　中心线与孔端面垂直度误差的检测

2）啮合质量的检查。齿轮装配后，应进行啮合质量检查。齿轮的啮合质量包括适当的齿侧间隙、一定的接触面积和正确的接触部位。

用压铅丝法测量侧隙，如图2-68所示。在齿面接近两端处平行放置两条铅丝，宽齿放置3~4条铅丝，铅丝直径不超过最小间隙的4倍，转动齿轮，测量铅丝被挤压后最薄处的尺寸，即为侧隙。对于传动精度要求较高的齿轮副，其侧隙用百分表检测，如图2-69所示。将百分表测头与轮齿的齿面接触，另一齿轮固定。将接触百分表测头的轮齿从一侧啮合转到另一侧啮合，百分表的读数差值即为直齿轮侧隙。

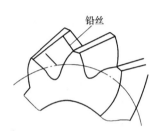 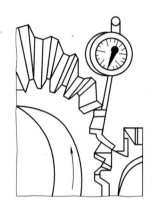

图2-68 压铅丝测量侧隙　　　图2-69 用百分表检测侧隙

如果被测齿轮为斜齿轮或人字齿轮，则其法向侧隙 C_n 按下式计算：

$$C_n = C_k \cos\beta \cos\alpha_n \tag{2-13}$$

式中　C_k——端面侧隙（mm）；

β——螺旋角（°）；

α_n——法向压力角（°）。

接触面积和接触部位的正确性用涂色法检查。检查时，转动主动齿轮，从动齿轮应轻微制动。对双向工作的齿轮副，正向、反向都应检查。

轮齿上接触印痕的面积，在轮齿的高度上，其接触斑点应不少于30%~60%，在轮齿的宽度上不少于40%~90%（随齿轮的精度而定）。通过涂色法，还可以判断产生误差的原因，如图2-70所示。

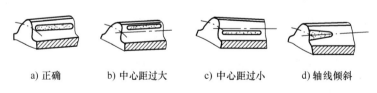

a) 正确　　b) 中心距过大　　c) 中心距过小　　d) 轴线倾斜

图2-70 圆柱齿轮接触痕迹

3）齿轮的磨合。对于以转递动力为主的齿轮副，要求有较高的接触精度和较小的噪声。装配后进行磨合可提高齿轮副的接触精度并减小噪声。通常加载磨合，即在齿轮副输出轴上加一负载力矩，在运转一定时间后，使轮齿接触表面相互磨合，以增加接触面积，改善啮合质量。磨合后的齿轮必须清洗，重新装配。

（3）锥齿轮传动机构的装配与调整　装配锥齿轮传动机构的步骤和方法与装配圆柱齿

轮传动机构的步骤和方法相似，但两齿轮在轴上的定位和啮合精度的调整方法不同。

1）两锥齿轮在轴上的轴向定位。在图 2-71 中，锥齿轮 1 的轴向位置可通过改变垫片厚度来调整；锥齿轮 2 的轴向位置则可通过调整固定圈的位置来确定。调好后根据固定圈的位置，配钻定位孔并用螺钉或销固定。

2）啮合精度的调整。在确定两锥齿轮的啮合位置后，用涂色法检查其啮合精度，根据齿面着色显示的部位不同进行调整。

4. 蜗杆传动机构的装配与调整

（1）蜗杆传动机构装配的技术要求

1）保证蜗杆轴线与蜗轮轴线相互垂直，距离正确，且蜗杆轴线应在蜗轮轮齿的对称中心平面内。

2）蜗杆和蜗轮有适当的啮合侧隙和正确的接触斑点。

（2）蜗杆传动机构的装配顺序

1）将蜗轮装在轴上，装配和检查方法与圆柱齿轮装配相同。

2）把蜗轮组件装入箱体。

3）装入蜗杆，蜗杆轴线位置由箱体安装孔保证，蜗轮的轴向位置可通过改变垫圈厚度调整。

（3）装配后的检查与调整　蜗杆副装配后，用涂色法检查其啮合质量，如图 2-72 所示。图 2-72a、b 所示为蜗杆副两轴线不在同一平面内的情况。一般蜗杆位置已固定，则可按图示箭头方向调整蜗轮的轴向位置，使其达到图 2-72c 所示的要求，其接触长度要求见表 2-7。

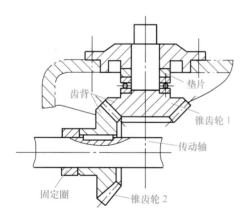

图 2-71　锥齿轮机构的调整

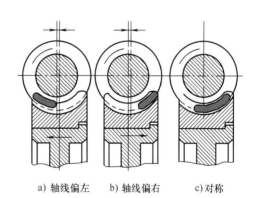

a）轴线偏左　　b）轴线偏右　　c）对称

图 2-72　蜗轮齿面涂色检查的顺序

表 2-7　蜗轮齿面接触长度要求

精度等级	接触长度		精度等级	接触长度	
	占齿长	占齿宽		占齿长	占齿宽
6	75%	60%	8	50%	60%
7	65%	60%	9	35%	50%

检查侧隙时，采用塞尺或压铅丝的方法比较困难。一般对不太重要的蜗杆副，凭经验用手转动蜗杆，根据其空程角判断侧隙大小。对运动精度要求比较高的蜗杆副，用百分表进行

测量，如图 2-73 所示。

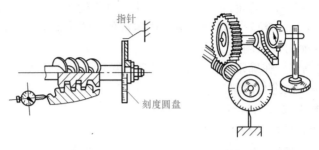

a) 直接测量   b) 用测量杆测量

图 2-73　蜗杆副侧隙检查

通过测量蜗杆空程角，计算出齿侧间隙。空程角与侧隙有如下近似关系（蜗杆升角的影响忽略不计）：

$$\alpha = C_n \frac{360 \times 60}{\pi Z_1 m \times 1000} \approx 6.9 \frac{C_n}{Z_1 m}$$

式中　α——空程角（°）；

　　　Z_1——蜗杆头数；

　　　m——模数（mm）；

　　　C_n——侧隙（mm）。

十、联轴器的装配

联轴器按结构形式不同，可分为锥销套筒式、凸缘式、弹性柱销式、十字滑块式、万向联轴器等。

1. 弹性柱销联轴器的装配

弹性柱销联轴器的装配示意图如图 2-74 所示，其装配要点如下：

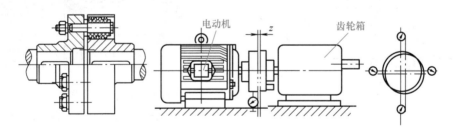

图 2-74　弹性柱销联轴器及其装配

1）先在两轴上装入平键和半联轴器，并固定齿轮箱，按要求检查其径向圆跳动和轴向圆跳动。

2）将百分表固定在半联轴器上，使其测头触及另外半联轴器的外圆表面，找正两个半联轴器之间的同轴度。

3）移动电动机，使半联轴器上的圆柱销少许进入另外半联轴器的销孔内。

4）转动轴及半联轴器，并调整两半联轴器之间的间隙，使其沿圆周方向均匀分布，然后移动电动机，使两个半联轴器靠紧，固定电动机，再复检同轴度达到要求。

2. 十字滑块联轴器的装配

1）将两个半联轴器和键分别装在两根被连接的轴上。

2）用角尺检查联轴器外圆，在水平方向和垂直方向应均匀接触。

3）两个半联轴器找正后，再安装十字滑块，移动轴，使半联轴器和十字滑块间留有较小间隙，保证十字滑块在两半联轴器的槽内能自由滑动。

十一、离合器的装配

1. 摩擦离合器

常见的摩擦离合器如图 2-75 所示。对于片式摩擦离合器，要解决摩擦离合器发热和磨损补偿问题，装配时应注意调整好摩擦面间的间隙。对于圆锥式摩擦离合器，要求用涂色法检查圆锥面的接触情况，色斑应均匀分布在整个圆锥表面上。

2. 牙嵌离合器

如图 2-76 所示，牙嵌离合器由两个带端齿的半离合器组成，端齿有三角形、锯齿形、梯形和矩形等多种。

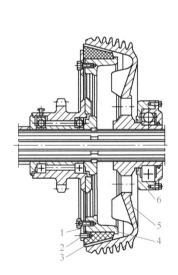

图 2-75 摩擦离合器

1—连接圆盘 2—圆柱销 3—摩擦衬块
4—外锥盘 5—内锥盘 6—加压环

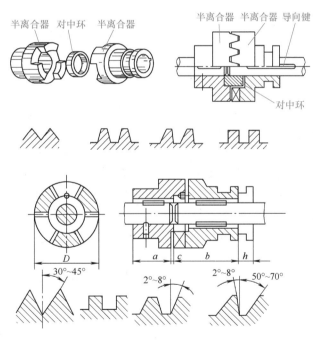

图 2-76 牙嵌离合器

3. 离合器的装配要求

1）接合、分离动作灵敏，能传递足够的转矩，工作平稳。

2）装配时，把固定的一半离合器装在主动轴上，滑动的一半装在从动轴上。保证两半离合器的同轴度，滑动的一半离合器在轴上滑动应自如，无阻滞现象，各啮合齿的间隙应相等。

3）当发生接触斑点不正确的情况时，可通过调整轴承座的位置来解决，或采用修刮的方法达到接触精度要求。

思考题与习题

一、名词解释

1. 击卸法　　　 2. 拉卸法　　　 3. 顶压法　　　 4. 温差法拆卸　　　 5. 无损检测

二、填空题

1. 拆卸是修理工作中的一个重要环节，如果不能正确地执行拆卸工艺，不仅影响修理工作_____，还可能造成零部件_____，设备_____丧失。

2. 拆卸设备时，应在熟悉技术资料的基础上，明确_____，正确地_____，采用正确的_____。

3. 常用的拆卸零件的方法有_____、_____、_____和_____。

4. 一般的机械零件清洗主要包括_____、_____及_____。

5. 在修理过程中，正确地解除零部件间相互的约束与固定形式，把零部件分解开来的过程称为_____。

6. 在拆卸零件时，加热包容件或冷却被包容件，利用零件的胀、缩减小过盈量，使零件易于拆下的方法称为_____法。

7. 机械零件的清洗内容主要包括_____、_____和_____等。

8. 机械零件的除锈方法主要有_____、_____和_____等。

9. 机械零件的常用无损检测方法主要有_____、_____、_____和_____等。

10. 机械及其部件都是由_____组成的，装配精度与相关零部件制造误差的累积有关，特别是关键零件的_____。

11. 常用的机械装配方法主要有_____装配法、_____装配法和_____装配法等。

12. 螺纹联接的常用防松方法主要有_____、_____、_____等。

三、选择题

1. 清洗一般的机械零件时，应优先选用_____作为清洗剂。

A. 汽油　　　　　 B. 煤油　　　　　 C. 合成清洗剂　　　　　 D. 四氯化碳

2. 合成清洗剂一般配成_____%的水溶液。

A. 1　　　　　　 B. 3　　　　　　 C. 10　　　　　　 D. 30

3. 拆卸零件时应注意识别零件的拆出方向，一般阶梯轴的拆出方向总是朝向轴、孔的_____方向。

A. 任意　　　　　 B. 小端　　　　　 C. 大端

四、简答题

1. 机械设备拆卸前要做哪些准备工作？拆卸的一般原则是什么？

2. 简述机械设备拆卸的基本顺序。

3. 机械设备拆卸时的注意事项有哪些？

4. 采用击卸法拆卸零部件时，主要应注意哪些问题？

5. 拆卸机械零部件的常用方法有哪些？

6. 机械零件清洗的种类有哪些？其清洗方法主要有哪些？

7. 机械零件的检验有哪些内容？在修理过程中的检验有哪些方法？

8. 机械装配的一般工艺原则有哪些？

9. 装配精度一般包括哪些方面的内容？

10. 什么是装配工艺系统图？它有什么作用？

11. 什么是装配工艺规程？制订装配工艺规程的目的是什么？

12. 螺纹联接产生松动的原因是什么？常用的防松方法有哪些？

13. 简述圆柱面过盈连接装配方法。

14. 齿轮传动机构的装配技术要求有哪些？

15. 举例说明齿轮传动的接触精度是如何判断的。

16. 滚动轴承的装配有哪些方法？

17. 试述剖分式滑动轴承的装配步骤。

18. 常用联轴器有哪些类型？怎样调整联轴器的同轴度？

项目三 机械零部件的修复技术

 学习目标

1. 熟悉机械零部件修复工艺的分类和选用方法。
2. 了解机械零部件常用修复工艺的基本概念和工艺特点。
3. 掌握机械零部件的修复工艺、注意事项和应用范围。
4. 熟悉机械零部件修理中常用工具和设备的使用方法。
5. 了解机械设备维修新技术、新工艺和新材料的应用情况。
6. 树立安全文明生产和环境保护意识。
7. 锻炼学生运用具体问题具体分析的方法论，分析和解决实际问题。

任务一 了解机械零部件修复工艺

机电设备在使用过程中，由于其零部件会逐渐产生磨损、变形、断裂、蚀损等失效形式，故设备的精度、性能和生产率会下降，这会导致设备发生故障、事故，甚至报废，因而需要及时对其进行维护和修理。在修复性维修中，一切措施都是为了以最短的时间、最少的费用来有效地消除故障，以提高设备的有效利用率。而采用修复工艺措施使失效的零件再生，能有效地达到此目的。

一、零部件修复的优点

修复失效零部件主要具有以下优点：

1）减少备件储备，可以减少资金的占用，从而取得节约资金的效果。

2）减少更换件的制造，有利于缩短设备停修时间，提高设备利用率。

3）减少制造工时，节约原材料，大大降低修理费用。

4）利用新技术修复失效零部件还可提高零件的某些性能，延长零件使用寿命。尤其是对于大型零部件、贵重零部件和加工周期长、精度要求高的零部件，意义更为重要。

随着新材料、新工艺、新技术的不断发展，零部件的修复已不仅仅是恢复原样，很多工艺方法还可以提高零件的性能和延长零件的使用寿命。如电镀、堆焊或涂敷耐磨材料、等离子喷涂与喷焊、粘接和一些表面强化处理等工艺方法，只将少量的高性能材料覆盖于零部件表面，成本并不高，却大大提高了零件的耐磨性。因此，在机电设备修理中，充分利用修复技术，选择合理的修复工艺，可以缩短修理时间，节省修理费用，显著提高企业的经济效益。

二、修复工艺的选择

用来修复机械零件的工艺很多，图 3-1 所示为目前较普遍使用的修复工艺。当前，在机械修理行业已经广泛地采用了很多新工艺、新技术来修复零件，取得了明显的效果。因此，大力推广和应用先进的修复技术，是设备维修界的一项重要任务。

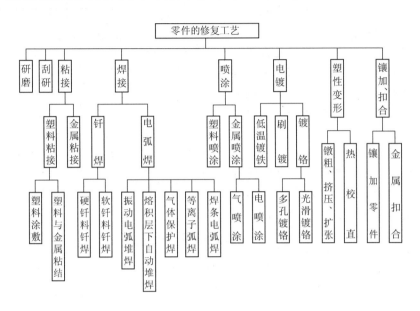

图 3-1　零件的修复工艺

选择机械零件修复工艺时应考虑的因素如下。

1. 修复工艺对零件材质的适应性

任何一种修复工艺都不能完全适应各种材料，表 3-1 可供选择时参考。

表 3-1　各种修复工艺对常用材料的适应性

序号	修理工艺	低碳钢	中碳钢	高碳钢	合金结构钢	不锈钢	灰铸铁	铜合金	铝
1	镀铬	+	+	+	+	+	+		
2	镀铁	+	+	+	+	+	+		
3	气焊	+	+		+		−		
4	焊条电弧焊	+	+	−	+	+	−		
5	焊剂层下自动堆焊	+	+						
6	振动电弧堆焊	+	+	+	+	+	−		
7	钎焊	+	+	+	+	+	+	+	−
8	金属喷涂	+	+	+	+	+	+	+	+
9	塑料粘接	+	+	+	+	+	+	+	+
10	塑性变形	+	+					+	+
11	金属扣合						+		

注："+"为修理效果良好，"−"为修理效果不好。

2. 各种修复工艺能达到的修补层厚度

不同零件需要的修补层厚度不一样。因此，必须了解各种修复工艺所能达到的修补层厚度。图 3-2 所示是几种主要修复工艺能达到的修补层厚度。

3. 被修复零件构造对工艺选择的影响

例如，轴上螺纹损坏时可车成直径小一级的螺纹，但要考虑拧入螺母是否受到临近轴径尺寸较大的限制。又如，采用镶螺纹套法修理螺纹孔、扩孔镶套法修理孔径时，孔壁厚度与临近螺纹孔的距离尺寸是主要限制因素。

4. 零件修复后的强度

修补层与零件的结合强度以及零件修理后的强度，是衡量修理质量的重要指标。表 3-2 可供选择零件修复工艺时参考。

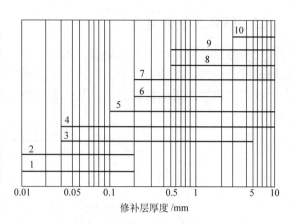

图 3-2　几种主要修复工艺能达到的修补层厚度
1—镀铬　2—滚花　3—钎焊　4—振动电弧堆焊
5—焊条电弧焊　6—镀铁　7—粘接　8—熔剂
层下电弧堆焊　9—金属喷涂　10—镶加零件

表 3-2　各种修补层的力学性能

序号	修理工艺	修补层本身的抗拉强度 /MPa	修补层与45钢的结合强度 /MPa	零件修理后疲劳强度降低的百分数（%）	硬度
1	镀铬	400～600	300	25～30	600～1000HV
2	低温镀铁		450	25～30	45～65HRC
3	焊条电弧焊	300～450	300～450	36～40	210～420HBW
4	焊剂层下电弧堆焊	350～500	350～500	36～40	170～200HBW
5	振动电弧堆焊	620	560	与45钢相近	25～60HRC
6	银焊（含银45%）	400	400		
7	铜焊	287	287		
8	锰青铜钎焊	350～450	350～450		217HBW
9	金属喷涂	80～110	40～95	45～50	200～240HBW
10	环氧树脂粘补		热粘20～40 冷粘10～20		80～120HBW

5. 修复工艺过程对零件物理性能的影响

修补层的物理性能，如硬度、可加工性、耐磨性及密实性等，在选择修复工艺时必须考虑。硬度高，则加工困难；硬度低，一般磨损较快；硬度不均，则加工表面不光滑。耐磨性不仅与表面硬度有关，还与金相组织、磨合情况及表面吸附润滑油的能力有关。如采用多孔镀铬、多孔镀铁、振动电弧堆焊、金属喷涂等修复工艺均能获得多孔隙的覆盖层。这些孔隙中能存储润滑油，从而改善了润滑条件，使得零件即使在短时间缺油的情况下也不会发生表面损伤现象。对修补时可能发生液体、气体渗漏的零件，则要求修补的密实性较好，不允许出现砂眼、气孔、裂纹等缺陷。

在各种修复工艺中，镀铬层硬度最高，也最耐磨，但磨合性较差；金属喷涂、振动电弧堆焊、镀铁等的耐磨性与磨合性都很好。

修补层不同，疲劳强度也不同。如以 45 钢的疲劳强度值为 100%，则各种修补层的疲劳强度为：热喷涂 86%，电弧焊 79%，镀铬 75%，镀铁 71%，振动电弧堆焊 62%。

6. 修复工艺对零件精度的影响

对精度有一定要求的零件，主要考虑修复中的受热变形。修复时，大部分零件的温度都比常温高，电镀、金属喷涂、电火花镀敷及振动电弧堆焊等，零件温度低于 100℃，热变形很小，对金相组织几乎没有影响；软焊料钎焊温度为 250～400℃，对零件的热影响也较小；硬焊料钎焊时，零件要预热或加热到较高温度，如达到 800℃ 以上时就会使零件退火，热变形增大。

其次还应考虑修复后的刚度，例如，镶加、粘接、机械加工等修复法会改变零件的刚度，从而影响修理后的精度。

7. 经济性

例如，对于一些易加工的简单零件，有时修复还不如更换经济。

由此可见，选择零件修复工艺时，不能只考虑一个方面，而要从几个方面综合考虑。一方面要考虑修理零件的技术要求，另一方面要考虑修复工艺的特点，还要结合本企业现有的修复条件和技术水平等，力求做到工艺合理、经济性好、生产可行，这样才能得到最佳的修复工艺方案。

一些典型零件和典型表面的修复工艺选择举例见表 3-3～表 3-6。

表 3-3 轴的修复工艺选择

序号	零件磨损部分	修 理 方 法	
		达到设计尺寸	达到修配尺寸
1	滑动轴承的轴颈及外圆柱面	镀铬、镀铁、金属喷涂、堆焊并加工至设计尺寸	车削或磨削，提高几何形状精度
2	滚动轴承的轴颈及过盈配合面	镀铬、镀铁、堆焊、滚花、化学镀铜（0.05mm 以下）	—
3	轴上键槽	堆焊修理键槽，转位新铣键槽	键槽加宽，不大于原宽度的 1/7，重新配键
4	花键	堆焊重铣或镀铁后磨（最好用振动堆焊）	—
5	轴上螺纹	堆焊，重车螺纹	车成小一级螺纹
6	外圆锥面	—	磨到较小尺寸
7	圆锥孔	—	磨到较大尺寸
8	轴上销孔	—	较大一些
9	扁头、方头及球面	堆焊	加工修整几何形状
10	一端损坏	切削损坏的一段，焊接一段，加工至设计尺寸	—
11	弯曲	校正并进行低温稳化处理	—

表 3-4　孔的修复工艺选择

序号	零件磨损部分	修理方法	
		达到基本尺寸	达到修配尺寸
1	孔径	镶套、堆焊、电镀、粘接	镗孔
2	键槽	堆焊处理或转位另插键槽	加宽键槽
3	螺纹孔	镶螺纹套或改变零件位置，转位重钻孔	加大螺纹孔至大一级的螺纹
4	圆锥孔	镗孔后镶套	刮研或磨削修整形状
5	销孔	移位重钻，铰销孔	铰孔
6	凹坑、球面窝及小槽	铣掉重镶	扩大修整形状
7	平面组成的导槽	镶垫板、堆焊、粘接	加大槽形

表 3-5　齿轮的修复工艺选择

序号	零件磨损部分	修理方法	
		达到基本尺寸	达到修配尺寸
1	轮齿	1）利用内花键，镶新轮圈插齿 2）齿轮局部断裂，堆焊加工成形 3）内孔镀铁后磨	大齿轮加工成负变位齿轮（硬度低，可加工者）
2	齿角	1）对称形状的齿轮调头倒角使用 2）堆焊齿角后加工	锉磨齿角
3	孔径	镶套、镀铬、镀镍、镀铁、堆焊	磨孔配轴
4	键槽	堆焊加工或转位另开键槽	加宽键槽，另配键
5	离合器爪	堆焊后加工	—

表 3-6　其他典型零件的修复工艺选择

序号	零件名称	磨损部分	修理方法	
			达到基本尺寸	达到修配尺寸
1	导轨、滑板	滑动面研伤	粘或镶板后加工	电弧冷焊补、钎焊、粘补、刮、磨削
2	丝杠	螺纹磨损 轴颈磨损	1）调头使用 2）切除损坏的非螺纹部分，焊接一段后重车 3）堆焊轴颈后加工	1）校直后车削螺纹进行稳化处理，另配螺母 2）轴颈部分车削或磨削
3	滑移拨叉	拨叉侧面磨损	铜焊、堆焊后加工	—
4	楔铁	滑动面磨损	—	铜焊接长、粘接及钎焊巴氏合金、镀铁

（续）

序号	零件名称	磨损部分	修 理 方 法	
			达到基本尺寸	达到修配尺寸
5	活塞	外径磨损、镗缸后与气缸的间隙增大、活塞环槽磨宽	移位，车活塞环槽	喷涂金属，受力部分浇注巴氏合金，按分级修理尺寸车宽活塞环槽
6	阀座	结合面磨损	—	车削及研磨结合面
7	制动轮	轮面磨损	堆焊后加工	车削至较小尺寸
8	杠杆及连杆	孔磨损	镶套、堆焊、焊堵后重加工孔	扩孔

任务二　机械修复法

利用机械连接，如螺纹联接、键、销、铆接、过盈连接和机械变形等各种机械方法，使磨损、断裂、缺损的零件得以修复的方法称为**机械修复法**。例如，镶补、局部修换、金属扣合等方法可利用现有设备和技术，适应多种损坏形式，不受高温影响，受材质和修补层厚度的限制少，工艺易行，质量易于保证，有的还可以为以后的修理创造条件，因此应用很广；其缺点是受到零件结构和强度、刚度的限制，被修件硬度高时难以加工，精度要求高时难以保证。

一、修理尺寸法与零件修复中的机械加工

1. 修理尺寸法

修理机械设备间隙配合副中较复杂的零件时，可不考虑原来的设计尺寸，而采用切削加工或其他加工方法恢复其磨损部位的形状精度、位置精度、表面粗糙度和其他技术条件，从而得到一个新尺寸（这个新尺寸对轴来说比原来的设计尺寸小，对孔来说则比原来的设计尺寸大），这个尺寸称为**修理尺寸**。而与此相配合的零件则按这个修理尺寸制作新件或修复，保证原有的配合关系不变，这种方法称为**修理尺寸法**。

例如，轴、传动螺纹、键槽和滑动导轨等结构都可以采用修理尺寸法修复。但必须注意，修理后零件的强度和刚度仍应符合要求，必要时要进行验算，否则不宜使用该法修理。对于表面热处理的零件，修理后仍应具有足够的硬度，以保证零件修理后的使用寿命。

修理尺寸法的应用极为普遍，为了得到一定的互换性，便于组织备件的生产和供应，大多数修理尺寸均已标准化，各种主要修理零件都规定有其各级修理尺寸。例如，内燃机气缸套的修理尺寸通常规定了几个标准尺寸，以适应尺寸分级的活塞备件。

2. 机械加工

零件修复中，机械加工是最基本、最重要的方法。多数失效零件需要经过机械加工来消除缺陷，最终达到配合精度和表面粗糙度等要求。它不仅可以作为一种独立的工艺手段获得修理尺寸，直接修复零件，而且是其他修理方法的修前工艺准备和最后加工必不可少的手段。修复旧件的机械加工与新制件加工相比有以下特点：它的加工对象是成品；旧件除工作表面磨损外，往往会有变形；一般加工余量小；原来的加工基准多数已经破坏，给装夹定位带来困难；加工表面性能已定，一般不能用工序来调整，只能以加工方法来适应它；多为单

件生产，加工表面多样，组织生产比较困难等。了解这些特点，有利于确保修理质量。

要使修理后的零件符合制造图样规定的技术要求，修理时不能只考虑加工表面本身的形状精度要求，还要保证加工表面与其他未修表面之间的相互位置精度要求，并使加工余量尽可能小。必要时，需要设计专用的夹具。因此要根据具体情况，合理选择零件的修理基准和采用适当的加工方法来加以解决。

加工后零件的表面粗糙度对零件的使用性能和寿命均有影响，如对零件工作精度及保持稳定性、疲劳强度、零件之间的配合性质、耐蚀性等的影响。对承受冲击和交变载荷、重载、高速的零件，更要注意表面质量，同时要注意轴类零件的圆角半径，以免形成应力集中。另外，对高速运转的零件进行修复时，还要保证其应有的静平衡和动平衡要求。

机械加工修理方法简便易行，修理质量稳定可靠，经济性好，在旧件修复中应用十分广泛。其缺点是零件的强度和刚度被削弱，需要更换或修复相配件，使零件互换性复杂化。

二、镶加零件修复法

配合零件磨损后，在结构和强度允许的条件下，通过增加一个零件来补偿由于磨损及修复而去掉的部分，以恢复原有的零件精度，这样的方法称为镶加零件修复法。常用的有扩孔镶套、加垫等方法。

如图3-3所示，在零件裂纹附近局部镶加补强板，一般采用钢板加强、螺栓联接。脆性材料裂纹应钻止裂孔，通常在裂纹末端钻直径为3～6mm的孔。

图3-4所示为镶套修复法。对损坏的孔，可镗孔镶套，孔尺寸应镗大，保证套有足够的刚度，套的外径应保证与孔有适当的过盈量，套的内径可事先按照轴径配合要求加工好，也可留有加工

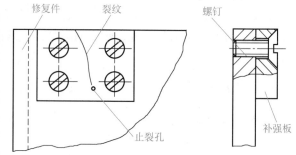

图3-3 镶加补强板

余量，镶入后再加工至要求的尺寸。对损坏的螺纹孔，可将旧螺纹扩大，再切削螺纹，然后加工一个内外均有螺纹的螺纹套拧入螺孔中，螺纹套内螺纹即可恢复原尺寸。对损坏的轴颈也可用镶套修复法修复。

镶加零件修复法在维修中应用很广。镶加件磨损后可以更换，有些机械设备的某些结构在设计和制造时就应用了这一原理。对于一些形状复杂或贵重零件，可在容易磨损的部位预先镶装上零件，磨损后只需更换镶加件，即可达到修复的目的。

在车床上，丝杠、光杠、操纵杠与支架配合的孔磨损后，可将支架上的孔镗大，然后压入轴套。轴套磨损后可再进行更换。

汽车发动机的整体式气缸磨损到

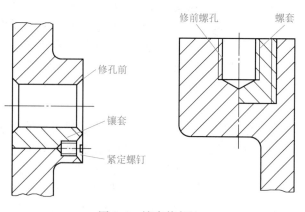

图3-4 镶套修复法

极限尺寸后，一般都采用镶加零件修复法修理。

箱体零件轴承座孔的磨损超过极限尺寸时，也可以将孔镗大，用镶加一个铸铁或低碳钢套的方法进行修理。

图 3-5 所示为机床导轨的凹坑，可采用镶加铸铁塞的方法进行修理。先在凹坑处钻孔、铰孔，然后制作铸铁塞，该塞子应能与铰出的孔过盈配合。将塞子压入孔后，再进行导轨精加工。如果塞子与孔配合良好，则加工后的结合面将非常光整平滑。严重磨损的机床导轨可采用镶加淬火钢导轨镶块的方法进行修复，如图 3-6 所示。

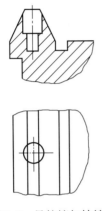

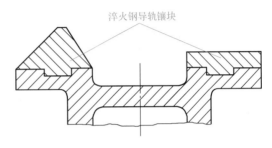
淬火钢导轨镶块

图 3-5　导轨镶加铸铁塞　　　　　　图 3-6　床身镶加淬火钢导轨

应用这种修复方法时应注意：镶加零件的材料和热处理一般应与基体零件相同，必要时应选用比基体性能更好的材料。

为了防止松动，镶加零件与基体零件配合要有适当的过盈量，必要时可采用在端部加胶粘剂、止动销、紧定螺钉、骑缝螺钉或定位焊固定等方法定位。

三、局部修换法

有些零件在使用过程中，其各部位的磨损量往往不均匀，有时只有某个部位磨损严重，而其余部位尚好或磨损轻微。在这种情况下，如果零件结构允许，可将磨损严重的部位切除，将这部分重制新件，用机械连接、焊接或粘接的方法固定在原来的零件上，使零件得以修复，这种方法称为局部修换法。该方法应用也很广泛。

图 3-7a 所示为将双联齿轮中磨损严重的小齿轮的轮齿切去，重制一个小齿圈，用键联结，并用骑缝螺钉固定；图 3-7b 所示为在保留的轮毂上铆接重制的齿圈；图 3-7c 所示为局部修换牙嵌离合器并以粘接法固定。

四、塑性变形法

塑性材料零件磨损后，为了恢复零件表面原有的尺寸精度和形状精度，可采用塑性变形法进行修复，如滚花、镦粗法、挤压法、扩张法、热校直法等。

五、换位修复法

有些零件局部磨损后可采用调头转向的方法，如长丝杠局部磨损后可调头使用；单向传力齿轮翻转 180°，可将它换一个方向安装后利用未磨损面继续使用。但必须在结构对称或

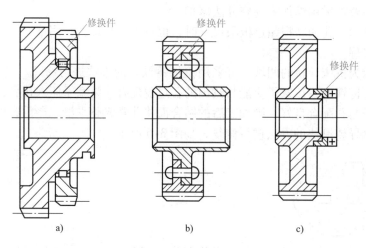

图 3-7 局部修换法

稍加工即可实现时才能进行调头转向使用。

图 3-8 所示为轴上键槽重新开制新槽。图 3-9 所示为将联接螺孔转过一个角度，在旧孔之间重新钻孔。

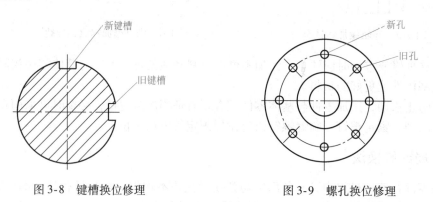

图 3-8 键槽换位修理   图 3-9 螺孔换位修理

任务三 焊接修复法

利用焊接技术修复失效零件的方法称为焊接修复法。用于修补零件缺陷时称为补焊；用于恢复零件几何形状及尺寸，或使其表面获得具有特殊性能的熔敷金属时称为堆焊。焊接修复法在设备维修中占有很重要的地位，应用非常广泛。

焊接修复法的特点是：结合强度高；可以修复大部分金属零件因各种原因（如磨损、缺损、断裂、裂纹、凹坑等）引起的损坏；可局部修换，也能切割分解零件；可用于校正形状，对零件进行预热和热处理；修复质量好、生产率高；成本低，灵活性大；多数工艺简便易行，不受零件尺寸、形状、场地及修补层厚度的限制，便于野外抢修。但焊接方法也有不足之处：热影响区大，容易产生焊接变形和应力以及裂纹、气孔、夹渣等缺陷；对于重要零件，焊接后须进行去应力退火处理，以消除内应力；不宜修复较高精度、细长、薄壳类零件。

一、钢制零件的焊修

机械零件所用的钢材料种类繁多，其焊接性差异很大。一般而言，钢中含碳量越高，合金元素种类和数量越多，焊接性就越差。一般低碳钢、中碳钢、低合金钢均有良好的焊接性，焊修这些钢制零件时，主要考虑焊修时的热变形问题。但一些中碳钢、合金结构钢、合金工具钢制件均经过热处理，硬度、精度要求较高，焊修时残余应力大，易产生裂纹、气孔和变形，为保证精度要求，必须采取相应的技术措施。如选择合适的焊条，焊前要彻底清除油污、锈蚀及其他杂质；焊前预热；焊接时尽量采用小电流、短弧，熄弧后马上用锤子敲击焊缝以减小焊缝内应力；用对称、交叉、短段、分层方法焊接以及焊后热处理等均可提高焊接质量。

二、铸铁零件的焊修

铸铁在机械设备中的应用非常广泛。灰铸铁主要用于制造各种支座、壳体等基础件，球墨铸铁已在部分零件中取代铸钢而获得应用。

铸铁的焊接性差，焊修时主要存在以下问题：

1）铸铁含碳量高，焊接时易产生白口，既脆又硬，焊后不仅加工困难，而且容易产生裂纹；铸铁中磷、硫含量较高，也给焊接带来了一定困难。

2）焊接时，焊缝易产生气孔或咬边。

3）铸铁零件原有气孔、砂眼、缩松等缺陷也易造成焊接缺陷。

4）焊接时，如果工艺措施和保护方法不当，也易造成铸铁零件其他部位变形过大或电弧划伤而使工件报废。

因此，采用焊修法时最主要的还是要提高焊缝和熔合区的可加工性，提高补焊处的防裂性能、防渗透性能，提高接头的强度。

1. 焊接方法分类

铸铁零件的焊修分为热焊法和冷焊法等。

（1）热焊法 铸铁热焊是焊前将工件高温预热，焊后再加热、保温、缓冷。用气焊或电焊效果均好，焊后易加工，焊缝强度高、耐水压、密封性能好，尤其适用于铸铁零件毛坯缺陷的修复。但由于成本高、能耗大、工艺复杂、劳动条件差，因而其应用受到了限制。

（2）冷焊法 铸铁冷焊是在常温或局部低温预热状态下进行的，具有成本较低、生产率高、焊后变形小、劳动条件好等优点，因此得到了广泛的应用。其缺点是易产生白口和裂纹，对工人的操作技术要求高。

（3）加热减应区补焊法 选择零件的适当部位进行加热使之膨胀，然后对零件的损坏处进行补焊，以减少焊接应力与变形，这个部位称为减应区，这种方法就称为加热减应区补焊法。

加热减应区补焊法的关键在于正确选择减应区。减应区加热或冷却不应影响焊缝的膨胀和收缩，它应选在零件棱角、边缘和加强肋等强度较高的部位。

2. 冷焊工艺

铸铁冷焊多采用焊条电弧焊，其工艺过程简要介绍如下。

（1）焊前准备 先将焊接部位彻底清除干净；对于未完全断开的工件要找出全部裂纹及端点位置，钻出止裂孔；如果看不清裂纹，可以将可能有裂纹的部位用煤油浸润，再用氧乙炔火焰将表面油质烧掉，用白粉笔涂上白粉，当裂纹内部的油慢慢渗出时，白粉上即可显示出裂纹的痕迹。此外，也可采用王水腐蚀法、手砂轮打磨法等来确定裂纹的位置。

然后对焊接部位开出坡口，为使断口合拢复原，可先定位焊连接，再开坡口。由于铸件组织较疏松，可能吸有油质，因此焊前要用氧乙炔焰火烤脱脂，并在低温（50～60℃）下均匀预热后再进行焊接。焊接时要根据工件的作用及要求选用合适的焊条，常用的国产铸铁焊条见表3-7，其中使用较广泛的是镍基铸铁焊条。

表 3-7　国产铸铁电弧焊焊条

焊条名称	统一牌号	焊芯材料	药皮类型	焊缝金属	主 要 用 途
氧化型钢芯铸铁焊条	Z100	碳钢	氧化型	碳钢	一般灰铸铁零件非加工面的补焊
高钒铸铁焊条	Z116	碳钢或高钒钢	低氢型	高钒钢	高强度铸铁零件的补焊
高钒铸铁焊条	Z117	碳钢或高钒钢	低氢型	高钒钢	高强度铸铁零件的补焊
钢芯石墨化型铸铁焊条	Z208	碳钢	石墨型	灰铸铁	一般灰铸铁零件的补焊
钢芯球墨铸铁焊条	Z238	碳钢	石墨型（加球化剂）	球墨铸铁	球墨铸铁零件的补焊
纯镍铸铁焊条	Z308	纯镍	石墨型	镍	重要灰铸铁薄壁零件和加工面的补焊
镍铁铸铁焊条	Z408	镍铁合金	石墨型	镍铁合金	重要高强度灰铸铁零件及球墨铸铁零件的补焊
镍铜铸铁焊条	Z508	镍铁合金	石墨型	镍铜合金	强度要求不高的灰铸铁零件加工面的补焊
铜铁铸铁焊条	Z607	纯铜	低氢型	铜铁混合物	一般灰铸铁非加工面的补焊
铜包钢芯铸铁焊条	Z612	铁皮包铜心或铜包铁心	钛钙型	铜铁混合物	一般灰铸铁非加工面的补焊

（2）施焊　焊接场所应无风、暖和。采用小电流、快速焊，先定位焊，用对称分散的顺序，分段、短段、分层交叉、断续、逆向等操作方法，每焊一小段熄弧后马上锤击焊缝周围，使焊件应力松弛，并且在焊缝温度下降到60℃左右不烫手时，再焊下一道焊缝，最后焊止裂孔。经打磨铲修后，修补缺陷，便可使用或进行机械加工。

为了提高焊修可靠性，可拧入螺栓以加强焊缝，如图3-10所示。用纯铜或石墨模芯焊后可不加工，难焊的齿形按样板加工。大型厚壁铸件可加热扣合件，扣合件热压后焊死在工件上，再补焊裂纹，如图3-11所示。还可焊接加强板，加强板先用锥销或螺栓销固定，再焊牢固，如图3-12所示。

铸铁零件常用的焊修方法见表3-8。

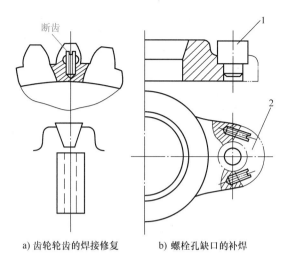

a) 齿轮轮齿的焊接修复　　b) 螺栓孔缺口的补焊

图 3-10　焊修实例

1—纯铜或石墨模芯　2—缺口

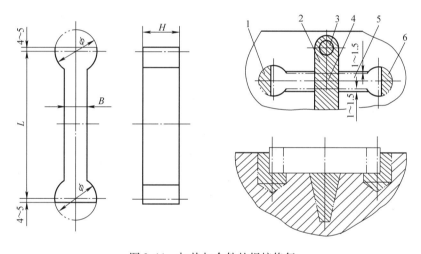

图 3-11　加热扣合件的焊接修复

1、2、6—焊缝　3—止裂孔　4—裂纹　5—扣合件

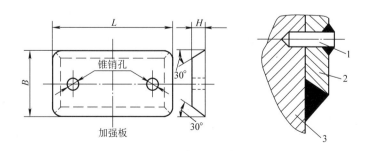

图 3-12　加强板的焊接

1—锥销　2—加强板　3—工件

表 3-8　铸铁零件常用的焊修方法

补焊方法		要　　点	优　　点	缺　　点	适 用 范 围
气焊	热焊	焊前预热至 650 ~ 700℃，保温缓冷	焊缝强度高，裂纹、气孔少，不易产生白口，易于修复加工，价格低些	工艺复杂，加热时间长，容易变形，准备工序的成本高，修复周期长	补焊非边角部位，焊缝质量要求高的场合
	冷焊	不预热，焊接过程中采用加热减应区法	不易产生白口，焊缝质量好，基体温度低，成本低，易于修复加工	要求焊工技术水平高，对结构复杂的零件难以进行全位补焊	适于补焊边角部位
电弧焊	冷焊	用铜铁焊条冷焊	焊件变形小，焊缝强度高，焊条便宜，劳动强度低	易产生白口组织，可加工性差	用于焊后不需加工的凝结零件，应用广泛
		用镍基焊条冷焊	焊件变形小，焊缝强度高，焊条便宜，劳动强度低，可加工性极好	要求严格	用于零件的重要部位及薄壁零件的修补，焊后需加工
		用纯铁心焊条或低碳钢心铁粉型焊条冷焊	焊接工艺性好，焊接成本低	易产生白口组织，可加工性差	用于非加工面的补焊
		用高钒焊条冷焊	焊缝强度高，加工性能好	要求严格	用于补焊强度要求较高的厚件及其他部件
	热焊	用钢心石墨化焊条，预热 400 ~ 500℃	焊缝强度与基体相近	工艺较复杂，可加工性不稳定	用于大型铸件，缺陷在中心部位，而四周刚度大的场合
		用铸铁心焊条预热，保温、缓冷	焊后易于加工，焊缝性能与基体相近	工艺复杂，易变形	应用范围广泛

三、非铁金属零件的焊修

机修中常用的非铁金属材料有铜及铜合金、铝合金等，与钢铁材料相比，其焊接性差。由于它们的导热性好、热胀系数大、熔点低，高温时脆性较大、强度低，很容易氧化，因此焊接比较复杂、困难，要求具有较高的操作技术，并采取必要的技术措施来保证焊修质量。

铜及铜合金的焊修工艺要点如下：焊修时首先要做好焊前准备，对焊丝和工件进行表面处理，并开出坡口；施焊时要对工件预热，一般温度为 300 ~ 700℃，注意焊修速度，按照焊接规范进行操作，及时锤击焊缝；气焊时一般选择中性焰，焊条电弧焊则要考虑焊修方法；焊修后需要进行热处理。

四、钎焊修复法

采用比基体金属熔点低的金属材料做钎料，将钎料放在焊件连接处，一同加热到高于钎料熔点、低于基体金属熔点的温度，利用液态钎料润湿基体金属，填充接头间隙并与基体金属相互扩散实现连接焊件的焊接方法称为钎焊。

1. 钎焊种类

（1）硬钎焊 用熔点高于450℃的钎料进行钎焊称为硬钎焊，如铜焊、银焊等。硬钎料还有铝、锰、镍、钼等及其合金。

（2）软钎焊 用熔点低于450℃的钎料进行钎焊称为软钎焊，也称为低温钎焊，如锡焊等。软钎料还有铅、铋、镉、锌等及其合金。

2. 特点及应用

钎焊较少受基体金属焊接性的限制，加热温度较低，热源较容易解决而不需特殊焊接设备，容易操作。但钎焊较其他焊接方法焊缝强度低，适用于强度要求不高的零件的裂纹和断裂面的修复，尤其适用于低速运动零件的研伤、划伤等局部缺陷的补修。

例3-1 某机床导轨面产生划伤和研伤，采用锡铋合金钎焊，其工艺过程如下。

（1）锡铋合金焊条的制作（成分为质量分数） 在铁制容器内投入55%（熔点为232℃）的锡和45%的铋（熔点为271℃），加热至完全熔化，然后迅速注入角钢槽内，冷却凝固后便成为锡铋合金焊条。

（2）焊剂的配制（成分为质量分数） 将氯化锌（12%）、氯化亚铁（21%）、蒸馏水（67%）放入玻璃瓶内，用玻璃棒搅拌至完全溶解后即可使用。

（3）焊前准备

1）先用煤油等将待补焊部位擦洗干净，用氧乙炔焰烧除油污。

2）用稀盐酸去污渍，再用细钢丝刷反复刷擦，直至露出金属光泽，用脱脂棉蘸丙酮擦洗干净。

3）迅速用脱脂棉蘸上1号镀铜液涂在待补焊部位，同时用干净的细钢丝刷刷擦，再涂、再刷，直到染上一层均匀的淡红色。1号镀铜液（成分为质量分数）是在30%的浓盐酸中加入4%的锌，完全溶解后再加入4%的硫酸铜和62%的蒸馏水搅拌均匀配制而成的。

4）用同样的方法涂擦2号镀铜液，反复几次，直到染成暗红色为止。镀铜液自然晾干后，用细钢丝刷擦净，无脱落现象即可。2号镀铜液（成分为质量分数）是以75%的硫酸铜加25%的蒸馏水配制而成的。

（4）施焊 将焊剂涂在焊补部位及烙铁上，用已加热的300～500W的电烙铁或纯铜烙铁切下少量焊条涂于施焊部位，用侧刃轻轻压住，趁焊条在熔化状态时，迅速地在镀铜面上往复移动涂擦，并注意赶出细缝及小凹坑中的气体。

（5）焊后检查和处理 当导轨研伤完全被焊条填满并凝固之后，用刮刀以45°交叉形式仔细修刮。若有气孔、焊接不牢等缺陷，则补焊后修刮至要求。

最后清理钎焊导轨面，并在焊缝上涂敷一层全损耗系统用油防锈。

五、堆焊

采用堆焊法修复机械零件时，不仅可以恢复其尺寸，而且可以通过堆焊材料改善零件的表面性能，使其更为耐用，从而取得显著的经济效果。常用的堆焊方法有手工堆焊和自动堆焊两类。

1. 手工堆焊

手工堆焊是利用电弧或氧乙炔焰来熔化基体金属和焊条，采用手工操作进行的堆焊方法。由于手工电弧堆焊的设备简单、灵活、成本低，因此应用广泛。它的缺点是生产率低、稀释率较高，不易获得均匀且薄的堆焊层，劳动条件较差。

手工堆焊方法适用于工件数量少且没有其他堆焊设备的场合，或工件外形不规则、不利于进行机械堆焊的场合。

手工堆焊方法的工艺要点如下：

（1）正确选用焊条　根据需要选用合适的焊条，避免成本过高和工艺复杂化。

（2）防止堆焊层硬度不符合要求　焊缝被基体金属稀释是堆焊层硬度不够的主要原因，可采用适当减小堆焊电流或多层焊的方法来提高硬度。此外，还要注意控制好堆焊后的冷却速度。

（3）提高堆焊效率　应在保证质量的前提下提高熔敷率，如适当加大焊条直径和堆焊电流，采用填丝焊法及多条焊等。

（4）防止裂纹　可采用改善热循环和堆焊过渡层的方法来防止产生裂纹。

2. 自动堆焊

自动堆焊与手工堆焊相比，具有堆焊层质量好、生产率高、成本低、劳动条件好等优点，但需要专用的焊接设备。

（1）埋弧自动堆焊　又称为焊剂层下自动堆焊，其特点是生产率高、劳动条件好等。堆焊时所用的焊接材料包括焊丝和焊剂，两者需配合使用以调节焊缝成分。埋弧自动堆焊工艺与一般埋弧堆焊工艺基本相同，堆焊时要注意控制稀释率和提高熔敷率。

埋弧自动堆焊适合修复磨损量大、外形比较简单的零件，如各种轴类、轧辊、车轮轮缘和履带车辆上的支重轮等。

（2）振动电弧堆焊　振动电弧堆焊的主要特点是堆焊层薄且均匀、耐磨性好、工件变形小、熔深浅、热影响区窄、生产率高、劳动条件好、成本低等。

振动电弧堆焊的工作原理如图3-13所示。将工件夹持在专用机床上，并以一定的速度旋转，堆焊机头沿工件轴向移动，焊丝以一定频率和振幅振动而产生电脉冲。图中焊嘴2受交流电磁铁4和调节弹簧9的作用而产生振动。堆焊时需不断向焊嘴提供冷却液（一般为4%~6%碳酸钠水溶液），以防止焊丝和焊嘴熔化粘接或在焊嘴上结渣。

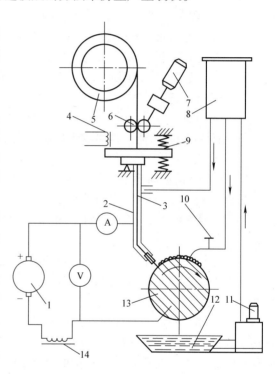

图3-13　振动电弧堆焊的工作原理
1—电源　2—焊嘴　3—焊丝　4—交流电磁铁
5—焊丝盘　6—送丝轮　7—送丝电动机
8—水箱　9—调节弹簧　10—冷却液供给开关
11—水泵　12—冷却液沉淀箱
13—工件　14—电感线圈

例3-2　用堆焊法修复齿轮

齿轮最常见的损坏方式是轮齿表面磨损或由于接触疲劳而产生严重的点状剥蚀，这时可以用堆焊法修复。其工艺过程如下：

（1）退火　堆焊前退火主要是为了减少齿轮内部的残余应力，降低硬度，为修复后齿轮的机加工和热处理做准备。退火温度随齿轮材料的不同而异，可从热处理手册中查得。

（2）清洗 为了减少堆焊缺陷，焊前必须对齿轮表面的油污、锈蚀和氧化物进行认真清洗。

（3）施焊 对于渗碳齿轮，可以用20Cr及40Cr钢丝，以炭化焰或中性焰进行气焊堆焊，也可以用65Mn焊条进行电焊堆焊。对于用中碳钢制成的整体淬火齿轮，可用40钢钢丝，以中性焰进行气焊堆焊。

采用自熔合金粉末进行喷焊，不经热处理也可获得高硬度表面，且表面平整、光滑，加工余量很小。

（4）机械加工 可用车床加工外圆和端面，然后铣齿或滚齿。如果件数少，也可用钳工修整。

例3-3 振动电弧堆焊修复曲轴

（1）焊前准备

1）清除全部油污和锈迹。

2）用各种方法检查曲轴有无裂纹，发现有裂纹应先处理后堆焊；检验是否有弯曲或扭曲，若变形超限要先进行校正。

3）用炭棒等堵塞各油孔。

4）预热曲轴到150~200℃。

（2）堆焊 曲轴各轴颈的堆焊顺序对焊后的变形量有很大影响，应先堆焊连杆轴颈。

（3）焊后处理 钻通各轴颈油孔并在曲轴磨床上进行磨削加工，然后进行探伤并检查各部尺寸是否合格。

任务四 热喷涂修复法

用高温热源将喷涂材料加热至熔化或塑性状态，同时用高速气流使其雾化，喷射到经过预处理的工件表面上形成一层覆盖层的过程称为喷涂。将喷涂层继续加热，使之达到熔融状态而与基体形成冶金结合，获得牢固工作层的工艺称为喷焊或喷熔。这两种工艺总称为热喷涂。

热喷涂修复零件

热喷涂技术不仅可以恢复零件的尺寸，还可以改善和提高零件表面的某些性能，如耐磨性、耐蚀性、抗氧化性、导电性、绝缘性、密封性、隔热性等。热喷涂技术在机械设备修理中占有重要地位，应用十分广泛。

一、热喷涂的分类及特点

热喷涂技术按所用热源不同，可分为氧乙炔焰喷涂与喷焊、电弧喷涂、等离子弧喷涂与喷焊、爆炸喷涂和高频感应喷涂等多种方法。喷涂材料有丝状和粉末状两种。

热喷涂技术的特点如下：

1）适用材料广，喷涂材料广。喷涂和基体的材料可以是金属、合金，也可以是非金属。

2）涂层的厚度不受严格限制，可以从几十微米到几毫米。而且涂层组织多孔，易存油，润滑性和耐磨性都较好。

3）喷涂时工件表面温度低（一般为 70 ~ 80℃），不会引起零件变形和金相组织改变。

4）可赋予零件以某些特殊的表面性能，以节约贵重材料、提高产品质量，满足多种工程技术和高新技术的需要。如可以把韧性好的金属材料和硬而脆的陶瓷材料复合，从而得到新的表面复合材料。

5）设备不太复杂，工艺简便，可在现场作业。

6）对失效零件修复的成本低、周期短、生产率高。

7）缺点是喷涂层结合强度有限，喷涂前工件表面需经毛糙处理，降低了零件的强度和刚度，且多孔组织也易发生腐蚀；不宜用于窄小零件表面和受冲击载荷零件的修复。

电弧喷涂的最高温度为 5538 ~ 6649℃，等离子弧喷涂与喷焊的最高温度为 11093℃。可见，对快速加热和提高粒子速度来说，等离子弧喷涂与喷焊最佳，电弧喷涂次之，氧乙炔焰喷涂与喷焊最差。但由于电弧喷涂、等离子弧喷涂与喷焊都需要专用的成套设备，成本高，而氧乙炔焰喷涂与喷焊具有设备投资少、成本低、工艺简便等优点，因此氧乙炔焰喷涂与喷焊技术的应用最为广泛。

二、热喷涂在机械设备维修中的应用

热喷涂技术在机械设备维修中应用广泛。对于大型复杂的零件，如机床主轴、曲轴、凸轮轴轴颈、电动机转子轴以及机床导轨和溜板等，采用热喷涂技术修复其磨损的尺寸，既不产生变形又延长使用寿命；大型铸件的缺陷采用热喷涂技术进行修复，加工后其强度和耐磨性可接近原有性能；在轴承上喷涂合金层，可代替铸造的轴承合金层；在导轨上用氧乙炔焰喷涂一层工程塑料，可提高导轨的耐磨性和减摩性；还可以根据需要喷制防护层等。

三、氧乙炔焰喷涂和喷焊

在设备维修中，最常用的是氧乙炔焰喷涂和喷焊。氧乙炔焰喷涂时使用氧气与乙炔比例约为 1∶1 的中性焰，温度约为 3100℃，其设备与一般的气焊设备大体相似，主要包括喷枪、氧气和乙炔供给装置以及辅助装置等。

喷枪是热喷涂的主要工具，目前，国产喷枪分为中小型和大型两种规格。中小型喷枪主要用于中小型和精密零件的喷涂和喷焊，适应性强；大型喷枪主要用于大型零件的喷焊，生产率高。中小型喷枪的结构基本上是在气焊矩结构上加一套送粉装置，大型喷枪在枪内设置了专门的送粉通道。喷枪的主要型号有 QSH-4、SPH-E 等。

供氧一般采用瓶装氧气；乙炔最好也选用瓶装乙炔，如使用乙炔发生器，以产气量为 $3m^3/h$ 的中压型为宜。

辅助装置包括喷涂机床、保温炉、烘箱、喷砂机、电火花拉毛机等。

喷涂材料绝大多数采用粉末，此外还可使用丝材。喷涂粉末分为结合层粉末和工作层粉末两类。结合层粉末目前多为镍铝复合粉末，有镍包铝、铝包镍两种。工作层粉末主要有镍基、铁基、铜基三大类。常见国产喷涂粉末的牌号、性能及用途见表3-9。近年来还研制了一次性喷涂粉末，它有两层粉末的特性，使喷涂工艺得到了简化。

喷涂粉末的选用应根据工件的使用条件和失效形式、粉末特性等来考虑。对于薄涂层工件，可只喷结合层粉末；对于厚涂层工件，则应先喷结合层粉末，再喷工作层粉末。

表 3-9　常见国产喷涂粉末的牌号、性能及用途

类别	牌号	化学成分（%）								硬度 HBW	应 用 范 围
		w_{Cr}	w_{Si}	w_B	w_{Al}	w_{Sn}	w_{Ni}	w_{Fe}	w_{Cu}		
镍基	粉 111	15	—	—	—	—	其余	7.0	—	150	加工性好，用于轴承座、轴类、活塞套类表面
	粉 112	15	1.0	—	4.0	—	其余	7.0	—	200	耐蚀性好，用于轴承表面、泵、轴
	粉 113	10	2.5	1.5	—	—	其余	5.0	—	250	耐磨性好，用于机床主轴、凸轮表面等
铁基	粉 313	15	1.0	1.5	—	—	—	其余	—	250	涂层致密，用于轴类保护涂层、柱塞、机壳表面
	粉 314	18	1.0	1.5	—	—	9	其余	—	250	耐磨性较好，用于轴类
铜基	粉 411	—	—	—	10	—	5	—	其余	150	易加工，用于轴承、机床导轨等
	粉 412	—	—	—	—	10	—	—	其余	120	易加工，用于轴承、机床导轨等
结合层粉末	粉 511	—	—	—	20	—	其余	—	—	137	具有自粘接作用，用于打底层
	粉 512	—	2.0	—	8	—	其余	—	—		具有自粘接作用，用于打底层

1. 氧乙炔焰喷涂

（1）喷前准备　包括工件清洗、表面预加工、表面粗化和预热等工序。

清洗的主要对象是工件待喷区域及其附近表面的油污、锈蚀和氧化皮层。有些材料要用火焰烘烤法脱脂，否则不能保证结合质量。

表面预加工的目的是去除工件表面的疲劳层、渗碳硬化层、镀层和表面损伤，修整不均匀的磨损表面和预留涂层厚度，预加工量主要由所需涂层厚度决定。预加工时，应注意保证过渡圆角的平滑过渡。表面预加工的常用方法有车削和磨削等。

表面粗化是对待喷表面进行粗化处理以提高喷涂层与基体的结合强度。常用的方法有喷砂和电火花拉毛等，另外还可以采用机械加工法，包括车削、磨削、滚花等。采用车削进行粗化处理时，通常是加工出螺距为 0.3 ~ 0.7mm、深 0.3 ~ 0.5mm 的螺纹。

预热的目的是去除表面吸附的水分，减少冷却时的收缩应力和提高结合强度。可直接用喷枪以微炭化焰进行预热，预热温度以不超过 200℃ 为宜。

（2）喷涂结合层　对预处理后的工件应立即喷涂结合层，这样做可提高工作层与工件之间的结合强度。在工件较薄、喷砂处理易产生变形的情况下，尤为适用。

结合层的厚度一般为 0.10 ~ 0.15mm，喷涂距离为 180 ~ 200mm。若厚度太厚，会降低工作层的结合强度，并造成喷涂工作层厚度减少，且经济性也不好。

（3）喷涂工作层　结合层喷涂好后应立即喷涂工作层。喷涂工作层的质量主要取决于送粉量和喷涂距离。送粉量应适中，过大会使涂层内生粉增多而降低涂层质量，过小又会降

低生产率。喷涂距离以 150 ~ 200mm 为宜，距离太近会使粉末加热时间不足和工件温升过高，距离太远又会使合金粉末到达工件表面时的速度和温度下降。

喷涂过程中，应注意粉末的喷射方向要与喷涂表面垂直。

（4）喷涂后处理　喷涂后应注意缓冷。由于喷涂层组织疏松多孔，有些情况下为了防腐可涂上防腐液，一般用油漆、环氧树脂等涂料刷于涂层表面即可。要求耐磨的喷涂层，加工后应放入 200℃ 的全损耗系统用油中浸泡 0.5h。

当喷涂层的尺寸精度和表面粗糙度不能满足要求时，可采用车削或磨削的方法对其进行精加工。

2. 氧乙炔焰喷焊

氧乙炔焰喷焊与基体之间结合主要是原子扩散型冶金结合，结合强度是喷涂结合强度的 10 倍左右。氧乙炔焰喷焊对工件的热影响介于喷涂与堆焊之间。

（1）氧乙炔焰喷焊的特点

1）基体不熔化，焊层不被稀释，可保持喷焊合金的原有性能。

2）可根据工件需要得到理想的强化表面。

3）喷焊层与基体之间结合非常牢固，喷焊层表面光洁，厚度可控制。

4）设备简单、工艺简便，适用于各种钢、铸铁及铜合金工件的表面强化。

（2）氧乙炔焰喷焊工艺

氧乙炔焰喷焊工艺与喷涂工艺大体相似，包括喷焊前准备、喷粉和重熔、喷焊后处理等内容。

1）喷焊前准备。包括工件清洗、表面预加工和预热等几道工序。

表面预加工的目的是去除工件表面的疲劳层、渗碳硬化层、镀层和腐蚀层等，预加工的表面粗糙度值可适当大些。

预热的目的是活化喷焊表面，去除表面吸附的水分，改善喷焊层与基体的结合强度。预热温度比喷涂时高，但也不宜过高，以免使基体金属氧化。一般碳钢工件的预热温度为 250℃，淬火倾向大的钢材在 300℃ 左右。预热火焰宜用微炭化焰，预热后最好立即在工件表面上喷一层 0.1mm 厚的合金粉末，这样可有效防止氧化。

2）喷粉和重熔。喷焊时，喷粉和重熔紧密衔接，按操作顺序分为一步法和两步法两种。

一步法就是喷粉和重熔一步完成的操作方法；两步法就是喷粉和重熔分两步进行（即先喷后熔）。一步法适用于小零件，或零件虽大但需喷焊面积小的场合；两步法适用于回转件（如轴类）和大面积的喷焊，易实现机械化作业，生产率高。

3）喷焊后处理。为了避免工件喷焊后产生变形和裂纹，应根据具体情况采用不同的冷却措施。一般要求的工件喷焊后，可放入石棉灰中缓冷；要求高的工件可放入 750 ~ 800℃ 的炉中随炉冷却。

例 3-4　某生产设备在工作过程中，由于其主轴轴颈（轴两端 $\phi200mm \times 150mm$）产生严重磨损及烧伤，轴颈单边磨损深度达 0.5mm 以上，须更换新轴或修复已磨损的轴。而换新轴不仅费用大，且制造及安装周期长，现决定采用热喷涂工艺修复该主轴。修复工艺过程如下。

（1）涂层设计

1）涂层材料的选择。在选择喷涂材料时，除应考虑工件的工况、喷涂方法及修复成本，还应考虑涂层厚度。涂层越厚，涂层内应力越大，因此，涂层产生开裂与脱落的倾向就越大。在设计涂层时，除考虑工作涂层的性能外，还需要考虑涂层与基体金属的结合强度。一般需在工作涂层与基体之间施加一层结合底层。目前，常用的底层材料主要有镍铝复合粉（或丝）。

2）涂层厚度的确定。涂层厚度包括结合底层厚度和工作层厚度，底层厚度在 0.10mm 左右。喷涂时涂层厚度可直接通过测量控制，此时应考虑基体金属与涂层的热膨胀。

（2）喷涂工艺 包括表面预处理、预热和喷涂等过程。

1）表面预处理。

① 清除油污。用汽油、丙酮等清除待修复表面的油污。

② 探伤检查。用着色法检查轴颈表面是否有疲劳裂纹或其他缺陷。

③ 校调。在车床上对主轴进行校调，检查两轴颈的尺寸及磨损情况，检查并纠正各轴颈的形状精度及位置精度。

④ 车削除去疲劳层。当车削除去疲劳层后单边涂层厚度不足 0.6mm 时，单边继续车削到 0.6mm，以保证涂层有足够的强度。

⑤ 用铜皮遮盖不需要喷涂的部分。

⑥ 粗化处理。粗化处理采用车毛螺纹加镍拉毛的方式，以进一步提高涂层与基体的结合强度，车螺纹时螺距为 0.8mm，齿深为 0.3mm，车刀尖角为 90°，尖角圆弧弦长为 1mm。

2）预热。主轴喷涂部位采用氧乙炔中性焰预热，预热温度控制在 100℃ 左右。

3）喷涂。

① 喷涂底层涂层材料（NiAl）。喷涂底层材料，其厚度在 0.1mm 左右，并用钢丝刷除去表面浮灰粉。

② 喷涂工作层（20Cr13）。喷涂工作层时，每次只能喷涂 0.3mm 左右，下次喷涂前必须用钢丝刷除去表面浮灰粉，最终喷涂后轴颈的尺寸为轴颈工作尺寸、加工余量及热膨胀量之和，即 $\phi 201.45$mm 左右。喷涂时工艺参数的选择：氧气压力为 0.6MPa，乙炔压力为 0.09MPa，压缩空气压力为 0.5MPa，工件线速度为 0.417m/s，喷枪移动速度 5 ~ 7mm/r，喷涂距离在 120mm 左右。

（3）喷涂后处理

1）涂层冷却。喷涂结束后，涂层可采用空冷，在空冷过程中，主轴须继续转动直到涂层冷却到室温为止，以防止轴产生弯曲现象。

2）涂层加工工艺。由于主轴轴颈的加工技术要求高，原设计尺寸精度为 $\phi 200$js6，表面粗糙度值为 $Ra 0.40\mu m$，加之涂层本身的加工特性，宜采用磨削加工至要求。

四、电弧喷涂

电弧喷涂技术由于生产率较高，涂层厚度也较大（可达 1 ~ 3mm），目前应用也非常广泛。这种工艺是以电弧为热源，将金属丝熔化并用高速气流使其雾化，使熔融金属粒子高速喷到工件表面而形成喷涂层的一种工艺方法。电弧喷涂主要用于修复各种外圆表面，如各种曲轴的轴颈表面等；内圆表面和平面也可使用电弧喷涂修复。

例3-5 利用电弧喷涂技术对轴颈表面有划痕的某发动机曲轴进行修复，其修复工艺过程如下。

（1）喷涂前准备 待喷涂曲轴的清洗、检查、磨削方法与前述堆焊法相同。为了使喷涂层与基体获得良好的结合，对待修复轴颈进行喷砂粗化处理，喷砂工艺参数：喷砂压力取

0.65MPa，喷砂角度为85°，喷砂距离为180～200mm。然后堵塞油孔并用铜皮对所要喷涂轴颈的邻近轴颈进行遮蔽保护。选用合适的电弧喷涂设备。

（2）喷涂

1）喷涂结合层。先用镍铝复合丝喷涂打底层，然后选用$\phi2mm$的30Cr13喷涂丝进行电弧喷涂，喷涂工艺参数：电压38～40V，电流110～130A，压缩空气压力0.65MPa。为获得致密的涂层，在喷涂时要连续喷涂，中间不应有较长时间的停顿，否则会影响结合强度。喷涂厚度一般以留出0.8～1mm的加工余量为宜。

2）喷涂工作层。根据曲轴的实际工况条件及喷漆材料的特性，选用既耐蚀又具有良好耐磨性的铝青铜作为涂层制备材料，经过喷涂、喷涂表面的预热与涂层的制备和涂层的后期处理等工序，曲轴修复所需费用不到更换新曲轴费用的一半。

（3）喷涂后处理　喷涂后要检查喷涂层与轴颈基体是否结合紧密，如不够紧密，则除掉涂层重喷。如检查合格，即可对曲轴进行磨削加工。磨削进给量以0.05～0.10mm为宜。磨削后，用砂条对油道孔进行研磨，经清洗后将其浸入80～100℃的润滑油中煮8～10h，待润滑油充分渗入涂层后，即可装配使用。

五、激光熔覆技术

激光熔覆技术是指以不同的填料方式在被涂覆基体表面上放置选择的涂层材料，经激光辐照使之和基体表面一薄层同时熔化，并快速凝固后形成稀释度极低并与基体材料成冶金结合的表面涂层，从而显著改善基体材料表面的耐磨性、耐蚀性、耐热性、抗氧化性及电气特性等的工艺方法。

以激光熔覆技术为基础，结合现代先进制造、快速成型等技术，发展出激光再制造技术。它是以金属粉末为材料，在具有零件原型的CAD/CAM软件支持下，CNC（计算机数控）控制激光头、送粉嘴和机床按指定空间轨迹运动，光束与粉末同步输送，形成一支金属笔，在修复部位逐层熔敷，生成与原型零件近形的三维实体后对其进行机械加工。

目前激光熔覆用材料与常规热喷涂技术用材料基本一致，多为粉末型的镍基、铁基、钴基、陶瓷等材料，可根据基材性能选用不同的修复材料。激光修复层与基体是冶金结合，层内组织均匀细致，与热喷涂层相比消除了气孔、裂纹、夹渣等缺陷。显然激光修复后显微组织和性能优于热喷涂工艺修复结果。

激光熔覆技术是一种经济效益很高的新技术，它可以在廉价金属基材上制备出高性能的合金表面而不影响基体的性质，降低成本，节约贵重稀有金属材料。

激光熔覆具有以下优点：

1）现场施工工期短。

2）能保证轴径原设计尺寸。

3）熔覆层结合强度高，耐磨性好。

4）适合于深沟槽和大面积严重损伤缺陷修复，质量可靠。

5）随行车现场机加工，加工后精度高，表面质量好。

但也具有以下缺点：

1）设备现场安装调试复杂。

2）必须在连续盘车状态下进行熔覆加工。

激光熔覆主要应用在耐腐蚀（包括耐高温腐蚀）和耐磨损等方面，应用的范围很广泛，如水、气或蒸汽分离器的表面修复等。同时提高材料的耐磨和耐腐蚀性，可以采用 Co 基合金（如 Co-Cr-Mo-Si 系）进行激光熔覆。

任务五　电镀修复法

电镀是利用电解的方法，使金属或合金沉积在零件表面上形成金属镀层的工艺方法。电镀修复法不仅可以用于修复失效零件的尺寸，而且可以提高零件表面的耐磨性、硬度和耐蚀性等。因此，电镀是修复机械零件的有效方法，在机械设备维修领域应用非常广泛。目前，常用的电镀修复法有镀铬、镀铁、局部电镀、电刷镀及纳米复合电刷镀等。

一、镀铬

1. 镀铬层的特点

镀铬层的特点是：硬度高（800～1000HV，高于渗碳层、渗氮层），摩擦因数小（钢和铸铁的 50%），耐磨性好（无镀铬层的 2～50 倍），导热系数比钢和铸铁约高 40%；具有较高的化学稳定性，能长时间保持光泽，耐蚀性强；镀铝层与基体金属有很高的结合强度。镀铬层的主要缺点是：性脆，只能承受均匀分布的载荷，受冲击易破裂；随着镀层厚度增加，镀层强度、疲劳强度随之降低。

镀铬层可分为平滑镀铬层和多孔性镀铬层两类。平滑镀铬层具有很高的密实性和较高的反射能力，但其表面不易储存润滑油，一般用于修复无相对运动的配合零件尺寸，如锻模、冲模、测量工具等。多孔性镀铬层的表面有无数网状沟纹和点状孔隙，能储存足够的润滑油以改善摩擦条件，可修复具有相对运动的各种零件的尺寸，如比压大、温度高、滑动速度大和润滑不充分的零件，切削机床的主轴、镗杆等。

2. 镀铬的应用范围

镀铬应用广泛，可用来修复零件尺寸和强化零件表面，如补偿零件磨损失去的尺寸。但是，补偿尺寸不宜过大，通常镀铬层厚度控制在 0.3mm 以内为宜。镀铬层还可用于装饰和防护表面，此时镀铬层的厚度通常很小（几微米）。在镀防腐装饰性铬层之前应先镀铜或镀镍做底层。

此外，镀铬层还有其他用途。例如，在塑料和橡胶制品的压模上镀铬，可以改善模具的脱模性能等。

必须注意，由于镀铬电解液是强酸，其蒸气毒性大，污染环境，劳动条件差，因此需要采取有效措施加以防范。

3. 镀铬工艺

（1）镀前表面处理

1）机械准备加工。为了得到正确的几何形状和消除表面缺陷并达到表面粗糙度的要求，工件要进行准备加工和消除锈蚀，以获得均匀的镀层。如对机床主轴，镀前一般要加以磨削。

2）绝缘处理。不需镀覆的表面要做绝缘处理。通常先刷绝缘性清漆，再包扎乙烯塑胶带，工件的孔眼则应用铅堵牢。

3）除去油脂和氧化膜。可用有机溶剂、碱溶液等将工件表面清洗干净，然后进行弱酸腐蚀，以清除工件表面上的氧化膜，使表面显露出金属的结晶组织，增强镀层与基体金属的结合强度。

（2）施镀 装上挂具吊入镀槽进行电镀，根据镀铬层种类和要求选定电镀规范，按时间控制镀层厚度。设备修理中常用的电解液成分为 CrO_3 150～250g/L、H_2SO_4 0.75～2.5g/L，工作温度（温差 ±1℃）为 55～60℃。

（3）镀后检查和处理 镀后检查镀层质量，观察镀层表面是否镀满及色泽，测量镀层的厚度和均匀性。如果镀层厚度不合要求，可重新补镀；如果镀层有起泡、剥落、色泽不符合要求等缺陷，可用 10% 的盐酸化学溶解或用阳极腐蚀法去除原镀铬层，重新镀铬。

对镀铬厚度超过 0.1mm 的较重要零件应进行热处理，以提高镀层的韧性和结合强度。一般热处理温度为 180～250℃，时间为 2～3h，在热的矿物油或空气中进行。最后根据零件技术要求进行磨削加工，必要时进行抛光。镀层薄时，可直接镀到尺寸要求。

此外，除应用镀铬的一般工艺外，目前还采用了一些新的镀铬工艺，如快速镀铬、无槽镀铬、喷流镀铬、三价铬镀铬、快速自调镀铬等。

二、镀铁

镀铁按照电解液的温度不同分为高温镀铁和低温镀铁。电解液的温度在 90℃ 以上的镀铁工艺称为高温镀铁，所获得的镀层硬度不高，且与基体结合不可靠；在 50℃ 以下至室温的电解液中镀铁的工艺，称为低温镀铁。

目前一般采用低温镀铁，它具有可控制镀层硬度（30～65HRC）、耐磨性好、沉积速度快（0.60～1mm/h）、镀铁层厚度可达 2mm、成本低、污染小等优点，是一种很有发展前途的修复工艺。

镀铁层可用于修复在有润滑的一般机械磨损条件下工作的间隙配合副、过盈配合副的磨损表面，以恢复其尺寸。但是，镀铁层不宜用于修复在高温或腐蚀环境、承受较大冲击载荷、干摩擦或磨料磨损条件下工作的零件。镀铁层还可用于补救零件加工尺寸的超差。

当磨损量较大且需耐蚀时，可用镀铁层做底层或中间层补偿磨损的尺寸，然后再镀耐腐蚀性好的镀层。

三、局部电镀

在设备大修过程中，经常遇到大的壳体轴承松动的现象。如果采用扩大镗孔后镶套法，则费时费工；用轴承外环镀铬的方法，则会给以后更换轴承带来麻烦。若在现场利用零件建立一个临时电镀槽进行局部电镀，即可直接修复孔的尺寸。对于长、大的轴类零件，也可采用局部电镀法直接修复轴上的局部轴颈尺寸。

电刷镀修复法

四、电刷镀

电刷镀是在镀槽电镀基础上发展起来的技术，在 20 世纪 80 年代初获得了迅速发展。电刷镀过去用过很多名称，如涂镀、快速笔涂、刷镀、无槽电镀等，现按国家标准称为电刷镀。电刷镀是依靠一个与阳极接触的垫或刷提供电镀需要的电解液的电镀方法。电镀时，垫或刷在被镀的工件（阴极）上移动而得到需要的镀层。

1. 电刷镀的工作原理

图 3-14 所示为电刷镀的工作原理示意图。电刷镀时，工件与专用直流电源的负极连接，

刷镀笔与电源正极连接。刷镀笔上的阳极包裹着棉花和棉纱布，蘸上电刷镀专用的电解液，与工件待镀表面接触并做相对运动。接通电源后，电解液中的金属离子在电场作用下向工件表面迁移，从工件表面获得电子后还原成金属离子，结晶沉积在工件表面上形成金属镀层。随着时间延长，镀层逐渐增厚，直至达到所需厚度。镀液可不断地蘸用，也可用注射管、液压泵不断地滴入。

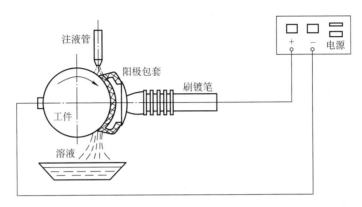

图 3-14　电刷镀工作原理示意图

2. 电刷镀技术的特点

1）设备简单，工艺灵活，操作简便。工件尺寸、形状不受限制，尤其是可以在现场不解体的情况下进行修复，凡刷镀笔可触及的表面，不论是不通孔、深孔、键槽均可修复，给设备维修和机加工超差件带来了极大的方便。

2）结合强度高，比槽镀高，比喷涂更高。

3）沉积速度快，一般为槽镀的 5~50 倍，辅助时间少，生产率高。

4）工件加热温度低，通常低于 70℃，不会引起变形和金相组织变化。

5）镀层厚度可精确控制，镀后一般不需机械加工，可直接使用。

6）操作安全，对环境污染小，储运无防火要求。

7）适应材料广，常用金属材料基本上都可用电刷镀修复。

焊接层、喷涂层、镀铬层等的返修也可应用电刷镀技术。淬火层、氮化层不必进行软化处理，不用破坏原工件表面便可进行电刷镀。

3. 电刷镀的应用范围

电刷镀技术近年来推广很快，在设备维修领域，其应用范围主要有以下几个方面：

1）恢复磨损或超差零件的名义尺寸和几何形状。尤其适用于精密结构或一般结构的精密部分及大型零件、不慎超差的贵重零件、引进设备的特殊零件等的修复。常用于滚动轴承、滑动轴承及其配合面、键槽及花键、各种密封配合表面、主轴、曲轴、液压缸、各种机体、模具等的修复。

2）修复零件的局部损伤，如划伤、凹坑、腐蚀等，修补槽镀缺陷。

3）改善零件表面的性能，如提高耐磨性，做新件防护层，氧化处理，改善钎焊性，防渗碳、防渗氮，做其他工艺的过渡层（如喷涂、高合金钢槽镀等）。

4）修复电气元件，如印制电路板、触点、触头、开关及微电子元件等。

5）去除零件表面部分的金属层，如刻字、去毛刺、动平衡去重等。

6）用于槽镀难以完成的项目，如不通孔、超大件、难拆难运件的修复等。

7）对文物和装饰品进行维修或装饰。

4. 电刷镀溶液

电刷镀溶液根据用途分为表面准备溶液、沉积金属溶液、去除金属用溶液和特殊用途溶液。常用的表面准备溶液的性能和用途见表3-10，常用电刷镀溶液的性能和用途见表3-11。

表3-10 常用的表面准备溶液的性能和用途

名称	代号	主要性能	适用范围
电净液	SGY-1	无色、透明，pH = 12 ~ 13，碱性，有较强的去污能力和轻度的去锈能力，腐蚀性小，可长期存放	用于各种金属表面的电化学除油
1号活化液	SHY-1	无色透明，pH = 0.8 ~ 1，酸性，有去除金属氧化膜的作用，对基体金属腐蚀小，作用温和	用于不锈钢、高碳钢、铬镍合金、铸铁等的活化处理
2号活化液	SHY-2	无色、透明，pH = 0.6 ~ 0.8，酸性，有良好的导电性，去除金属氧化物和铁锈能力较强	用于中碳钢、中碳合金钢、高碳合金钢、铝及铝合金、灰铸铁、不锈钢等的活化处理
3号活化液	SHY-3	浅绿色、透明，pH = 4.5 ~ 5.5，酸性，导电性较差，对其他活化液活化后残留的石墨或碳墨具有强的去除能力	用于去除经1号活化液或2号活化液活化的碳钢、铸铁等表面残留的石墨（或碳墨）或不锈钢表面的污物

表3-11 常用电刷镀溶液的性能和用途

名称	代号	主要性能	适用范围
特殊镍	SDY101	深绿色，pH = 0.9 ~ 1，镀层致密，耐磨性好，与大多数金属都具有良好的结合强度	用于铸铁、合金钢、镍、铬及铜、铝等的过渡层和耐磨表面层
快速镍	SDY102	蓝绿色，pH = 7.5，沉积速度快，镀层有一定的孔隙和良好的耐磨性	用于恢复尺寸和做耐磨层
低应力镍	SDY103	深绿色，pH = 3 ~ 3.5，镀层致密、孔隙少，具有较大压应力	用于组合镀层的"夹心层"和防护层
镍钨合金	SDY104	深绿色，pH = 0.9 ~ 1，镀层致密，耐磨性好，与大多数金属都具有良好的结合力	用于耐磨工作层，但不能沉积过厚，一般限制在 0.03 ~ 0.07mm
快速铜	SDY401	深蓝色，pH = 1.2 ~ 1.4，沉积速度快，但不能直接在钢铁零件上刷镀，镀前需用镍做打底层	用于镀厚及恢复尺寸
碱性铜	SDY403	紫色，pH = 9 ~ 10，镀层致密，与铝、钢、铁等金属具有良好的结合强度	用于过渡层和改善表面性能，如改善钎焊性、防渗碳、防渗氮等

5. 电刷镀设备

电刷镀的主要设备是专用直流电源和刷镀笔，此外还有一些辅助器具和材料。目前已研制成功的 SD 型刷镀电源应用广泛，它具有使用可靠、操作方便、精度高等特点。电源的主电路供给无级调节的直流电压和电流，控制电路中具有快速过电流保护装置、安培小时计及各种开关仪表等。

刷镀笔由导电手柄和阳极组成，常见结构如图 3-15 所示。刷镀笔上阳极的材料最好选用高纯细结构的石墨。为适应各种表面的刷镀，石墨阳极可做成圆柱、半圆、月牙、平板和方条等各种形状。

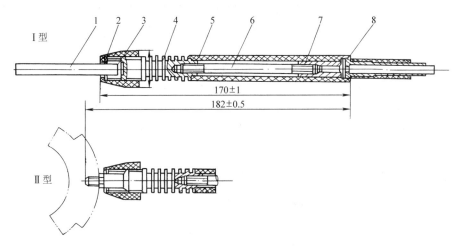

图 3-15　SDB-1 型导电柄

1—阳极　2—O 形密封圈　3—锁紧螺母　4—柄体　5—尼龙手柄　6—导电螺栓　7—尾座　8—电缆插头

不论采用何种结构形状的阳极，都必须用适当材料包裹，形成包套以储存镀液，并防止阳极与镀件直接接触而短路，此外，又对阳极表面腐蚀的石墨微粒和其他杂质起过滤作用。常用的阳极包裹材料主要有医用脱脂棉、涤棉套管等，包裹要紧密、均匀、可靠，使用时不得松脱。

6. 电刷镀工艺

（1）镀前准备　清理工件表面至光洁、平整，如脱脂、除锈、去掉飞边和毛刺等。预制键槽和油孔的塞堵。如需机械加工，在满足修整加工目的的前提下，去掉的金属越少越好（以节省镀液），磨得越光越好（以提高镀层的结合力），其表面粗糙度值一般不高于 $Ra1.6\mu m$。对深的划伤和腐蚀斑坑，要用锉刀、磨条、磨石等进行修整，直至露出基体金属。

（2）电净处理　在上述清理的基础上，还必须用电净液进一步通电处理工件表面。通电使电净液成分离解，形成气泡，撕破工件表面油膜，达到脱脂的目的。

电净时镀件一般接于电源负极，但对疲劳强度要求较高的工件，如非铁金属和易氢脆的超高强度钢，则应接于电源正极，旨在减少氢脆。

电净时的工作电压和时间应根据工件的材质和表面形状而定。电净的标准是冲水时水膜均匀摊开。

（3）活化处理　电净之后是活化处理。其实质是去除工件表面的氧化膜、钝化膜或析出的碳元素微粒黑膜，使工件表面露出纯净的金属层，为提高镀层与基体之间的结合强度创造条件。活化时，工件必须接于电源正极，用刷镀笔蘸活化液反复在刷镀表面刷抹。

低碳钢经活化处理后，表面应呈均匀银灰色，无花斑。中碳钢和高碳钢的活化过程：先用 2 号活化液（SHY-2）活化至表面呈灰黑色，再用 3 号活化液（SHY-3）活化至表面呈均匀银灰色，活化后工件表面用清水彻底冲洗干净。

（4）镀过渡层　过渡层的作用主要是提高镀层与基体的结合强度及稳定性。常用的过渡层镀液有特殊镍（SDY101）、碱性铜（SDY403）和低氢脆性镉镀液。碱性铜适用于改善焊接性或需防渗碳、防渗氮以及需要良好电气性能的工件，其过渡层的厚度限于 $0.01 \sim 0.05$mm；低氢脆性镉做底层，可提高对氢特别敏感的镀层与基体的结合强度，又可避免渗氢变脆的危险。其余情况一般采用特殊镍做过渡层，为了节约成本，通常只需刷镀 $2\mu m$ 厚即可。

（5）镀工作层　根据情况选择工作层并刷镀到所需厚度。由于单一金属的镀层随厚度增加，内应力也增大，结晶变粗，强度降低，因此电刷镀时单一镀层厚度不能过大，否则镀层内残余应力过大可能使镀层产生裂纹或剥离。根据实践经验，单一刷镀层的最大允许厚度见表 3-12，供电刷镀时参考。

表 3-12　单一刷镀层的最大允许厚度　（单位：mm）

刷镀液种类	平面	外圆面	内孔面
特殊镍	0.03	0.06	0.03
快速镍	0.03	0.06	0.05
低应力镍	0.30	0.50	0.25
镍钨合金	0.03	0.06	0.05
快速铜	0.30	0.50	0.25
碱性铜	0.03	0.05	0.03

当需要刷镀大厚度的镀层时，可采用分层刷镀的方法。这种镀层是由两种乃至多种性能的镀层按照一定的要求组合而成的，因而称为组合镀层。采用组合镀层具有提高生产率、节约贵重金属、提高经济性等效果。但是，组合镀层的最外一层必须是所选用的工作镀层，这样才能满足工件表面的要求。

（6）镀后检查和处理　电刷镀后，应用自来水彻底清洗干净工件上的残留镀液并用压缩空气吹干或用电吹风机干燥，检查镀层色泽及有无起皮、脱层等缺陷，测量镀层厚度，需要时可进行机械加工。若工件不再加工或直接使用，则应涂上防锈油或防锈液。

例 3-6　某齿轮材料为合金钢，热处理后的硬度为 240~285HBW，齿轮中间是一轴承安装孔，孔直径的设计尺寸为 $\phi160^{+0.04}_{0}$ mm，长为 55mm。该零件在使用中经检查发现：孔直径尺寸均磨损至 $\phi160.08$mm，并有少量划伤。此时可采用电刷镀工艺修复，其修复工艺过程如下。

（1）镀前准备　用细砂纸打磨损伤表面，在去除毛刺和氧化物后，用有机溶剂彻底清洗待镀表面及镀液流淌的部位，至水膜均匀摊开，然后用清水冲净。

（2）电净处理　将工件夹持在车床卡盘上进行电净处理。工件接负极，选用 SDB—1 型刷镀笔，电压为 10V，工件与镀笔的相对运动速度为 12~18m/min，时间为 10~30s，镀液流淌部位也应进行电净处理。电净后用水清洗，刷镀表面应达到完全湿润，不得有挂水现象。

（3）活化处理　用 2 号活化液，工件接正极，电压为 10V，时间为 10~30s，刷镀笔型号同前。活化处理后用清水冲洗零件。

（4）镀层设计 由于孔是安装轴承用的，磨损量较小，对耐磨性要求不高，可采用特殊镍打底，快速镍增补尺寸并作为工作层。为使零件刷镀后免去加工工序，可采用电刷镀方法将孔直径镀到其制造公差的中间值，即φ160.02mm，此时单边镀层厚度为0.03mm。

（5）镀过渡层 用特殊镍镀液，先无电擦拭5~8s，然后把工件接电源负极，电压为10V，工件与镀笔的相对速度为12~20m/min，镀层厚度为1~2μm。

（6）镀工作层 电刷镀过渡层后，迅速电刷镀快速镍，直至达到所要求的尺寸。

（7）镀后检查和处理 用清水冲洗干净，擦干后，测量检查电刷镀后孔径尺寸、孔表面是否光滑，合格后涂防锈液。

五、纳米复合电刷镀

复合电刷镀技术是通过在单金属镀液或合金镀液中添加固体颗粒，使基质金属和固体颗粒共沉积获得复合镀层的一种工艺方法。根据复合镀层基质金属和固体颗粒的不同，可以制备出具有高硬度、高耐磨性和良好的自润滑性、耐热性、耐蚀性等功能特性的复合镀层。纳米颗粒的加入会给镀层带来很多优异的性能。纳米复合电刷镀技术是表面处理新技术，它是纳米材料与复合电刷镀技术的结合，不但保持了原有电刷镀的特点，而且拓宽了电刷镀技术的应用范围，获得更广、更好、更强的应用效果。

利用纳米复合电刷镀技术可以有效降低零件表面的摩擦系数，提高零件表面的耐磨性和高温耐磨性，提高零件表面的抗疲劳性能，实现零件的再制造并改善提升表面性能。纳米复合电刷镀技术适用于轴类件、叶片、大型模具等损伤部位的高性能材料修复，缸套、活塞环槽、齿轮、机床导轨、溜板、工作台、尾座等零件的表面硬度提高，轧辊、电厂风机转子等零件的表面强化，赋予零件耐磨、耐腐蚀、耐高温等性能，并改善其尺寸、形状和位置精度等。

1. 纳米复合电刷镀液的配制

纳米复合电刷镀液的主要配方包括硫酸镍、柠檬酸铵、醋酸铵、草酸铵、氨水、表面活性剂、分散剂、纳米粉末等成分。

1）首先将纳米粉末与少量快速镍镀液混合、搅拌，使纳米粉末充分润湿。

2）将复合刷镀液与已加入表面活性剂的快速镍镀液相混合，添加至规定体积。

3）复合刷镀液配制完后置于超声设备中超声分散1h后待用。

2. 影响刷镀层性能的主要工艺参数

刷镀层主要应用于零件修复，镀层的结合强度、显微硬度、耐磨性能和抗疲劳性能等是十分重要的性能指标。影响镀层质量的电刷镀工艺参数较多，主要有纳米颗粒的含量、刷镀电压、镀笔与工件的相对运动速度、镀液温度等。

（1）镀液中纳米颗粒的含量 加入刷镀溶液中的纳米颗粒含量通常为几克至几十克，若加入量过少，则难以保证获得纳米复合镀层；若加入量过多，由于镀层的包覆能力有限，镀层中纳米粉末含量的增加很少，并使镀液中纳米粉末团聚更加严重，而难以获得满意的镀层。

（2）刷镀电压 电刷镀工作电压的高低，直接影响溶液的沉积速度和质量。当电压偏高时，电刷镀电流相应提高，使镀层沉积速度加快，易造成组织疏松、粗糙；当电压偏低时，不仅沉积速度太慢，而且会使镀层质量下降。所以，应按照每种镀液确定的工作电压范围灵活使用。例如，当工件被镀面积小时，工作电压宜低些；镀笔与工件相对运动速度较慢时，电压应低些；反之应高些。刚开始刷镀时，若镀液与工件温度较低，则起镀电压应低些；反之应高些。一般刷镀电压选择 7～14V。

（3）镀笔与工件的相对运动速度 电刷镀时，镀笔与工件之间所做的相对运动有利于细化晶粒、强化镀层，提高镀层的力学性能。速度太慢时，镀笔与工件接触部位发热量大，镀层易发热，局部还原时间长，组织易粗糙，若镀液供给不充分，还会造成组织疏松；速度太快时，会降低电流效率和沉积速度，形成的镀层虽然致密，但应力大易脱落。相对速度通常选用 6～14m/min。

（4）镀液温度 在电刷镀过程中，工件的理想温度是 15～35℃，最低不能低于 10℃，最高不宜超过 50℃。镀液温度应保持为 25～50℃，这不仅能使溶液性能（如 pH 值、电导率、溶液成分、耗电系数、表面张力等）保持相对稳定，且能使镀液的沉积速度、均镀能力、深镀能力及电流效率等始终处于最佳状态，所得到的镀层内应力小、结合强度高。为了防止镀笔过热，在电刷镀层厚时，应同时准备多支镀笔轮换使用，并定时将镀笔放入冷镀液中浸泡，使温度降低。镀笔的散热器部位应保持清洁，散热器表面钝化或堵塞时，都会影响散热效果，应及时清理干净。

3. 纳米复合电刷镀工艺流程

电刷镀制备纳米复合刷镀层通常可分为预处理和镀层制备两个阶段。预处理主要是对基体金属表面进行处理，其目的是使基体金属与刷镀层紧密结合。除了对基体表面进行除油和除锈，利用电化学法可进一步进行处理。

纳米复合电刷镀的工艺流程：镀前表面准备→电净液电净→自来水冲洗→1 号活化液活化→自来水冲洗→2 号活化液活化→自来水冲洗→特殊镍镀液刷镀打底层→纳米复合刷镀液刷镀工作层→镀后处理。

将配制好的纳米复合刷镀液进行超声波振荡 1h，使纳米粉末能够均匀悬浮于复合刷镀液中。电刷镀的电净过程实质是电化学的除油过程。电净后需采用自来水彻底冲洗，确保试样表面无水珠和干斑。1 号活化液具有较强的去除金属表面氧化膜和疲劳层的能力，从而保证镀层与基体金属有较好的结合强度，用 2 号活化液进一步活化，以提高镀层和基体的结合强度。在刷镀打底层前，应在工件表面进行 3～5s 的无电擦拭，其作用是在被镀的试样表面事先布置金属离子，阻止空气与活化后的表面直接接触，防止被氧化；同时使被镀工件表面的 pH 值趋于一致，增强表面的润湿性，并利用机械摩擦和化学作用去除工序间的微量氧化物。

电净液配方如下：

氢氧化钠（NaOH）	25g/L
碳酸钠（Na_2CO_3）	21.7g/L
磷酸三钠（Na_3PO_4）	50g/L
氯化钠（NaCl）	2.5g/L

1 号活化液配方如下：

硫酸（H_2SO_4）	90g/L
硫酸铵［$(NH_4)_2SO_4$］	100g/L
磷酸（H_3PO_4）	5g/L
磷酸铵［$(NH_4)_3PO_4$］	5g/L
氟硅酸（H_2SiF_6）	5g/L

2 号活化液配方如下：

柠檬酸三钠（$Na_3C_6H_5O_7 \cdot 2H_2O$）　　141.2g/L

柠檬酸（$H_3C_6H_5O_7$）　　94.2g/L

氯化镍（$NiCl_2 \cdot 6H_2O$）　　3g/L

例 3-7　某大型转子轴颈磨损严重，磨损量（宽度×深度）约 25mm×0.5mm，现决定用纳米复合电刷镀技术修复。具体施镀工艺参数及过程如下：

（1）镀前准备　用细砂纸打磨工件损伤表面，去除工件表面的疲劳层和氧化膜，再用丙酮脱脂处理后，用清水冲净。

（2）电净处理　用 1 号活化液，工件接电源正极，电压为 8~12V，工件与镀笔的相对运动速度为 8~12m/min，时间为 10~30s。用清水清洗后，工件表面不挂水珠，水膜均匀摊开。

（3）活化处理　用 2 号活化液，工件接电源正极，电压为 8~12V，工件与镀笔的相对运动速度为 8~12m/min，时间为 10~30s。用清水清洗后，工件表面不挂水珠，水膜均匀摊开。

（4）镀过渡层　用特殊镍镀液打底层。先无电擦拭表面 5s，工件接电源负极，电压为 8~20V，工件与镀笔的相对运动速度为 8~20m/min，厚度为 1~2μm。用清水冲洗，去除残留镀液。

（5）镀工作层　先无电擦拭零件表面 5s，然后通电，工件接电源负极，电压为 10~12V，刷镀 $n-Al_2O_3/Ni$ 纳米复合镀层，刷镀至要求的厚度后，用清水冲洗，彻底去除残留液。

（6）镀后处理　用暖风吹干工件表面，然后涂上防护油。

六、电镀修复与其他修复技术的比较

各种修复技术都具有优点和不足，一般而言，一种技术都不能完全取代另一种技术，而是应用于不同的范围。电镀修复技术与其他修复技术的比较见表 3-13。

表 3-13　电镀修复技术与其他修复技术的比较

项　目	电镀法	堆焊法	热喷涂法
工件尺寸	受镀槽限制	无限制	无限制
工件形状	范围较广	不能用于小孔	不能用于小孔
粘接性	较好	好	一般较低
基体	导电体	钢、铁、超合金	一般固体物品
涂覆材料	金属、合金、某些复合材料，非金属材料经化学镀后也可	钢、铁、超合金	一般固体物品
涂覆厚度/mm	0.001~1	3~30	0.1~3
孔隙率	极小	无	1%~15%
热输入	无	很高	较低
表面预处理要求	高	低	高
基体变形	无	大	小
表面粗糙度值	很小	极大	较小
沉积速率/（kg/h）	0.25~0.5	1~70	1~70

任务六　粘接修复法

采用粘接剂等对失效零件进行修补或连接,以恢复零件使用功能的方法称为粘接修复法。近年来粘接技术发展很快,在机电设备维修中已得到越来越广泛的应用。

一、粘接工艺的特点

1)粘接力较强,可粘接各种金属或非金属材料,且可达到较高的强度要求。

2)粘接工艺温度不高,不会引起基体金属金相组织的变化和热变形,不会产生裂纹等缺陷。因而可以粘补铸铁件、铝合金件和薄壁件、细小件等。

3)粘接时不破坏原件强度,不易产生局部应力集中;与铆接、螺纹联接、焊接相比,可减轻结构重量20%~25%,表面美观平整。

4)工艺简便,成本低,工期短,便于现场修复。

5)胶缝有密封、耐磨、耐蚀和绝缘等性能,有的还具有隔热、防潮、防振减振性能,两种金属间的胶层还可防止电化学腐蚀。

粘接的缺点:不耐高温(一般只有150℃,最高300℃,无机胶除外);抗冲击、抗剥离、抗老化性能差;粘接强度不高(与焊接、铆接比);粘接质量的检查较为困难。所以,要充分了解粘接工艺的特点,合理选择粘接剂和粘接方法,扬长避短,使其在修理工作中充分发挥作用。

二、粘接方法

1. 热熔粘接法

热熔粘接法利用电热、热气或摩擦热将粘合面加热熔融,然后加上足够的压力,直到冷却凝固为止。此法主要用于热塑性塑料之间的粘接,大多数热塑性塑料表面加热到150~230℃即可进行粘接。

2. 溶剂粘接法

非结晶性无定形的热塑性塑料,其接头加单纯溶剂或含塑料的溶液,即可使表面熔融,从而达到粘接的目的,此方法称为溶剂粘接法。

3. 胶粘剂粘接法

利用胶粘剂将两种材料或两个零件粘合在一起,达到所需连接强度的方法称为胶粘剂粘接法。该法应用最广,可以粘接各种材料,如金属与金属、金属与非金属、非金属与非金属等。

胶粘剂品种繁多,分类方法很多:按基本成分可分为有机胶粘剂和无机胶粘剂;按原料来源分为天然胶粘剂和合成胶粘剂;按接头的强度特性分为结构胶粘剂和非结构胶粘剂;按胶粘剂状态分为液态胶粘剂和固态胶粘剂;按形态分为粉状、棒状、薄膜、糊状及液体等;按热性能分为热塑性胶粘剂与热固性胶粘剂等。其中,有机合成胶粘剂是现代工程技术中主要采用的胶粘剂。

天然胶粘剂组成简单。合成胶粘剂则大多由多种成分配合而成,它通常以具有黏性和弹性的天然材料或高分子材料为基料,加入固化剂、增塑剂、增韧剂、稀释剂、填充剂、偶联剂、溶剂、防老剂等添加剂。这些添加剂成分是否需要加入,应视胶粘剂的性质和使用要求而定。合成胶粘剂又可分为热塑性(如丙烯酸酯、纤维素聚酚氧、聚酰亚铵)、热固性(如酚醛、环氧、聚酯、聚氨酯）、橡胶（如氯丁、丁腈）及混合型（如酚醛-丁腈、环氧-聚硫、酚醛-尼龙）等类型。

其中，环氧树脂胶粘剂对各种金属材料和非金属材料都具有较强的粘接能力，并具有良好的耐水性、耐有机溶剂性、耐酸碱性与耐蚀性，收缩性小，电绝缘性好，所以应用最为广泛。

表 3-14 列出了机械设备修理中常用的几种胶粘剂。

表 3-14　机械设备修理中常用的胶粘剂

类别	牌 号	主要成分	主要性能	用 途
通用胶	HY-914	环氧树脂，703 固化剂	双组分，室温快速固化，中强度	60℃ 以下金属和非金属材料的粘补
	农机 2 号	环氧树脂，二乙烯三胺	双组分，室温固化，中强度	120℃ 以下各种材料
	KH-520	环氧树脂，703 固化剂	双组分，室温固化，中强度	60℃ 以下各种材料
	JW-1	环氧树脂，聚酰胺	三组分，60℃、2h 固化，中强度	60℃ 以下各种材料
	502	α-氰基丙烯酸乙酯	单组分，室温快速固化，低强度	70℃ 以下受力不大的各种材料
结构胶	J-19C	环氧树脂，双氰胺	单组分，高温加压固化，高强度	120℃ 以下受力大的部位
	J-04	钡酚醛树脂丁腈橡胶	单组分，高温加压固化，高强度	250℃ 以下受力大的部位
	204（JF-1）	酚醛-缩醛有机硅酸	单组分，高温加压固化，高强度	200℃ 以下受力大的部位
密封胶	Y-150 厌氧胶	甲基丙烯酸	单组分，隔绝空气后固化，低强度	100℃ 以下螺纹堵头和平面配合处紧固密封堵漏
	7302 液体密封胶	聚酯树脂	半干性，密封耐压 3.92MPa	200℃ 以下各种机械设备平面法兰螺纹联接部位的密封
	W-1 密封耐压胶	聚醚环氧树脂	不干性，密封耐压 0.98MPa	用于机械及液压泵的法兰联接，以及承插联接

三、粘接工艺

1. 胶粘剂的选用

选用胶粘剂时，主要考虑被粘接件的材料、受力情况及使用环境，并综合考虑被粘接件的形状、结构和工艺上的可能性，同时应成本低、效果好。

2. 接头设计

粘接接头的受力情况可归纳为四种主要类型，即剪切力、拉伸力、剥离力、不均匀扯离力，如图 3-16 所示。

在设计接头时，应遵循下列基本原则：

1）粘接接头承受或大部分承受剪切力。

2）尽可能避免剥离力和不均匀扯离力的作用。

3）尽可能增大粘接面积，提高接头承载能力。

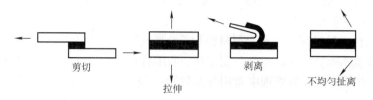

剪切　　　拉伸　　　剥离　　　不均匀扯离

图 3-16　粘接接头受力类型

4）尽可能简单实用、经济可靠。对于受冲击或承受较大作用力的零件，可采取适当的加固措施，如焊接、铆接、螺纹联接等。

3. 表面处理

表面处理的目的是获得清洁、粗糙、具有活性的表面，以保证粘接接头牢固。它是整个粘接工艺中最重要的工序，关系到粘接的成败。

表面清洗可先用干布、棉纱等除尘，清除厚油脂，再以丙酮、汽油、三氯乙烯等有机溶剂擦拭，或用碱液处理脱脂去油。然后用锉削、打磨、粗车、喷砂、电火花拉毛等方法除锈及氧化层，并可粗化表面，其中喷砂的效果最好。金属件的表面粗糙度值以 $Ra12.5\mu m$ 为宜。经机械处理后，再将表面清洗干净，干燥后待用。

必要时还可通过化学处理使表面层获得均匀、致密的氧化膜，以保证粘接表面与胶粘剂形成牢固的结合。化学处理一般采用酸洗、阳极处理等方法。钢、铁与天然橡胶进行粘接时，若在钢、铁表面进行镀铜处理，可大大提高粘接强度。

4. 配胶

不需配制的成品胶粘剂使用时应摇匀或搅匀，多组分的胶粘剂配制时要按规定的配比和调制程序现用现配，并在使用期内用完。配制时要搅拌均匀，并注意避免混入空气，以免胶层内出现气泡。

5. 涂胶

应根据胶粘剂的不同形态，选用不同的涂布方法。如对于液态胶，可采用刷涂、刮涂、喷涂和滚筒布胶等方法。涂胶时应注意保证胶层无气泡、均匀且不缺胶。涂胶量和涂胶次数因胶粘剂的种类不同而异，胶层厚度宜薄。对于大多数胶粘剂，胶层厚度控制在 0.02 ~ 0.2mm 为宜。

6. 晾置

含有溶剂的胶粘剂，涂胶后应晾置一定时间，以使胶层中的溶剂充分挥发，否则固化后胶层内易产生气泡，降低粘接强度。晾置时间的长短、温度的高低都因胶粘剂而异，按规定选择。

7. 固化

晾置好的两个被粘接件即可进行合拢、装配和加热、加压固化。除常温固化胶粘剂外，其他胶粘剂几乎均需加热固化。即使是室温固化的胶粘剂，提高温度也对粘接效果有益。固化时应缓慢升温和降温。升温至胶粘剂的流动温度时，应在此温度下保温 20 ~ 30min，使胶液在粘接面充分扩散、浸润，然后再升至所需温度。

固化温度、压力和时间，应视胶粘剂的类型而定。加温时可使用恒温箱、红外线灯、电炉等，近年来还开发了电感应加热等新技术。

8. 质量检验

粘接件的质量检验有破坏性检验和无损检验两种。破坏性检验是测定粘接件的破坏强度。在实际生产中常用无损检验，一般通过观察外观和敲击听声音的方法进行检验，其准确性在很大程度上取决于检验人员的经验。近年来，一些先进技术（如声阻法、激光全息摄影、X射线检验等）也被用于粘接件的无损检验，取得了很好的效果。

9. 粘接后的加工

有的粘接件在粘接后还要通过机械加工或钳工加工至技术要求。加工前应进行必要的倒角、打磨，加工时应控制切削力和切削温度。

四、粘接技术在设备修理中的应用

粘接工艺的优点使其在设备修理中的应用日益广泛。应用时可根据零件的失效形式及粘接工艺的特点，确定具体的粘接修复方法。

1. 机床导轨磨损的修复

机床导轨严重磨损后，通常修理时需要采用刨削、磨削或刮研等修理工艺，但这样做会破坏机床原有的尺寸链。现在可以采用有机合成胶粘剂，将工程塑料薄板（如聚四氟乙烯板、1010尼龙板等）粘接在铸铁导轨上，这样可以提高导轨的耐磨性，同时可以改善导轨的防爬行性和抗咬焊性。若机床导轨面出现拉伤、研伤等局部损伤，则可采用胶粘剂直接填补修复。如采用502瞬干胶加还原铁粉（或氧化铝粉、二硫化钼等）粘补导轨的研伤处。

2. 零件动、静配合磨损部位的修复

机械零部件轴颈磨损、轴承座孔磨损、机床楔铁配合面的磨损等均可用粘接工艺修复，比镀铬、热喷涂等修复工艺简便。

3. 零件裂纹和破损部位的修复

零件产生裂纹或断裂时，采用焊接法修复常常会引起零件的内应力和热变形，尤其是一些易燃易爆的危险场合更不宜采用。而采用粘接修复法则安全可靠、简便易行。零件的裂纹、孔洞、断裂或缺损等均可用粘接工艺修复。

4. 填补铸件的砂眼和气孔

采用粘接技术修补铸造缺陷简便易行，省工省时，修复效果好，且颜色可与铸件基体保持一致。

在操作时要认真清理干净待填补部位，在涂胶时可用电吹风均匀地在胶层上加热，以去掉粘接剂中混入的气体和使胶粘剂顺利地流入填补的缝隙里。

5. 用于连接表面的密封堵漏和紧固防松

例如，为防止油泵泵体与泵盖结合面的渗油现象，可将结合面清理干净后涂一层液态密封胶，晾置后在中间再加一层纸垫，将泵体和泵盖结合，拧紧螺栓即可。

6. 用于连接表面的防腐蚀

表面有机涂层防腐蚀是目前行之有效的防腐蚀措施之一，粘接修复法可广泛用于零件腐蚀部位的修复和预保护涂层，如化工管道、储液罐等表面的防腐蚀。

粘接技术也可将简单零件粘接组合成复杂零件，以代替铸造、焊接等，从而缩短加工周期。

利用环氧树脂胶代替锡焊、点焊，省锡节电。

图 3-17 列举了一些粘接技术的应用实例，作为参考。

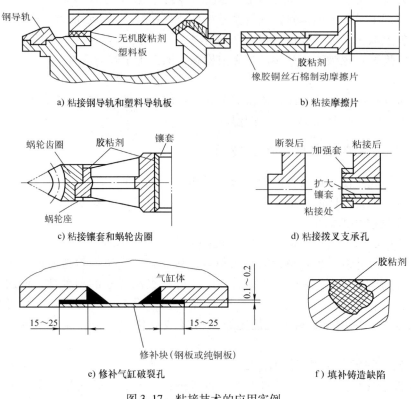

a) 粘接钢导轨和塑料导轨板 b) 粘接摩擦片

c) 粘接镶套和蜗轮齿圈 d) 粘接拨叉支承孔

e) 修补气缸破裂孔 f) 填补铸造缺陷

图 3-17 粘接技术的应用实例

任务七 刮研修复法

刮研是利用刮刀等刮研工具、检测器具和显示剂，以手工操作的方式，边刮研加工，边研点测量，使工件达到规定的尺寸精度、几何精度和表面粗糙度等要求的一种精加工工艺。

一、刮研技术的特点

刮研技术具有以下优点：

1）可以按照实际使用要求将导轨或工件平面的几何形状刮成中凹或中凸等各种特殊形状，以解决机械加工中不易解决的问题，消除一般机械加工遗留的误差。

2）刮研是手工作业，不受工件形状、尺寸和位置的限制。

3）刮研中切削力小、产生热量少，不易引起工件受力变形和热变形。

4）刮研表面接触点分布均匀，接触精度高，如采用宽刮法还可以形成油楔，润滑性好，耐磨性高。

5）手工刮研掉的金属层可以小到几微米以下，能够达到很高的精度要求。

刮研法的明显缺点是工效低、劳动强度大。尽管如此，在机械设备修理中，刮研法仍占有重要地位。如导轨和相对滑行面之间、轴和滑动轴承之间、导轨和导轨之间、部件与部件的固定配合面、两相配零件的密封表面等，都可以通过刮研获得良好的接触精度，增加运动副的承载能力和耐磨性，提高导轨和导轨之间的位置精度，增加连接部件间的连接刚性，使密封表面的密封性提高。因此，刮研法被广泛地应用于机械制造及修理中。对于尚未具备导轨磨床的中小型企业，需要对机床导轨进行修理时，仍然采用刮研修复法。

二、刮研工具和检测器具

刮研工作中常用的工具和检测器具有刮刀、平尺、角尺、平板、角度垫铁、检验棒、检验桥板、水平仪、光学平直仪（自准直仪）、塞尺和各种量具等。

内曲面刮削

1. 刮刀

刮刀是刮研的主要工具。为适应不同形状的刮研表面，刮刀分为平面刮刀和内孔刮刀两种。平面刮刀主要用来刮研平面；内孔刮刀主要用来刮研内孔，如刮研滑动轴承、剖分式轴承或轴套等。

刮刀一般采用碳素工具钢或轴承钢制作。在刮研表面较硬的工件时，也可采用硬质合金刀片镶在 45 钢刀柄上的刮刀。刮刀经过锻造、焊接，在砂轮上进行粗磨刀坯，然后进行热处理。刮刀淬火时温度不能过高，淬硬后的刮刀再在砂轮上进行刃磨，但砂轮上磨出的刃口不是很平整，需要时可在磨石上进行精磨。刮研过程中，为了保持锋利的刃口，要经常进行刃磨。

2. 基准工具

基准工具是用以检查刮研面的准确性、研点多少的工具，各种导轨面、轴承相对滑动表面都要用基准工具来检验。常用于检查研点的基准工具有以下几种。

（1）检验平板　由耐磨性较好、变形较小的铸铁经铸造、粗刨、时效处理、精刨、粗刮、精刮制作而成。一般用于检验较宽的平面。

（2）检验平尺　用来检验狭长的平面。桥形平尺和平行平尺均属于检验平尺，其中平行平尺的截面有工字形和矩形两种。平行平尺的上、下工作面都经过刮研且互相平行，因此还可用于检验狭长平面的相互位置精度。

角形平尺也属于检验平尺，其形成相交角度的两个面经过精刮后符合所需的标准角度，如 55°、60°等。角形平尺用于检验两个互成角度的刮研面，如机床燕尾导轨的检验等。

各种检验平尺用完后应清洗干净，涂油防锈，妥善放置和保管，可垂直吊挂起来，以防止变形。

内孔刮研质量的检验工具一般是与之相配的轴，或一根定制的基准轴，如检验心轴等。

3. 显示剂

显示剂是用来反映工件待刮表面与基准工具互研后，保留在其上面的高点或接触面积的一种涂料。

（1）种类　常用的显示剂有红丹粉、普鲁士蓝油、松节油等。

1）红丹粉有铁丹（氧化铁呈红色）和铅丹（氧化铅呈橘黄色）两种，用全损耗系用油调和而成，多用于钢铁材料的刮研。

2）普鲁士蓝油由普鲁士蓝粉和全损耗系用油调和而成，用于刮研铜、铝工件。

3）烟墨油由烟墨和全损耗系用油调和而成，用于刮研非铁金属。

4）松节油用于平板刮研，接触研点呈白色、发光。

5）酒精用于校对平板，涂于超级平板上，研出的点精细、发亮。

6）油墨与普鲁士蓝油用法相同，用于精密轴承的刮研。

（2）使用方法　显示剂使用得正确与否，直接影响刮研表面的质量。使用显示剂时，应注意避免砂粒、切屑和其他杂质混入而拉伤工件表面。显示剂容器必须有盖，且涂抹用品必须保持干净，这样才能保证涂布效果。

粗刮时，显示剂可调得稀些，均匀地涂在研具表面上，涂层可稍厚些。这样显示的点较大，便于刮研。精刮时，显示剂应调得稠些，涂在研件表面上要薄而均匀，研出的点细小，便于提高刮研精度。

4. 刮研精度的检查

（1）用配合面的研点数表示　刮研精度的检查一般以工件表面上的显点数来表示。无论是平面刮研还是内孔刮研，工件经过刮研后，表面上研点的多少和均匀与否直接反映了平面的直线度和平面度，以及内孔面的形状精度。一般规定用面积为 25mm×25mm 的方框罩在被检测面上，根据方框内显示的研点数来表示刮研质量。在整个平面内的任意位置上进行抽检，都应达到规定的研点数。

各类机械中的各种配合面的刮研质量标准大多数不相同，对于固定结合面或设备床身、机座的结合面，为了增加刚度、减少振动，一般在每刮方（即 25mm×25mm 面积）内有2~10点；对于设备工作台表面、机床的导轨及导向面、密封结合面等，一般在每刮方内有 10~16点；对于高精度平面，如精密机床导轨、测量平尺、1 级平板等，每刮方内应有16~25点；而0级平板、高精度机床导轨及精密量具等超精密平面，其研点数在每刮方内应有 25 点以上。

各种平面接触精度的研点数见表 3-15。

表 3-15　各种平面接触精度的研点数

平面种类	每 25mm×25mm 面积内研点数	应　用
一般平面	2~5	较粗糙零件的固定结合面
	5~8	一般结合面
	8~12	一般基准面、机床导向面、密封结合面
	12~16	机床导轨及导向面、工具基准面、量具接触面
精密平面	16~20	精密机床导轨、直尺
	20~25	1 级平板、精密量具
超精密平面	>25	0 级平板、高精度机床导轨、精密量具

在内孔刮研中，接触得比较多的是对滑动轴承内孔的刮研，其不同接触精度的研点数见表 3-16。

表 3-16　滑动轴承内孔的研点数

轴承直径 /mm	机床或精密机械主轴轴承			锻压设备、通用机械的轴承		动力机械、冶金设备的轴承	
	高精度	精密	普通	重要	普通	重要	普通
	每 25mm×25mm 面积内的研点数						
≤120	25	20	16	12	8	8	5
>120	—	16	10	8	6	6	2

（2）用框式水平仪检查精度　工件平面大范围内的平面度误差和机床导轨面的直线度误差等，一般用框式水平仪进行检查；也可用百分表和其他测量工具配合来检查刮研平面的中凸、中凹或直线度等。

有些工件除了要用框式水平仪检查研点数外，还要用塞尺检查配合面之间的间隙大小。

三、机床导轨的刮研

机床导轨刮削

机床导轨是机床移动部件的基准。机床有不少几何精度检验的测量基准是导轨。机床导轨的精度直接影响着被加工零件的几何精度和相互位置精度。机床导轨的修理是机床修理工作中最重要的内容之一，其目的是恢复或提高导轨的精度。未经淬硬处理的机床导轨，如果磨损、拉毛、咬伤程度不严重，可以采用刮研修复法进行修理。一般具备导轨磨床的大中型企业，对于与"基准导轨"相配合的零件（如工作台、溜板、滑座等）导轨面及特殊形状导轨面的修理通常也不采用精磨法，而是采用传统的刮研法。

1. 导轨刮研基准的选择

机床导轨经过修理后，不仅要恢复导轨本身的几何精度，还应保证其与相关部件的安装平面（或孔、槽等）相互平行、相互垂直或成某种角度。因此，在刮研导轨时，必须正确合理地选择刮研基准。

一般情况下，应选择能保持机床原有制造精度（精度应较高），不需要修理或稍加修理的零部件安装面（或孔、槽）作为机床导轨的刮研基准。基准的数量，对于直线移动的一组导轨来说，在垂直平面内和水平面内应各选一个。例如，卧式车床床身导轨的刮研基准，在水平面内可以选择进给箱安装平面和光杠、丝杠、操纵杠托架安装平面；在垂直平面内，可选择主轴箱安装平面和纵向齿条安装平面。这样便于恢复机床整机精度和减少总装配的工作量。

配刮导轨副，选择刮研基准时应考虑变形小、精度高、刚度好、主要导向的导轨；尽量减少基准转换；便于刮研和测量的表面。

2. 导轨刮研顺序的确定

机床导轨随着各自运动部件形式的不同，而构成各种相互关联的导轨副。它们除自身有较高的形状精度要求外，相互之间还有一定的位置精度要求，修理时就要求有正确的刮研顺序。一般可按以下方法确定：

1）先刮与传动部件有关联的导轨，后刮无关联的导轨。

2）先刮形状复杂（控制自由度较多）的导轨，后刮简单的导轨。

3）先刮长的或面积大的导轨，后刮短的或面积小的导轨。

4）先刮施工困难的导轨，后刮容易施工的导轨。

当两件配刮时，一般先刮大工件，配刮小工件；先刮刚度好的，配刮刚度较差的；先刮长导轨，配刮短导轨。要按精度稳定、搬动容易、节省工时等目标来确定刮研顺序。

3. 导轨刮研的注意事项

（1）要求有适宜的工作环境　工作场地清洁，周围没有严重振源的干扰，环境温度尽可能变化不大，避免阳光的直接照射。因为在阳光照射下机床局部受热，会使机床导轨产生温差而变形，刮研显点会随温度的变化而变化，易造成刮研失误。特别是在刮研较长的床身导轨和精密机床导轨时，上述要求更要严格些。如果能在温度可控制的室内刮研，则最为理想。

（2）刮研前机床床身要安置好　在机床导轨修理中，床身导轨的修理量最大，如果刮研时床身安置不当，则可能产生变形而造成返工。

床身导轨在刮研前应用机床垫铁垫好，并仔细调整，以便在自由状态下尽可能保持最好的水平。垫铁位置应与机床实际安装时的位置一致，这一点对长度较长和精密机床的床身导轨尤为重要。

（3）机床部件的重量对导轨精度有影响　机床各部件自身的几何精度是由机床总装后的精度要求决定的。大型机床各部件的重量较大，总装后有关部件可能对导轨自身的原有精度产生一定影响（因变形引起）。例如，龙门刨床、龙门铣床、龙门导轨磨床等床身导轨的精度将随立柱的装上和拆下而有所变化；横梁导轨的精度将随刀架（或磨架）的装上和拆下而有所变化。因此，拆卸前应对有关导轨精度进行测量并记录下来，拆卸后再次测量，经过分析比较，找出变化规律，作为刮研各部件及其导轨时的参考。这样便可以保证总装后各项精度一次达到规定要求，从而避免刮研返工。

对于精密机床的床身导轨，其精度要求很高。在精刮时，应把可能影响导轨精度变化的部件预先装上，或采用与该部件形状、重量大致相近的物体代替。例如，在精刮立式齿轮磨床的床身导轨时，齿轮箱应预先装上；精刮精密外圆磨床的床身导轨时，液压操纵箱应预先装上。

（4）导轨磨损严重或有深伤痕的应预先加工　机床导轨磨损严重或伤痕较深（超过0.5mm）时，应先对导轨表面进行刨削或车削加工后再进行刮研。另外，有些机床，如龙门刨床、龙门铣床、立式车床等工作台表面冷作硬化层的去除也应在机床拆修前进行。否则，工作台内应力的释放会导致工作台微量变形，可能使刮研好的导轨精度发生变化。所以这些工序一般应安排在精刮导轨之前。

（5）刮研工具与检测器具要准备好　刮研机床导轨前，应准备好刮研工具和检测器具，在刮研过程中，要经常对导轨的精度进行测量。

4. 导轨的刮研工艺

导轨刮研一般分为粗刮、细刮和精刮三个步骤，并依次进行。导轨的刮研工艺过程大致如下：

1）首先修复机床部件移动的"基准导轨"。该导轨通常比沿其表面移动的部件导轨长，如床身导轨、滑座溜板的上导轨、横梁的前导轨和立柱导轨等。

2）V形-平面导轨副，应先修刮V形导轨，再修刮平面导轨。

3）双V形、双平面（矩形）等相同形式的组合导轨，应先修刮磨损量较小的那条导轨。

4）修刮导轨时，如果该部件上有不能调整的基准孔（如丝杠、螺母、工作台、主轴等装配基准孔），应先修整基准孔，再根据基准孔修刮导轨。

5）与"基准导轨"配合的导轨，如与床身导轨配合的工作台导轨，只需与"基准导轨"进行合研配刮，用显示剂和塞尺检查其与"基准导轨"的接触情况，而不必单独做精度检查。

任务八　其他修复技术

机电设备修理中常用的重要修复技术有机械加工、电镀、焊接、热喷涂、粘接等，此外其他修复技术，如表面强化技术和在线带压堵漏技术等，也有所应用并取得了良好的经济效果。

为了提高零件的表面性能，如提高零件表面的硬度、强度、耐磨性、耐蚀性等，延长零件的使用寿命，可采用表面强化技术。在机电设备维修中，常用的表面强化技术有表面热处理强化工艺、电火花表面强化工艺和机械强化工艺。如机床导轨表面经过高频感应淬火后，其耐磨性比铸造时提高两倍多，并显著改善了抗擦伤能力。

一、电火花表面强化工艺

1. 电火花表面强化工艺的原理

电火花表面强化工艺是通过电火花放电的作用把一种导电材料涂敷熔渗到另一种导电材料的表面，从而改变工件表面物理和化学性能的工艺方法。

图 3-18 所示为电火花表面强化工艺原理示意图。在电极与工件之间接上直流电源或交流电源，由于振动器的作用使电极与工件之间的放电间隙频繁发生变化，故电极与工件之间不断产生火花放电。

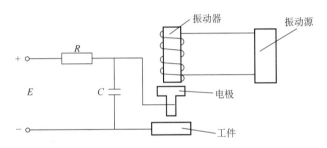

图 3-18　电火花表面强化工艺原理示意图

电火花表面强化一般在空气介质中进行，其强化过程如图 3-19 所示，图中箭头方向表示当时电极的运动方向。如图 3-19a 所示，当电极与工件分开较大距离时，强化直流电源经过电阻对电容器充电，同时电极在振动器的带动下向工件运动；如图 3-19b 所示，当电极与工件之间的间隙接近到某一距离时，间隙中的空气被击穿而产生火花放电，这时产生高温，使电极和工件材料局部产生熔化甚至汽化；如图 3-19c 所示，当电极继续向下运动并与工件接触时，在接触处流过短路电流，使该处继续加热；当电极继续下降时，以适当压力压向工件，使熔化了的材料相互粘接、扩散形成合金或产生新的化合物熔渗层；随后电极在振动器的作用下离开工件，如图 3-19d 所示。由于工件的热容量比电极大，故工件放电部位急剧冷却凝固，多次放电并相应地移动电极的位置，从而使电极的材料粘接、覆盖在工件表面上，形成一层高硬度、高耐磨性和耐蚀性的强化层，显著提高被强化工件的使用寿命。

2. 电火花表面强化工艺过程

电火花表面强化工艺过程包括强化前准备、实施强化和强化后处理三个方面。

（1）强化前准备　首先应了解工件材料硬度、表面状况、工件条件及需要达到的技术要求，以便确定是否采用该工艺；其次确定强化部位并将其清洗干净；最后选择设备和强化规范。

（2）实施强化　该工序是强化工艺的重要环节，包括调整电极与工件强化表面的夹角，选择电极移动方式和掌握电极移动速度等。

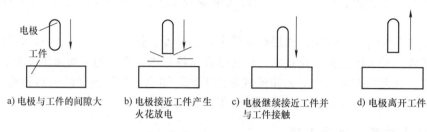

a) 电极与工件的间隙大　　b) 电极接近工件产生　　c) 电极继续接近工件并　　d) 电极离开工件
　　　　　　　　　　　　　　火花放电　　　　　　　与工件接触

图3-19　电火花表面强化工艺过程示意图

（3）强化后处理　主要包括表面清理和表面质量检查。

3. 电火花表面强化工艺的应用

在机电设备修理中，电火花加工主要应用于硬质合金堆焊后的粗加工、强化和修复零件的磨损表面，还可以去除折断的钻头、板牙、螺栓及钻出任何形状孔中的沟槽等。

电火花加工修复层的厚度可以达到 0.5mm。修复铸铁壳体上的轴承座孔时，阳极用铜质材料；强化零件的磨损轴颈时，阳极为切削工具，用铬铁合金、石墨和 T15K6 硬质合金等材料制作。

二、机械强化工艺

机械强化工艺包括动力强化和静力强化。动力强化如表面喷砂、喷丸强化等，静力强化如碾压、滚压强化等。

常用的静力强化是借助于碾压工件的表面，其原理是利用碾压器（工作部分是用金刚石或硬质合金材料制成，具有一定尺寸且表面粗糙度值较低的球形或圆柱形）使工件表面产生塑性变形，使表面粗糙度值降低，表面硬度和耐磨性提高，从而改善工件的表面性能。

目前，比较先进的机械强化工艺还有超声波碾压强化工艺、最优化振动滚压强化工艺等。

三、在线带压堵漏技术

在线带压堵漏技术是 20 世纪 70 年代发展起来的密封技术。它是在生产装置工作的情况下，对机械设备系统的各种泄漏部位进行有效的堵漏，以保证生产装置安全运转。

1. 基本原理

在线带压堵漏技术是以流体介质在动态下建立密封结构理论为基本依据的。生产装置中的设备、管道、阀门等因某种原因造成泄漏时，可利用泄漏部位的部分外表面与专用夹具构成新的密封空间，采用大于介质系统内压力的外部推力，将具有热固化性的密封剂注入并充满密封空间，使密封剂迅速固化，在泄漏处建立一个固定的新的密封结构，从而消除介质的泄漏。

通常是在泄漏部位装上夹具，以便在泄漏处周围建立一个密封腔，然后用一高压注射枪将密封剂注入密封腔内，直到充满整个空间，并使密封腔与密封剂的挤压力与泄漏介质的压力相平衡，以堵塞泄漏孔隙和通道，挡住介质外泄。同时，密封剂在介质温度的作用下迅速固化，从而消除泄漏。其工艺过程如图 3-20 所示。

如果泄漏部位有一个密封空间（如设备阀门上的填料函），则可以不用夹具，只在原来

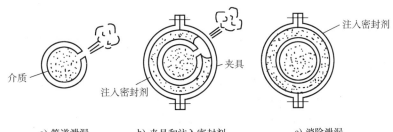

a) 管道泄漏   b) 夹具和注入密封剂   c) 消除泄漏

图 3-20 带压密封过程示意图

的空间外部开一注入孔，把密封剂直接注入空间内，即可消除泄漏。

当泄漏介质的压力、温度较低，泄漏孔很小，泄漏部位的表面形状比较简单时，可以把密封剂放置在泄漏孔周围，利用夹具的夹紧力，使密封剂紧紧堵塞住泄漏缝隙，消除泄漏。

2. 工艺特点

在线带压堵漏技术主要具有以下特点：

1）不用停机，消除泄漏的过程自始至终不影响生产的正常运行。

2）泄漏部件不需做任何处理，不破坏原来的密封结构，便可进行堵漏操作，且可保护原来密封面避免被介质冲刷，为以后的修复使用创造了条件。

3）在线带压堵漏建立一个新的密封结构，密封剂不粘在金属上，可以很容易地从泄漏部位拆下来，给以后的检修工作带来了方便。

4）不用动火，安全迅速。在线带压堵漏技术的实施必须设计制造适合于不同泄漏部位的专用夹具，必须研制出适用于不同介质、温度、压力并满足注射、固化要求的各种密封剂，必须设计制造一套能把密封剂注入各种泄漏部位中去的专用设备与工具（注射枪和高压泵），以及需要研究和制订出正确的堵漏方案，并熟练地掌握与此相适应的一整套操作技术和施工方法。

3. 适用范围

实践表明，在线带压堵漏技术对于生产中的突发性泄漏，如管道、法兰垫片破损泄漏，焊缝砂眼泄漏，接头螺栓结合面泄漏及管道腐蚀穿孔泄漏等十分有效；能够对流淌和喷射的高中压蒸汽，油、水、稀酸、碱及大多数有机溶剂进行治理。

（1）泄漏部位　主要包括法兰，裂纹、针孔、腐蚀孔洞，焊缝缺陷，螺纹接头、螺塞，填料函等。

（2）泄漏介质　主要包括水蒸气，空气，煤气，水，油、热载体，酸、碱，碳氢化合物，各种化学气体、液体等。

（3）泄漏介质温度　泄漏介质的温度范围为 $-150 \sim 600℃$。

（4）泄漏介质压力　泄漏介质的压力范围为真空 $\sim 35MPa$。

思考题与习题

一、名词解释

1. 扩孔镶套法　2. 电刷镀修复法　3. 低温镀铁　4. 冷焊修复法　5. 热喷涂修复法

二、填空题

1. 利用_____、_____、_____等各种机械方法，使失效零件得以修复的方法称机械修复法。

2. 采用镶加零件法修复失效零件时，镶加零件的材料和热处理，一般应与基体_____，必要时应选用比基体性能_____的材料。

3. 焊接修复法可以迅速地修复一般零件的_____、_____、_____等多种缺陷。

4. 对于磨损严重的重要零件，可在磨损的部位堆焊上一层金属，常见的堆焊方式有_____和_____两类。

5. 零件进行堆焊修复后，为减小焊层的应力和硬度不均现象，应进行_____处理。

6. 胶粘剂主要分_____胶粘剂和_____胶粘剂两大类。

7. 有机胶粘剂一般总是由几种材料组成，配制时应注意_____的准确性，否则将直接影响粘接质量。

8. 粘接表面的处理方法有_____、_____和_____等。

9. 一般液态胶粘剂可采用_____、_____、_____和_____等涂胶方法。

10. 胶层应涂布_____，注意保证胶层_____和避免出现_____、_____现象。

11. 电镀修复法可修复零件的_____，并可提高零件表面的_____、_____和_____等。

12. 采用镀铬法修复零件，镀铬层具有_____高、耐_____、耐_____、耐_____等特点。

13. 机械设备壳体轴承松动时，一般可用_____或_____的方法修复，但前者费工费时，后者会给以后更换轴承带来麻烦。若采用_____或_____的方法，则可直接修复孔的尺寸。

14. 进行金属电刷镀时，可通过调整_____、_____和_____获得所需的镀层厚度。

15. 用来喷涂的材料可以是_____，也可以是_____。同样，基体的材料可以是_____，也可以是_____。

16. 失效零件经喷涂后，涂层的组织_____，并能_____，因而_____和_____性能都较好。

17. 机床导轨若发生局部研伤，常用的修复方法有：采用_____或_____的方法补焊；使用_____粘接；对研伤部位进行_____或_____。

18. 刮削修复机床导轨时，一般应以_____为刮削基准。

19. 将"以磨代刮"的工艺方法引入机械设备修理过程，对于降低_____、压缩设备的_____、提高_____都有十分重要的意义。

三、判断题（正确的在题后的括号里画"√"，错误的画"×"）

1. 采用机械修复法修复失效零件时，对于镶加、局部修换的零件，应采取过盈、粘接等措施将其固定。 （　　）

2. 双联齿轮往往是其中的小齿轮磨损严重，可将其轮齿切去，重制一个小齿圈，进行局部修换，并加以固定。　　　　　　　　　　　　　　　　　　　（　　）

3. 对于铸件的裂纹，在修复前一定要在裂纹的末端钻出止裂孔，否则即便是采用了局部加强法或金属扣合法修复，裂纹仍可能扩展。　　　　　　　　　（　　）

4. 在修复铸件裂纹的方法中，局部加强法的强度和外观质量比金属扣合法好。（　　）

5. 振动电弧堆焊的焊层质量好，焊后可不进行机械加工。　　　　　（　　）

6. 在振动电弧堆焊中，为减少工件受热，应采用交流焊接电源。　　（　　）

7. 经有机胶粘剂修复的零件，可在300℃的温度下长期工作。　　　（　　）

8. 环氧树脂胶粘剂的黏合力强，硬化收缩小，能耐化学药品、溶剂和油类腐蚀，绝缘性能好；但耐热性较差、脆性大。　　　　　　　　　　　　　（　　）

9. KH-501、KH-502瞬干胶主要用于金属或非金属的大面积粘接。　（　　）

10. 粘接接头的粘接长度越长，承载能力越大。　　　　　　　　　（　　）

11. 涂布的胶层一般宜薄不宜厚。　　　　　　　　　　　　　　　（　　）

12. 即使是室温固化的胶粘剂，提高固化温度对改善粘接效果也有好处。（　　）

13. 多孔性镀铬层不易储存润滑油，平滑镀铬层能储存足够的润滑油，以改善摩擦条件。　　　　　　　　　　　　　　　　　　　　　　　　　　（　　）

14. 金属电刷镀用的电净液和活化液只能消除油污和氧化膜，并不能直接造成金属沉积。　　　　　　　　　　　　　　　　　　　　　　　　　　　（　　）

15. 刷镀时，单一镀层与工件的结合强度比复合镀层与工件的结合强度大。（　　）

16. 利用喷涂工艺修复失效零件时，涂层的厚度不得大于0.05mm。　（　　）

17. 利用喷涂法修复失效零件，由于喷涂时工件表面温度低，所以不会引起零件的永久变形和金相组织改变。　　　　　　　　　　　　　　　　　　　（　　）

18. 修复大型平板时应先刮削中间，再刮削四边。　　　　　　　　（　　）

四、简答题

1. 什么是修理尺寸法？应用这种方法修复失效零件时应注意什么？

2. 局部修换法与镶加零件法相比有何区别？应用局部修换法时，应主要考虑哪些问题？

3. 焊接技术在机械设备修理中有何用途？其特点如何？

4. 简述用焊接法修复铸件裂纹的工作过程。

5. 当铸件上的裂纹看不清楚时，用什么办法可以方便地找出全部裂纹？

6. 简述热喷涂修复法的工艺特点。

7. 什么是热喷涂技术？它在机械设备修理中的主要用途是什么？

8. 简述氧乙炔焰喷涂的特点、使用设备及工艺过程。

9. 什么是低温镀铁？简述其工艺特点。

10. 简述电刷镀的原理及工艺特点。

11. 简述电刷镀的工艺过程及其在设备维修中的应用。

12. 简述粘接工艺的主要特点。

13. 粘接工艺过程主要包含哪些工作内容?

14. 如何合理选择胶粘剂? 简述调胶时所加各种填充剂的作用。

15. 镀铬与一般的金属电镀相比, 在工艺上有哪些特点?

16. 简述刮研修复方法的特点和步骤。

17. 刮研工作中常用的工具和检测器具有哪些?

18. 如何确定修刮机床导轨的刮研顺序?

项目四 机电设备修理精度的检验

▶ 学习目标

1. 熟悉机电设备修理中常用检具、量仪和研具的特点及应用范围。
2. 熟悉机电设备修理中常用检具、研具的选用方法。
3. 熟悉机电设备几何精度的检验方法。
4. 熟悉机电设备装配质量的检验内容与检验方法、运转试验步骤及注意事项。
5. 熟悉机床大修质量检验的通用技术要求。
6. 树立安全文明生产和环境保护意识。
7. 培养学生的质量意识和诚信意识。

任务一 设备修理中常用检具、量仪、研具的选用

设备的修理和检验，需要相应的工具、检具、量具及量仪。本任务重点介绍一些常用的检具、量仪及研具。

一、常用检具

1. 平尺

平尺主要用于检验狭长平面、导轨的刮研和作为测量基准用。平尺有桥形平尺、平行平尺和角形平尺三种，如图4-1所示。

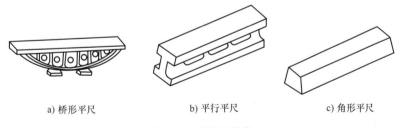

a) 桥形平尺　　　　　b) 平行平尺　　　　　c) 角形平尺

图4-1　平尺的种类

桥形平尺只有一个工作面，用来检验刮研和测量机床导轨的直线度。平行平尺的两个工作面都经过精刮且互相平行，常用来检验狭长平面相对位置的准确性及测量平面度误差。角形平尺用来检验工件的两个加工面的角度组合平面，如燕尾导轨的刮研或检验其加工精度。

使用桥形平尺时，可根据工件情况选用其规格。平尺工作面的精度较高，用完后应清

洗、涂油并将其垂直吊起，不便吊起的平尺应安放平稳，以防变形。

2. 平板

平板用于涂色法拖研工件及检验导轨的直线度、平行度误差，也可作为测量基准用，检查零件的尺寸精度、角度或几何精度，其结构和形状如图4-2所示。

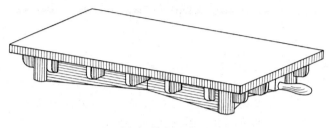

图4-2　标准平板

3. 方尺和直角尺

方尺和直角尺是用来测量机床部件间垂直度误差的工具，常用的有方尺、平角尺、宽底座角尺和直角平尺，如图4-3所示。

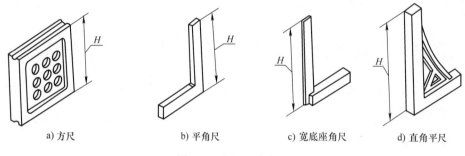

a) 方尺　　　　　　　b) 平角尺　　　　　c) 宽底座角尺　　　　d) 直角平尺

图4-3　方尺和直角尺

4. 仪表座

在机床制造与修理中，仪表座是一种测量导轨精度的通用工具，主要用作水平仪及百分表架等测量工具的基座。仪表座的平面及角度面都应进行精加工或刮研，使其与导轨面接触良好，否则会影响测量精度。其材料多为铸铁，可根据使用目的和导轨的形状不同做成多种形状，如图4-4所示。

5. 检验棒

检验棒是机械制造和维修工作中的必备工具，主要用来检查主轴及套筒类零件的径向圆跳动、轴向窜动、同轴度及其与导轨的平行度等。

检验棒本身精度要求较高，一般用工具钢经热处理及精密加工而成，结构上要有足够的刚性，以防使用过程中变形损坏。为减轻重量，检验棒可做成空心；为便于拆装及保管，可在检验棒的尾端制出拆卸螺纹及吊挂孔。用完后要清洗、涂油，以防生锈，并应垂直吊挂保管。

按结构形式及测量项目不同，可做成图4-5所示的几种常用检验棒。

6. 检验桥板

检验桥板是用来检验导轨间相互位置及部件位置精度的一种工具。

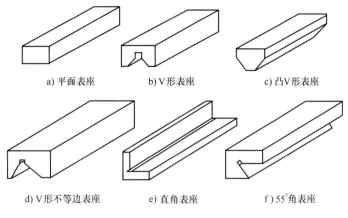

a) 平面表座　　　b) V形表座　　　c) 凸V形表座

d) V形不等边表座　　　e) 直角表座　　　f) 55°角表座

图 4-4　仪表座的种类

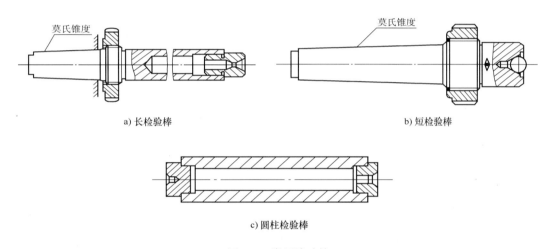

莫氏锥度　　　　　　　　　　　　　莫氏锥度

a) 长检验棒　　　　　　　　　　　　b) 短检验棒

c) 圆柱检验棒

图 4-5　常用检验棒

（1）检验桥板的作用及种类　检验桥板一般与水平仪、平直仪等配合使用。按机床导轨形状不同可做成不同的支承结构，有平面-平面形、V-平面形、山-平面形、V-V形、山-山形等，如图 4-6 所示。图中 l 为跨距。

为适应多种机床导轨组合的测量，也可做成可更换桥板与导轨接触部分及跨度可调整的可调式检验桥板，如图 4-7 所示。

（2）检验桥板的主要技术要求

1）检验桥板的材料一般采用铸铁，经时效处理精制而成；圆柱的材料采用 45 钢，经调质处理。

2）桥板上表面（放置测量仪器的表面）的表面粗糙度值为 $Ra1.6\mu m$，平面度公差为 0.005mm，对工作面（与导轨接触面）的平行度公差为 0.01mm。

3）桥板 V 形工作面的夹角和被测导轨配刮，接触斑点在每 25mm × 25mm 面积内不少于 16 点。

4）各圆柱轴线的同轴度公差、平行度公差以及对桥板上表面的平行度公差为 0.01mm。

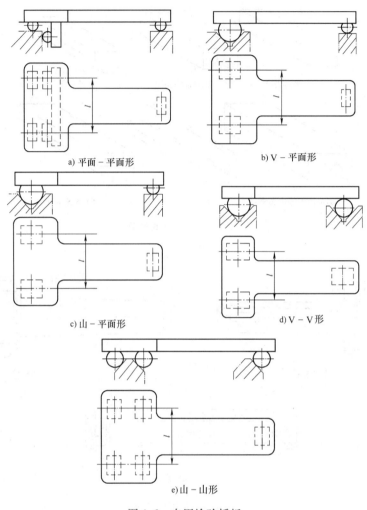

a) 平面 – 平面形
b) V – 平面形
c) 山 – 平面形
d) V – V 形
e) 山 – 山形

图 4-6 专用检验桥板

二、常用量仪

1. 水平仪

水平仪主要用于测量机床导轨在垂直平面内的直线度误差、工作台面的平面度误差、零部件间的垂直度误差和平行度误差等,是机床装配和修理中最基本的测量仪器。常用的水平仪有条形水平仪、框式水平仪和合像水平仪等,如图4-8所示。

(1)条形水平仪 用来检验平面对水平位置的偏差,使用方便,但因受测量范围的局限,不如框式水平仪使用广泛。

(2)框式水平仪 框式水平仪是用来测量水平位置或垂直位置微小角度偏差的角值测量仪。

1)框式水平仪的工作原理。框式水平仪是一种以重力方向为基准的精密测角仪器。当气泡在水准管中停稳时,其位置必然垂直于重力方向。可以理解为当水平仪倾斜时,气泡本身并不倾斜,反映了一个不变的方向,它就是角度测量的基准。

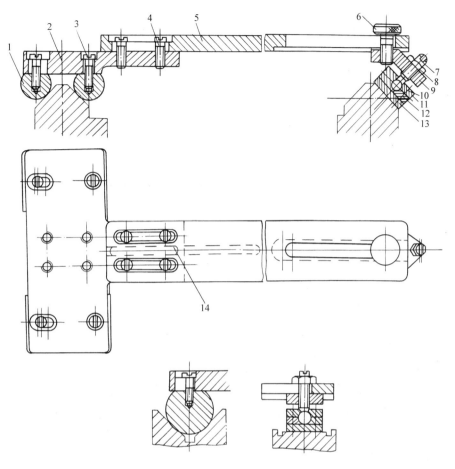

图 4-7　可调式检验桥板

1—圆柱　2—丁字板　3、4—圆柱头螺钉　5—桥板　6—滚花螺钉　7—调整螺钉
8—螺母　9—支承板　10—沉头螺钉　11—盖板　12—垫板　13—接触板　14—平键

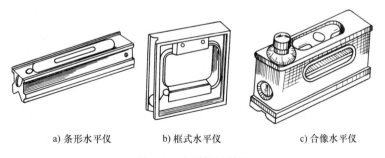

a) 条形水平仪　　　　　b) 框式水平仪　　　　　c) 合像水平仪

图 4-8　水平仪的种类

2）框式水平仪的读数原理。框式水平仪的主要组成部分是水准管，它是一个密封的玻璃管，内装精馏乙醚，并留有一定量的空气，以形成气泡。检查机床精度的分度值一般为4″，这一角度相当于在 1m 长度上对边高 0.02mm，此时在水准管的刻线上气泡偏移一格，如图 4-9 所示。因此，4″水平仪又称 0.02mm/1000mm 或 0.02mm/1m 水平仪。因为将水平仪

读数换算为一定长度的高度差使用方便，如气泡偏移3格，分度值为4″，所以两个表面之间的夹角为12″；而在400mm长度上的高度差为

$$\Delta = (0.02/1000) \times 400 \times 3 \text{mm} = 0.024 \text{mm}$$

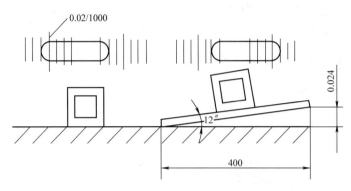

图4-9　水平仪读数换算

3）框式水平仪的常用读数方法。

① 绝对读数法。气泡在中间位置时，读作"0"，以零线为基准，气泡向任意一端偏离零线的格数，即为实际偏差的格数。偏离起端为"＋"，偏向起端为"－"，一般习惯由左向右测量，也可以把气泡向右移作为"＋"，向左移作为"－"，图4-10a所示为＋2格。

② 平均值读数法。以两长刻线为基准，向同一方向分别读出气泡停止的格数，再把两数相加除以2，即为其读数值。如图4-10b所示，气泡偏离右端"零线"3格，偏离左端"零线"2格，则实际读数为＋2.5格，即右端比左端高2.5格。平均值读数法不受环境温度影响，读数精度高。

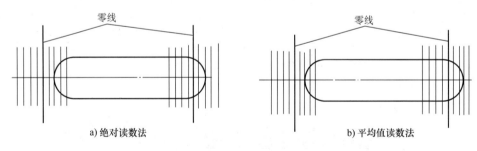

图4-10　水平仪的读数方法

4）框式水平仪的检定与调整。框式水平仪的下工作面称为"基面"，当基面处于水平状态时，气泡应在居中位置，此时气泡的实际位置对居中位置的偏移量称为"零位误差"。由于水准管的任何微小变形或安装上的任何松动都会使示值精度产生变化，因而不仅新制的水平仪需要检定示值精度，使用中的水平仪也需定期检定。检定周期可按使用情况确定，最长不应超过一年。

（3）合像水平仪　合像水平仪是一种高精度的测角仪器，其分度值一般为2″（0.01mm/1000mm或0.01mm/1m）。

1）合像水平仪的结构。合像水平仪主要由三部分组成：由棱镜5、放大镜14和水准管4组成的光学合像装置；由测微螺杆12、杠杆10、刻度盘1组成的精密测微机构；具有平工

作面和 V 形工作面的基座 9，如图 4-11 所示。

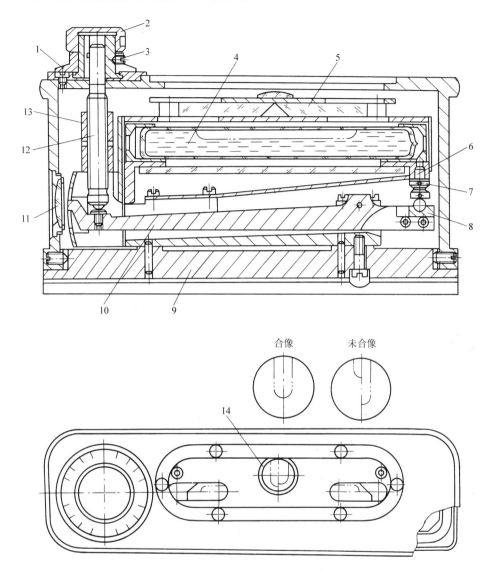

图 4-11 合像水平仪结构示意图

1—刻度盘 2—手轮 3—顶丝 4—水准管 5—棱镜 6—调整螺钉 7—锁紧螺母
8—滑块 9—基座 10—杠杆 11—横刻度窗 12—测微螺杆 13—开口螺母 14—放大镜

2）合像水平仪的工作原理。合像水平仪的读数不是从水准管口直接读得，而是气泡的两端由棱镜折射后会聚，并由目镜放大。通过测微螺杆和杠杆调节水准管，使气泡两端的影像在目镜视场中合像后，从横刻度窗读出大数（1mm/1000mm），从刻度盘读出小数（0.01mm/1000mm）。

合像水平仪的水准管只起定位作用，所以可采用较小的曲率半径，一般为 $R = 20m$，相当于分度值 20″（0.1mm/1000mm）的水准管。合像水平仪的分度值则完全由杠杆和测微螺杆来决定。

3）合像水平仪示值零位的检定与调整。合像水平仪的基座底面称为"基面"，当基面处于水平状态时，读数应为量程的中点，通常称为"零位"。例如，测量范围为 0～10mm/m 和 0～20mm/m 的合像水平仪，其零位应分别在 5mm/m 和 10mm/m 上。此时，实际读数与零位的差值称为"零位误差"，它不应超过分度值的 1/4。

零位的检查方法：将零级平板先调到大致水平状态，将合像水平仪放到平板上；按顺时针方向转动测微螺杆，使气泡调整到合像，此时读数，得读数 $A_{正1}$，继续转动测微螺杆过若干刻度，再逆时针转动重新调整至合像，再进行读数，得读数 $A_{反1}$；将合像水平仪转过 180° 仍放在原位置上，按上述方法又得两个读数，分别为 $A_{正2}$ 和 $A_{反2}$，则两次读数 $A_{正1}+A_{正2}$、$A_{反1}+A_{反2}$ 的一半即为正、反旋向行程的实际零位。

4）合像水平仪的优缺点。

优点：

① 水准管只起定位作用，因而曲率半径的误差对示值精度没有直接影响。

② 因为水准管的曲率半径较小，所以气泡容易停下来，比较稳定。

③ 由于光学合像装置能把气泡的偏移量放大 2 倍，聚焦区的影像又被目镜放大 5 倍，所以观察容易，读数精确。

④ 量程大。一般有两种规格：0～10mm/m（33′20″）和 0～20mm/m（1°6′40″）。

⑤ 受环境温度变化的影响较小。

缺点：

① 使用时不如框式水平仪方便和直观，不能像框式水平仪那样测量垂直度误差。

② 结构复杂，易损坏，价格高。

2. 自准直仪

自准直仪又称为自准直平行光管，如图 4-12a 所示。其工作原理如图 4-12b 所示，从光

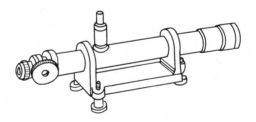

a) 自准直仪外观

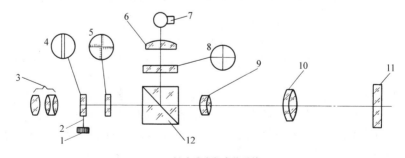

b) 自准直仪光路系统

图 4-12　自准直仪

1—鼓轮　2—测微螺杆　3—目镜　4、5、8—分划板　6—聚光镜
7—光源　9、10—物镜　11—目标反射镜　12—棱镜

源 7 发出的光线，经聚光镜 6 照明分划板 8 上的十字线，由半透明棱镜 12 折向测量光轴，经物镜 9、10 成平行光束射出，再经目标反射镜 11 反射回来，把十字线成像于分划板 8 上。由鼓轮 1 通过测微螺杆 2 移动，照准双刻划线（刻在可动分划板 4 上）由目镜 3 观察，使双刻划线与十字线像重合，然后在鼓轮 1 上读数。测微鼓轮的分度值为 $1''$，测量范围为 $0 \sim 10'$，测量工作距离为 $0 \sim 9m$。

三、研具

研磨工具简称研具。根据工件形状、材料和用途不同，有各种不同的研具。

1. 研具的作用和种类

在研具的表面嵌砂或敷砂，并把本身表面几何形状、精度传递给被研工件。因此，对研具的材料、硬度和表面粗糙度均有较高的要求。研具按其使用范围分为通用研具和专用研具，通用研具有研磨平板、研磨块等；专用研具用来研磨圆柱表面、圆柱孔及圆锥孔，有研磨环、研磨棒及螺纹研具等。研磨平板如图 4-13 所示。

2. 专用研具的结构与使用方法

（1）研磨环 工件的外圆柱表面是用研磨环进行研磨的。图 4-14 所示为更换式研磨环。

1）研磨环的结构。研磨环的开口调节圈 1 的内径应比工件的外径大 0.025 ~ 0.05mm，外圈 2 上有调节螺钉 3，如图 4-14a 所示。当研磨一段时间后，若研磨环调节圈内孔磨大，则拧紧调节螺钉 3，使其开口调节圈 1 的孔径缩小来达到所需的间隙。图 4-14b 所

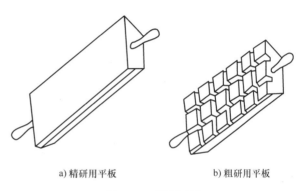

a) 精研用平板   b) 粗研用平板

图 4-13 研磨平板

示研磨环的调节圈也是开口的，但在它的内孔上开有两条槽，使研磨环具有弹性，孔径由螺钉调节。研磨环的长度一般为孔径的 1 ~ 2 倍。

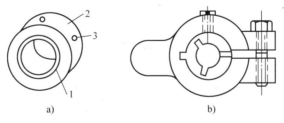

a)   b)

图 4-14 更换式研磨环

1—开口调节圈 2—外圈 3—调节螺钉

2）研磨环的使用方法。外圆柱面在进行研磨时，工件可由车床带动，在工件上均匀地涂上研磨剂，套上研磨环（其松紧程度应以手用力能转动为宜）。通过工件的旋转运动和研磨环在工件上沿轴线方向的往复运动进行研磨，如图 4-15a、b 所示。一般工件的转速在直径小于 80mm 时为 100r/min，在直径大于 100mm 时为 50r/min。

研磨环往复运动的速度是根据工件在研磨环上研磨出来的网纹来控制的，如图 4-15c 所示。当往复运动速度适当时，工件上研磨出的网纹成 45°交叉线，太快则网纹与工件轴线夹

角较小，太慢则网纹与工件轴线夹角较大。研磨环往复运动的速度不论快还是慢，都会影响工件的精度和耐磨性。

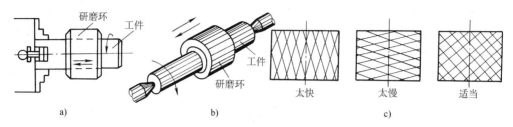

图 4-15　研磨外圆柱面

外圆研磨

（2）研磨棒　研磨棒是用来研磨圆柱孔和圆锥孔的研磨工具，常用的有圆柱形和圆锥形两种。

1）圆柱研磨棒。工件圆柱孔的研磨是在圆柱研磨棒上进行的，圆柱研磨棒的形式有固定式和可调式两种，如图 4-16 所示。带槽的固定式研磨棒适用于粗研，槽的作用是存放研磨剂，防止在研磨时把研磨剂全部从工件两端挤出；光滑的研磨棒一般用于精研。固定式研磨棒制造简单，但磨损后无法补偿，多在单件研磨或机修中使用。

可调式研磨棒有多种结构，但其原理大都是靠心棒锥体的作用来调节研磨套的直径，如图 4-16b 所示。这种可调式研磨棒能在一定尺寸范围内进行调节，可延长使用寿命，应用较广。研磨套的长度应大于工件长度，太短会影响工件的研磨精度，具体长度可根据工件情况而定，一般情况下是工件长度的 1.5~2 倍。

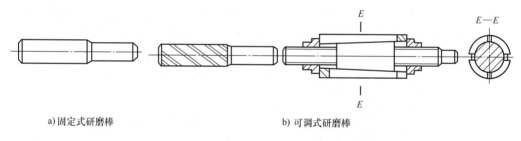

a) 固定式研磨棒　　　　　b) 可调式研磨棒

图 4-16　圆柱研磨棒

2）圆锥研磨棒。圆锥研磨棒用于工件圆锥孔的研磨。研磨时必须使用与工件锥度相同的研磨棒，其结构有固定式和可调式两种。

固定式研磨棒分为开有左向螺旋槽和右向螺旋槽两种，如图 4-17 所示。可调式研磨棒的结构和圆柱可调式研磨棒基本相同。

3. 研具材料

（1）铸铁　适应于不同性质的研磨工作，应用广泛。硬度在 110~190HBW 范围内，化学成分要求严格，无铸造缺陷。球墨铸铁目前也得到了广泛应用。

（2）低碳钢　韧性大，易变形，不宜制作精密研具。

（3）铜　材质软，易嵌入较大磨粒，主要用于余量较大的粗研磨。

（4）巴氏合金　主要用于抛光铜合金的精密轴瓦或研磨软质材料工件。

（5）铅　性能与用途和巴氏合金相近。

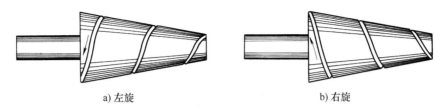

a) 左旋　　　　　　　　　　　　　　b) 右旋

图 4-17　圆锥研磨棒

（6）玻璃　材质较硬，适用于敷砂研磨和抛光，特别是淬火钢的精研磨。

（7）皮革及毛毡　主要用于抛光工作。

任务二　机电设备几何精度的检验方法

机电设备的主要几何精度包括主轴回转精度，导轨直线度、平行度，工作台面的平面度及两部件间的同轴度、垂直度等。本任务重点介绍上述几何精度的检验方法。

一、主轴回转精度的检验方法

主轴回转精度的检验项目包括主轴回转中心的径向圆跳动，主轴定心轴颈的径向圆跳动、轴向圆跳动及轴向窜动等。

1. 主轴锥孔中心线径向圆跳动的检验

在主轴中心孔中紧密地插入一根锥柄检验棒，将百分表固定在机床上，百分表测头顶在检验棒表面上。如图 4-18 所示，a 靠近主轴端部，b 与 a 相距 300mm 或 150mm，转动主轴进行检验。

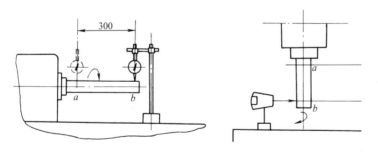

主轴锥孔轴颈的
径向圆跳动检测

图 4-18　主轴锥孔中心线径向圆跳动的检验方法

为了避免检验棒锥柄与主轴锥孔配合不良引起的误差，可将检验棒每隔 90°插入一次进行检验，共检验 4 次，4 次测量结果的平均值就是径向圆跳动误差。a、b 的误差分别计算。

2. 主轴定心轴颈径向圆跳动的检验方法

为保证工件或刀具在回转时处于平稳状态，根据使用和设计要求，有各种不同的定位方式，并要求主轴定心轴颈的表面与主轴回转中心同轴。检验其同轴度的方法也就是测量其径向圆跳动误差的数值。测量时，将百分表固定在机床上，百分表测头顶在主轴定心轴颈表面上（若是锥面，则测头必须垂直于锥面），旋转主轴进行检验。百分表读数的最大差值，就是定心轴颈的径向圆跳动误差，如图 4-19 所示。

主轴定心轴颈的
径向圆跳动检测

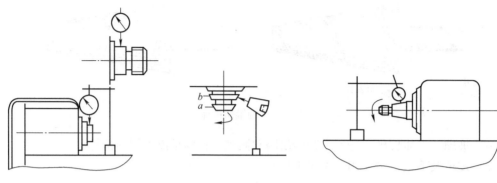

图 4-19　各种主轴定心轴颈径向圆跳动的检验方法

3. 主轴轴向圆跳动和轴向窜动的检验

将百分表测头顶在主轴轴肩支承面靠近边缘的位置，旋转主轴，分别在相隔 180° 的 a 点和 b 点进行检验。百分表两次读数的最大差值就是主轴支承面的轴向圆跳动误差，如图 4-20 所示。

主轴轴向窜动的检验是将平头百分表固定在机床上，使百分表测头顶在主轴中心孔上的钢球上，带锥孔的主轴应在主轴锥孔中插入一根锥柄短检验棒，中心孔中装有钢球，旋转主轴进行检验，百分表读数的最大差值就是轴向窜动数值，如图 4-21 所示。

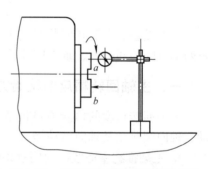

图 4-20　主轴轴向圆跳动的检验方法

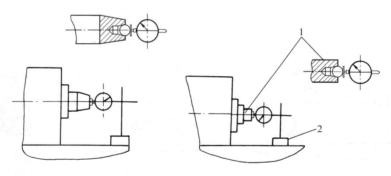

图 4-21　轴向窜动的检验方法
1—锥柄短检验棒　2—磁力表架

二、导轨直线度的检验方法

导轨直线度是指组成 V 形（或矩形）导轨的平面与垂直平面（或水平面）交线的直线度，且常以交线在垂直平面和水平面内的直线度体现出来。在给定平面内，包容实际线的两平行直线的最小区域宽度即为直线度误差。有时也以实际线的两端点连线为基准，将实际线上各点到基准直线坐标值中最大的一个正值与最大的一个负值的绝对值之和，作为直线度误差。图 4-22 所示为导轨在垂直平面和水平面内的直线度误差。

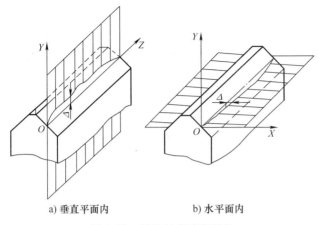

a) 垂直平面内　　　　b) 水平面内

图 4-22　导轨的直线度误差

床鞍在水平面内
移动的直线度检测

1. 导轨在垂直平面内直线度的检验

（1）水平仪测量法　用水平仪测量导轨在垂直平面内的直线度误差，属于节距测量法。测量过程如步行登山，一步一跨，因而每次测量移过的间距应和桥板的长度相等。只有在这种情况下，测量所得的读数才能用误差曲线来评定直线度误差。

1）水平仪的放置方法。若被测量导轨安装在纵向（沿测量方向），对自然水平有较大的倾斜时，可按图 4-23 所示在水平仪和桥板之间垫纸条。测量目的只是求出各档之间倾斜度的变化，因而垫纸条后对评定结果并无影响。若被测量导轨安装在横向（垂直于测量方向），对自然水平有较大倾斜时，则必须严格保证桥板沿一条直线移动，否则，横向的安装水平误差将会反映到水平仪示值中去。

2）用水平仪测量导轨在垂直平面内直线度误差的方法。例如，一车床导轨长 1600mm，用分度值为 0.02mm/1000mm 的框式水平仪测量，仪表座长度为 200mm，求此导轨在垂直平面上的直线度误差。

① 将仪表座放置于导轨长度方向的中间，水平仪置于其上，调平导轨，使水平仪的气泡居中。

② 导轨用粉笔做标记分段，其长度与仪表座长度相同。从靠近主轴箱位置开始依次首尾相接逐渐测量，取得各段高度差读数。可根据气泡移动方向来评定导轨倾斜方向，如假定气泡移动方向与水平仪移动方向一致时为"＋"，反之为"－"。

③ 把各段测量读数逐点累积，用绝对读数法读数。每段读数值依次为 +1、+1、+2、0、-1、-1、0、-0.5，如图 4-24 所示。

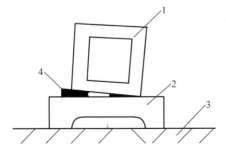

图 4-23　使水平仪适应被测表面的方法
1—水平仪　2—检验桥板　3—被测表面　4—纸条

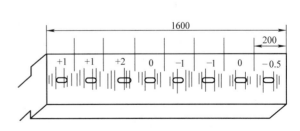

图 4-24　导轨分段测量气泡位置

④ 取坐标纸，画得导轨直线度误差曲线图。作图时，导轨的长度为横坐标，水平仪读数为纵坐标。根据水平仪读数依次画出各折线段，每一段的起点与前一段的终点重合。

⑤ 用两端点连线法或最小区域法确定最大误差格数及误差曲线形状，如图 4-25 所示。

两端点连线法：当导轨直线度误差呈单凸（或单凹）时，作首尾两端点的连线Ⅰ—Ⅰ，并过曲线最高点（或最低点）作直线Ⅱ—Ⅱ与Ⅰ—Ⅰ平行。两包容线间最大纵坐标值即为最大误差格数。在图 4-25 中，最大误差在导轨长为 600mm 处。曲线右端点坐标值为 1.5 格，按相似三角形法，导轨 600mm 处最大误差格数为 4 格 -0.56 格 =3.44 格。

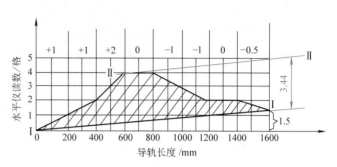

图 4-25　导轨直线度误差曲线图

最小区域法：在直线度误差曲线有凸有凹时，采用图 4-26 所示的方法，即过曲线上两个最低点（或两个最高点）作一条包容线Ⅰ—Ⅰ，过曲线上两个最高点（或最低点）作平行于Ⅰ—Ⅰ线的另一条包容线Ⅱ—Ⅱ，将误差曲线全部包容在两平行线之间，两平行线之间沿纵轴方向的最大坐标值即为最大误差。

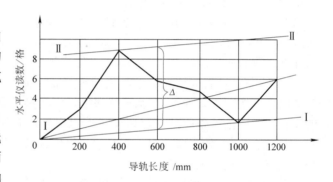

图 4-26　最小区域法确定导轨直线度误差曲线

⑥ 按误差格数换算。导轨直线度数值一般按下式换算：

$$\Delta = nil \tag{4-1}$$

式中　Δ——导轨直线度误差数值（mm）；

n——曲线图中最大误差格数；

i——水平仪的读数精度；

l——每段测量长度（mm）。

在上例中：

$$\Delta = nil = 3.44 \times (0.02/1000) \times 200\text{mm} = 0.014\text{mm}$$

（2）自准直仪测量法　自准直仪和水平仪都是精密测角仪器，都是按节距法原理进行测量，所以两者的测量原理和数据处理方法基本相同，区别只是读数方法不同。

2. 导轨在水平面内直线度的检验

导轨在水平面内直线度的检验方法有检验棒或平尺测量法、自准直仪测量法、钢丝测量法等。

（1）检验棒或平尺测量法　以检验棒或平尺为测量基准，用百分表进行测量。在被测导轨的侧面架起检验棒或平尺，将百分表固定在仪表座上，百分表的测头顶在检验棒的侧素线（或平尺工作面）上。首先将检验棒或平尺调整到和被测导轨平行，即百分表读数在检验棒（或平尺）两端点一致。然后移动仪表座进行测量，百分表读数的最大代数差就是被测导轨在水平面内相对于两端连线的直线度误差。若需要按最小条件评定，则应在导轨全长上等距测量若干点，然后做基准转换（数据处理），如图4-27所示。

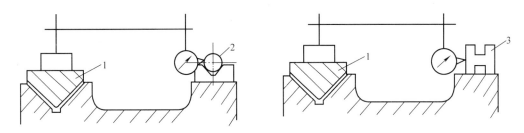

图4-27 用检验棒或平尺测量水平面内的直线度误差
1—桥板 2—检验棒 3—平尺

（2）自准直仪测量法 利用节距测量法的原理，同样可以测量导轨在水平面内的直线度误差，不过这时需要测量的是仪表座在水平面内相对于某一理想直线（测量基准）偏斜角的变化，所以水平仪已不能胜任，但仍可以用自准直仪测量。若所用仪器为光学平直仪，则只需将读数鼓筒转到仪器的侧面位置即可（仪器上有锁紧螺钉定位），如图4-28所示。此时测出的数值是十字线像垂直于光轴方向的偏移量，反映的是反射镜仪表座在水平面内的偏斜角β。而测量方法、读数方法、数据处理方法，则和测量导轨在垂直平面内的直线度误差时并无区别。

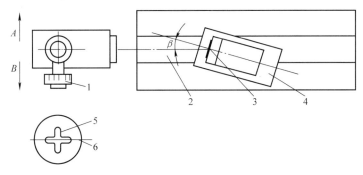

图4-28 用自准直仪测量水平面内的直线度误差
1—读数鼓筒 2—被测导轨 3—反射镜 4—桥板 5—十字线像 6—活动分划板刻线

（3）钢丝测量法 钢丝经充分拉紧后，其侧面可以认为是理想"直"的，因而可以作为测量基准，即从水平方向测量实际导轨相对于钢丝的误差，如图4-29所示。拉紧一根直径为0.1~0.3mm的钢丝，并使它平行于被检验导轨，在仪表座上垂直安放一个带有微量移动装置的显微镜，将仪表座全长移动进行检验。导轨在水平面内的直线度误差，以显微镜读数的最大代数差计。

这种测量方法的主要优点是测距可达20m以上，而目前一般工厂用的光学平直仪的设计测距只有5m；所需要的物质条件简单，任何中、小工厂都可以制备，容易实现。特别是机床工作台移动的直线度误差，若其公差为线值，则只能用钢丝测量法。因为在无法采用节距测量法的条件下，角值量仪的读数不可能换算成线值误差。

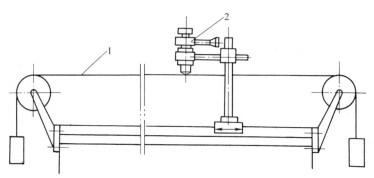

图 4-29 用钢丝和显微镜测量导轨的直线度误差

1—钢丝 2—显微镜

三、平行度的检验方法

在给定方向上，平行于基准面（或直线、轴线）、相距为公差值的两平行平面之间的区域为平行度公差带。平行度公差与测量长度有关，如在 300mm 长度上为 0.02mm 等；测量较长导轨时，还要规定局部公差。

1. 用水平仪检验 V 形导轨与平面导轨在垂直平面内的平行度

如图 4-30 所示，将水平仪横向放在专用桥板（或溜板）上，移动桥板逐点进行检验，其误差计算方法用角度偏差值表示，如 0.02mm/1000mm 等。水平仪在导轨全长上测量读数的最大代数差，即为导轨的平行度误差。

2. 部件间平行度的检验

图 4-31 所示为车床主轴锥孔中心线对床身导轨平行度的检验方法。在主轴锥孔中插入一根检验棒，将百分表固定在溜板上，在指定长度内移动溜板，用百分表分别在检验棒的上素线 a 和侧素线 b 处进行检验，a、b 处的测量结果分别以百分表读数的最大差值表示。为消除检验棒圆柱部分与锥体部分的同轴度误差，第一次测量后，将检验棒拔出，转 180° 后再插入重新检验。平行度误差以两次测量结果代数和的一半计算。

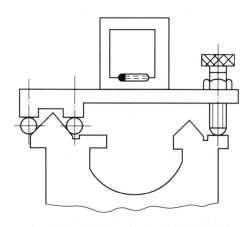

图 4-30 用水平仪检验导轨的平行度

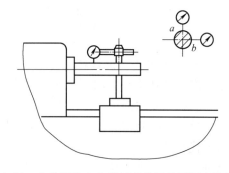

图 4-31 主轴锥孔中心线对床身导轨平行度的检验

其他如外圆磨床头架主轴锥孔中心线、砂轮架主轴轴线对工作台导轨移动的平行度，卧式铣床悬梁导轨移动对主轴锥孔中心线平行度的检验等，都与上述检验方法类似。

图 4-32 所示为双柱坐标镗床主轴箱水平直线移动对工作台面平行度的检验方法，在工作台面上放两块等高块，将平尺放在等高块上，使其平行于横梁。将测微仪固定在主轴箱上，按图示方法移动主轴箱进行检测，测微仪的最大差值就是两者的平行度误差。为了提高测量精度，必须将量块塞入百分表测头与平尺表面之间进行测量，以防止刮研平尺的刀花带来测量误差。要消除平尺工作面和工作台面的平行度误差，可在第一次测量后将平尺调头，再测量一次，两次测量结果代数和的一半就是所测平行度误差。

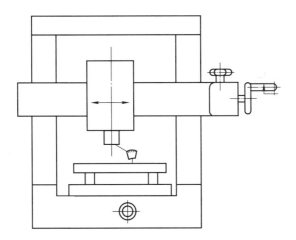

主轴轴线对床鞍
移动的平行度检测

图 4-32 双柱坐标镗床主轴箱水平直线移动对工作台面平行度的检验方法

四、平面度的检验方法

在我国机床精度标准中，规定测量工作台面在各个方向（纵、横、对角、辐射）上的直线度误差后，取其中最大的一个直线度误差作为工作台面的平面度误差。对于小型件，可采用标准平板研点法、塞尺检查法等；对于较大型或精密工件，可采用间接测量法、光线基准法等。

1. 平板研点法

平板研点法是在中小台面上利用标准平板，涂色后对台面进行研点，检查接触斑点的分布情况，以检查台面的平面度情况。此方法使用工具最简单，但不能得出平面度误差数值。平板最好采用 0~1 级精度的标准平板。

2. 塞尺检查法

取一根相应长度的平尺，精度为 0~1 级，在台面上放两个等高垫块，将平尺放在垫块上，用量块或塞尺检查工作台面至平尺工作面的间隙，或用平行平尺和百分表进行测量，如图 4-33 所示。

3. 间接测量法

间接测量法使用的量仪有合像水平仪、自准直仪等。根据定义，平面度误差要按最小条件来评定，即平面度误差是包容实际表面且距离为最小的两平面间的距离。由于该平行平面对不同的实际被测平面具有不同的位置，且不能事先得出，故测量时需要先用过渡基准平面进行评定，评定的结果称为原始数据。然后由获得的原始数据按最小条件进行数据变换，得出实际的平面度误差。但是这种数据变换比较复杂，在实际生产中常采用对角线法的过渡基准平面作为评定基准。虽然它不是最小条件，但是较接近最小条件。

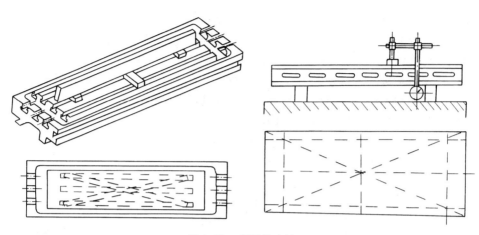

图 4-33　塞尺检查法

对角线法测量平面度误差的方法：对角线的过渡基准平面对矩形被测表面进行测量时的布线方式如图 4-34 所示，其纵向和横向布线应不少于两个位置。由于布线的原因，用对角线法在各方向上测量时，应采用不同长度的支承底座。测量时，首先按布线方式测出各截面上相对于端点连线的偏差，然后算出相对过渡基准平面的偏差，平面度误差就是最高点与最低点之差。当被测平面为圆形时，应在间隔为 45° 的四条直径方向上进行检验。

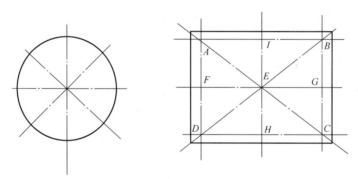

图 4-34　工作台面平面度的检验

五、同轴度的检验方法

同轴度误差是指两根或两根以上轴线不相重合的变动量。例如，卧式铣床刀杆支架孔中心线对主轴轴线、转塔车床主轴对工具孔中心线、滚齿机刀具主轴轴线对刀具轴活动托架轴承孔中心线等都有同轴度误差的检验要求。

1. 转表测量法

转表测量法比较简单，但须注意表杆挠度的影响，如图 4-35 所示。测量转塔车床主轴轴线与回转头工具孔中心线同轴度误差的方法：在主轴上固定百分表，在回转头工具孔中紧密地插入一根检验棒，百分表测头顶在检验棒表面上；主轴回转，分别在垂直平面和水平面内进行测量；百分表读数在相对 180° 位置上差值的一半，就是主轴轴线与回转头工具孔中心线的同轴度误差。

图 4-36 所示为测量立式车床工作台回转中心线对五方刀台工具孔中心线的同轴度误差的情况。将百分表固定在工作台面上，在五方刀台工具孔中紧密地插入一根检验棒，使百分

表测头顶在检验棒表面上。回转工作台并水平移动刀台溜板，在平行于刀台溜板移动方向的截面内，使百分表在检验棒两侧素线上的读数相等。然后旋转工作台进行测量，百分表读数最大差值的一半就是工作台回转中心线与五方刀台工具孔中心线的同轴度误差。

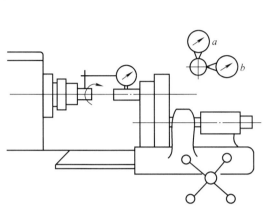

图 4-35　同轴度误差的测量（一）

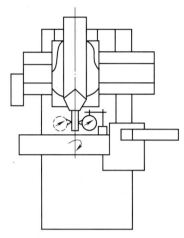

图 4-36　同轴度误差的测量（二）

2. 锥套塞插法

对于某些不能采用转表测量法的场合，可以采用锥套塞插法进行测量。图 4-37 所示为测量滚齿机刀具主轴轴线与刀具轴活动托架轴承轴线同轴度误差的情况。在刀具主轴锥孔中紧密地插入一根检验棒，在检验棒上套一只锥形检验套，套的内径与检验棒滑动配合，套的锥面与活动托架的锥孔配合。固定托架，并使检验棒的自由端伸出托架外侧。将百分表固定在床身上，使其测头顶在检验棒伸出的自由端上，推动检验套进入托架的锥孔中靠紧锥面，此时百分表指针的摆动量就是刀具主轴轴线与刀具轴活动托架轴承轴线的同轴度误

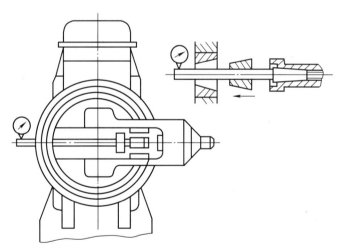

图 4-37　锥套塞插法测量同轴度误差

差，在检验棒相隔 90°的位置上分别进行测量。

六、垂直度的检验方法

机床部件基本是在相互垂直的三个方向上移动，即垂直方向、纵向和横向。测量这三个方向移动相互间的垂直度误差时，检具一般采用方尺、直角尺、百分表、框式水平仪及光学仪器等。

1. 用直角尺与百分表检验垂直度

图 4-38 所示为车床床鞍上、下导轨面垂直度的检验方法。在车床床身主轴箱安装面上

卧放直角尺，将百分表固定在燕尾导轨的下滑座上，百分表测头顶在直角尺与纵向导轨平行的工作面上，移动床鞍找正直角尺，也就是以长导轨轨迹（纵向导轨）为测量基准。将中滑板装到床鞍燕尾导轨上，百分表固定在上面上，百分表测头顶在直角尺与纵向导轨垂直的工作面上，在燕尾导轨全长上移动中滑板，则百分表的最大读数就是床鞍上、下导轨面的垂直度误差。若垂直度超差，应修刮床鞍与床身结合的下导轨面，直至合格。

2. 用框式水平仪检验垂直度

图 4-39 所示为摇臂钻床工作台侧工作面对工作台面垂直度的检验方法。将工作台放在检验平板上（或用千斤顶支承），用框式水平仪将工作台面按 90°在两个方向上找正，记下读数；然后将水平仪的侧面紧靠工作台侧工作面，再记

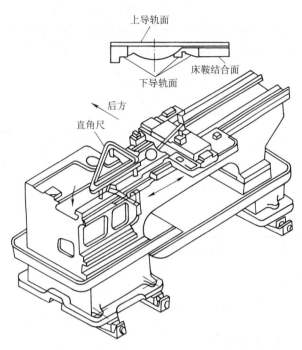

图 4-38　测量床鞍上、下导轨面的垂直度误差

下读数，水平仪最大读数的最大代数差值就是侧工作面对工作台面的垂直度误差。两次测量水平仪的方向不能改变，若将水平仪回转 180°，则改变了工作台面的倾斜方向，读数就错了。

3. 用方尺、百分表检验垂直度

图 4-40 所示为检验铣床工作台纵向、横向移动垂直度的情况。将方尺卧放在工作台面上，百分表固定在主轴上，其测头顶在方尺工作面上，移动工作台使方尺的工作面 b 和工作台移动方向平行。然后变动百分表位置，使其测头顶在方尺的另一工作面 a 上，横向移动工作台进行检验，百分表读数的最大差值就是所测垂直度误差。

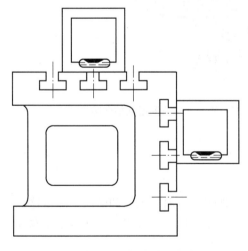

图 4-39　用水平仪检验工作台侧
基准面对工作台台面的垂直度

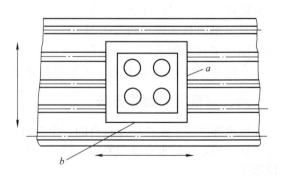

图 4-40　工作台纵向移动和横向移动垂直度的检验

任务三　装配质量的检验和机床试验

机电设备一般由许多零件和部件装配而成。装配质量主要从零部件安装位置的正确性、连接的可靠性、滑动配合的平稳性、外观质量及几何精度等方面进行检验。对于重要的零部件应单独进行检验，以确保修理质量与要求。

一、装配质量的检验内容及要求

1. 部件、组件的装配质量

主传动箱啮合齿轮的轴向错位量，当啮合齿轮轮缘宽度小于或等于 20mm 时，不得大于 1mm；当啮合齿轮轮缘宽度大于 20mm 时，不得超过轮缘宽度的 5% 且不得大于 5mm。装配后，应进行空运转试验，由低速到高速逐级运转（用交换齿轮、带传动变速和无级变速的机床，可做低、中、高速运转），各级转速运转时间不得少于 2min，最高转速时间不少于 1h，并检验以下各项：

1）变速机构的灵活性和可靠性。

2）运转应平稳，不应有不正常的尖叫声和不规则的冲击声。

3）在主轴轴承达到稳定温度时，其温度和温升应符合机床技术要求的规定。

4）润滑系统的油路应畅通、无阻塞，各结合部位不应有漏油现象。

5）主轴的径向圆跳动和轴向窜动应符合各类型机床精度标准的规定。

6）机床的操纵联锁机构装配后，应保证其灵活性和可靠性；离合器及其控制机构装配后，应达到可靠的结合与脱开。

2. 机床的总装配质量

机床的总装配过程也是调整与检验的过程。

（1）机床水平的调整　在总装前，应首先调整好机床的安装水平，并防止走失。

（2）结合面的检验　配合件的结合面应检查刮研面的接触点数，刮研面不应有机械加工的痕迹和明显的刀痕。当两配合件的结合面均是刮研面，用配合面的结合面（研具）做涂色法检验时，刮研点应均匀。按规定的计算面积平均计算，在每 25mm × 25mm 的面积内，接触点数不得少于技术要求规定的点数。

（3）机床导轨的装配　滑动、移置导轨除用涂色法检验外，还应用 0.04mm 的塞尺检验，塞尺在导轨、镶条、压板端滑动面间的插入深度为 10～15mm。

（4）传动带传动的装配　传动带的张紧机构装配后应具有足够的调整量，两带轮的中心平面应重合，其倾斜角和轴向偏移量不应过大，一般倾斜角不超过 1°。传动时传动带应无明显的脉动现象，对于两个以上的 V 带传动，装配后传动带的松紧应基本一致。

二、机床的空运转试验

空运转是指在无负荷状态下运转机床，检验各机构的运转状态、温度变化、功率消耗，操纵机构的灵活性、平稳性、可靠性及安全性。

试验前，应使机床处于水平位置，一般不应用地脚螺钉固定。按润滑图表将机床所有润滑处注入规定的润滑剂。

1. 主运动试验

试验时，机床的主运动机构应从最低速依次运转，每级转速的运转时间不得少于 2min。用交换齿轮、带传动变速和无级变速的机床，可做低、中、高速运转。最高速时的运转时间不得少于 1h，使主轴轴承达到稳定温度。

2. 进给运动试验

进给机构应依次变换进给量（或进给速度）进行空运转试验，检查自动机构（包括自动循环机构）的调整和动作是否灵活、可靠。有快速移动的机构，应做快速移动试验。

3. 其他运动试验

检查转位、定位、分度机构、夹紧机构、读数装置和其他附属装置是否灵活可靠；与机床连接的随机附件应在机床上试运转，检查其相互关系是否符合设计要求；检查其他操纵机构是否灵活可靠。

4. 电气系统试验

检查电气设备的工作情况，包括电动机的起动、停止、反向、制动和调速的平稳性，磁力起动器、热继电器和终点开关工作的可靠性。

5. 整机连续空运转试验

对于自动和数控机床，应进行连续空运转试验，整个运转过程中不应发生故障。连续运转时间应符合表 4-1 的规定。试验时，自动循环应包括机床的所有功能和全部工作范围，各次自动循环之间的休止时间不得超过 1min。

表 4-1　机床连续运转时间

机床自动控制形式	机械控制	电液控制	数字控制	
			一般数控机床	加工中心
时间/h	4	8	16	32

三、机床的负荷试验

负荷试验是检验机床在负荷状态下运转时的工作性能及可靠性，即加工能力、承载能力及运转状态，包括速度变化、机床振动、噪声、润滑、密封等。

1. 机床主传动系统的转矩试验

试验时，在小于或等于机床计算转速的范围内选一适当转速，逐级改变进给量或切削深度，使机床达到规定转矩，检验机床传动系统各元件和变速机构是否可靠以及机床是否平稳、运动是否准确。

2. 机床切削抗力试验

试验时，选用具有适当几何参数的刀具，在小于或等于机床计算转速范围内选一适当转速，逐渐改变进给量或切削深度，使机床达到规定的切削抗力。检验各运动机构、传动机构是否灵活、可靠，过载保护装置是否可靠。

3. 机床传动系统达到最大功率的试验

选择适当的加工方式、试件（材料和尺寸）、刀具（材料和几何参数）、切削速度、进给量，逐步改变切削深度，使机床达到最大功率（一般为电动机的额定功率）。检验机床结构的稳定性、金属切除率及电气系统等是否可靠。

4. 抗振性试验

一些机床除进行最大功率试验外，还须进行有限功率试验（由于工艺条件限制而不能使用机床全部功率）和极限切削宽度试验。根据机床的类型，选择适当的加工方法、试件、刀具、切削速度、进给量进行试验，检验机床的稳定性。

四、机床工作精度的检验

机床的工作精度是在动态条件下对工件进行加工时反映出来的。工作精度检验应在标准试件或由用户提供的试件上进行。与实际在机床上加工零件不同，实行工作精度检验不需要多种工序。工作精度检验应采用该机床具有的精加工工序。

1. 试件要求

工件或试件的数目，或在一个规定试件上的切削次数，需视情况而定，应使其得出加工的平均精度。必要时，应考虑刀具的磨损。除有关标准已有规定外，由于工作精度检验试件的原始状态应予确定，试件材料、试件尺寸和应达到的精度等级以及切削条件应在制造厂与用户达成一致。

2. 工作精度检验中试件的检查

工作精度检验中试件的检查，应按测量类别选择所需精度等级的测量工具。在机床试件的加工图样上，应反映出适用于机床各独立部件几何精度相应标准所规定的公差。

在某些情况下，工作精度检验可以用相应标准中所规定的特殊检验来代替或补充，如负载下的挠度检验、动态检验等。

3. 卧式车床的工作精度检验

机床的工作精度检验是在全负荷强度试验后进行的，其目的是根据机床加工试件的精度，检验机床在动态情况下的几何精度及传动精度。卧式车床的工作精度检验要进行如下内容的试验。

（1）精车外圆试验　目的是检验车床在正常工作温度下主轴轴线与床鞍移动轨迹是否平行、主轴的旋转精度是否合格。

试验方法是在车床卡盘上夹持尺寸为 $\phi 80\text{mm} \times 250\text{mm}$ 的中碳钢试件，不用尾座顶尖，采用高速工具钢车刀。切削用量：主轴转速为 397r/min，背吃刀量为 0.15mm，进给量为 0.1mm/r，精车外圆表面。

精车后试件误差：圆度为 0.01mm，圆柱度为 0.01mm/100mm；表面粗糙度值不大于 $Ra3.2\mu m$。

（2）精车端面　应在精车外圆合格后进行，目的是检验车床在正常工作温度下刀架横向移动轨迹对主轴轴线的垂直度和横向导轨的直线度。试件为 $\phi 250\text{mm}$ 的铸铁圆盘，用卡盘夹持。用硬质合金 45° 右偏刀精车端面，切削用量：主轴转速为 230r/min，背吃刀量为 0.2mm，进给量为 0.15mm/r。

精车端面后试件平面度误差不大于 0.02mm（只许中凹）。

（3）车槽试验　目的是考核车床主轴系统及刀架系统的抗振性能，检验主轴部件的装配精度和旋转精度、床鞍刀架系统刮研配合面的接触质量及配合间隙的调整是否合格。

车槽试验的试件为 $\phi 80\text{mm} \times 150\text{mm}$ 的中碳钢棒料，用前角 $\gamma_o = 8° \sim 10°$、后角 $\alpha_o = 5° \sim 6°$ 的 YT15 硬质合金车刀，切削用量：切削速度为 $40 \sim 70\text{m/min}$，进给量为 $0.1 \sim 0.2\text{mm/r}$，刀刃宽度为 5mm。在距卡盘端（$1.5 \sim 2$）d（d 为工件直径）处车槽，不应有明显的振动和振痕。

（4）精车螺纹试验　目的是检验车床螺纹加工传动系统的准确性。

试验规范：$\phi40mm \times 500mm$ 的中碳钢工件；高速工具钢 60°标准螺纹车刀；切削用量：主轴转速 19r/min，背吃刀量为 0.02mm，进给量为 6mm/r；两端用顶尖装夹。

精车螺纹试验精度：螺距累积误差应小于 0.025mm/100mm，表面粗糙度值不大于 $Ra3.2\mu m$，无振动波纹。

思考题与习题

一、名词解释

1. 水平仪分度值　　2. 水平仪零位误差

二、填空题

1. 平板用于涂色法检验机床导轨的_____和_____。

2. 平板可以作为测量的_____检验零件的尺寸或几何误差。

3. 平尺可以作为机床导轨_____与_____的基准。

4. 常用的平尺有_____、_____及_____。

5. 方尺和直角尺是用来检验机床零部件间_____的重要工具。

6. 垫铁的选择一般与测量长度有关，测量长度小于或等于 4m 时，选垫铁长为_____mm；测量长度大于 4m 时，选垫铁长为_____mm。

7. 由于光学量仪本身的测量精度受_____、_____、_____等的影响较小，因此测量精度_____，多用于精密测量。

8. 光学平直仪在机床制造和修理中主要用来检验床身导轨_____。

9. 光学平直仪是利用_____原理工作的。

10. 框式水平仪除了具备条形水平仪的功能外，还可以测量部件相互间的_____。

11. 水平仪的精度是以水准器中的气泡移动_____刻度时，表示所倾斜的_____来表示的。

12. 利用光学平直仪或水平仪测量机床导轨的直线度误差，均可按_____或_____的方法求得误差值。

13. 水平仪的读数方法有_____和_____两种。

14. 用水平仪测量机床导轨的直线度时，一般气泡移动方向与水平仪移动方向一致读作_____，相反读作_____。

三、判断题（正确的在括号里画"√"，错误的画"×"）

1. 平板是用来检验机床导轨的形状和位置误差的。　　　　　　　　（　）

2. 平尺只可以作为机床导轨刮研与测量的基准。　　　　　　　　　（　）

3. 检查 CA6140 车床主轴的精度时，采用的是锥度为 1∶20 的检验棒。（　）

4. 垫铁和检验桥板是检测机床导轨几何精度的常用量具。　　　　　（　）

5. 精密量仪在测量过程中要注意温度对量仪的影响，应尽量使量仪和被测量工件保持同温。　　　　　　　　　　　　　　　　　　　　　　　　　　（　）

6. 由于光学量仪本身的测量精度受外界条件的影响较小，因此测量精度较高，多用于精密测量。　　　　　　　　　　　　　　　　　　　　　　　（　）

7. 光学平直仪是利用自准直原理工作的。　　　　　　　　　　　　　　(　　)

8. 水平仪是机床制造和修理中测量微小角度值的精密测量仪器之一。　　(　　)

9. 条形水平仪既可以测量零部件间的平行度误差，又可以测量零部件间的垂直度误差。　　　　　　　　　　　　　　　　　　　　　　　　　　　　(　　)

10. 水平仪是机床修理工作中的基本测量仪器之一，常用来测量机床导轨在垂直平面内的直线度误差。　　　　　　　　　　　　　　　　　　　　　　　　(　　)

11. 水平仪气泡的实际变化值与所选用垫铁的长度有关。　　　　　　　　(　　)

四、选择题

1. 平板的精度等级分为0、1、2和3四级，其中_____级的精度最高。

A. 0　　　　　　　　B. 1　　　　　　　　C. 2　　　　　　　　D. 3

2. 平行平尺具有_____个工作面。

A. 1　　　　　　　　B. 2　　　　　　　　C. 4

3. 在铣床上常用的是带_____锥度的检验棒。

A. 1∶20　　　　　　B. 莫氏　　　　　　C. 7∶24

4. 选用量具测量零件时，量具的精度级别一般要比零件的精度级别_____。

A. 高一级　　　　　　B. 低一级　　　　　　C. 高两级

5. 水平仪是机床修理和制造中测_____误差的精密测量仪器。

A. 直线度　　　　　　B. 位置度　　　　　　C. 尺寸

6. 读数精度为 0.02mm/1000mm 的水平仪的气泡每移动一格，其倾斜角度为_____。

A. 1″　　　　　　　　B. 2″　　　　　　　　C. 4″

7. 水平仪的绝对读数法是按气泡的位置读数，唯有气泡在水平仪_____位置时才读作"0"；相对读数法是将水平仪在_____位置上的气泡位置读作"0"。

A. 两条长刻度线中间　　　　　　B. 起始测量

五、简答题

1. 机电设备修理的常用工具、量具有哪些？各有什么作用？

2. 检验棒有何作用？常用的有哪几种？

3. 试述合像水平仪的读数原理。

4. 水平仪刻度值用什么表示？它的含义是什么？试以读数精度为0.02mm/1000mm 的水平仪为例进行说明。

5. 如何检定水平仪的零位误差？

6. 检验平面度有几种方法？各有哪些特点？

7. 说明用方尺、百分表检验垂直度的方法。

8. 简述用光学平直仪测量机床导轨直线度误差的方法。

9. 装配质量检验有哪些要求？如何检验？

10. 圆柱齿轮啮合质量有哪些要求？如何检验？

11. 机床空运转试验的目的是什么？

12. 简述机床液压系统的装配质量要求。

13. 简述机床电气系统的质量要求。

14. 简述机床运转试验前应做哪些准备工作。

15. 机床运转试验包括哪些试验项目?

六、计算题

1. 用框式水平仪测量机床导轨在垂直平面内的直线度误差。已知水平仪规格为 $200mm \times 200mm$、读数精度为 $0.02mm/1000mm$,导轨测量长度为1400mm。已测得的水平仪读数值依次为 -1,$+1$,$+1.5$,$+0.5$,-1,-1,-1.5。

(1) 在坐标图上绘出导轨直线度误差曲线图。

(2) 求全长上直线度误差最大值。

(3) 分析该导轨面的凹凸情况。

2. 用钳工水平仪检验机床导轨在垂直平面内的直线度。已知桥板长200mm,机床导轨长1400mm,水平仪读数精度为 $0.02mm/1000mm$,水平仪的读数值依次为 $+1$,$+1$,-1.5,$+0.5$,-2,$+1$,-1.5。

(1) 用作图法求出导轨全长上直线度误差的最大值。

(2) 用计算法求出导轨全长上直线度误差的最大值。

(3) 分析该导轨面的凹凸情况。

项目五 典型机械零部件及电器元件的维修

▶ 学习目标

1. 掌握典型机械零部件的修理技术要求、修复工艺及注意事项。
2. 熟悉典型机械零部件修理中常用工具和设备的使用方法。
3. 掌握常见电气故障的诊断与维修方法。
4. 熟悉电器元件维修中常用工具、仪器和设备的使用方法。
5. 树立安全文明生产和环境保护意识。
6. 培养学生的责任担当意识和创新精神以及实践能力。

任务一 典型机械零部件的维修

一、轴类零件的修理

轴类零件是组成各类机械设备的重要零件，它的主要作用是支撑其他零件、承受载荷和传递转矩。轴是最容易磨损或损坏的零件，常见的失效形式、损伤特征、产生原因及维修方法见表 5-1。

表 5-1 轴常见的失效形式、损伤特征、产生原因及维修方法

失效形式		损伤特征	产生原因	维修方法
磨损	黏着磨损	两表面的微凸体接触，引起局部黏着、撕裂，有明显黏着痕迹	低速重载或高速运动、润滑不良引起黏着	1）修理尺寸 2）电镀 3）金属喷涂 4）镶套 5）堆焊 6）粘接
	磨粒磨损	表层有条形沟槽、刮痕	较硬杂质介入	
	疲劳磨损	表面疲劳、剥落、压碎、有坑	受变应力作用，润滑不良	
	腐蚀磨损	接触表面滑动方向呈均匀细磨痕，或点状、丝状磨蚀痕迹，或有小凹坑，伴有黑灰色、红褐色氧化物细颗粒、丝状磨损物产生	受氧化性、腐蚀性较强的气、液体作用，受外载荷或振动作用，接触表面间产生微小滑动	
断裂	疲劳断裂	可见到断口表层或深处的裂纹痕迹，并有新的发展迹象	交变应力作用、局部应力集中、微小裂纹扩展	1）焊补 2）焊接断轴 3）断轴接段 4）断轴套接
	脆性断裂	断口由裂纹源处向外呈鱼骨状或人字形花纹状扩散	温度过低、快速加载，电镀等使氢渗入轴中	
	韧性断裂	断口有塑性变形和挤压变形痕迹，有缩颈现象或纤维扭曲现象	过载、材料强度不够、热处理使韧性降低，低温、高温等	

（续）

失效形式		损伤特征	产生原因	维修方法
过量变形	弹性变形	承载时过量变形，卸载后变形消失，运转时噪声大、运动精度低，变形出现在承载区或整轴上	轴的刚度不足、过载或轴系结构不合理	1）冷校 2）热校
	塑性变形	整体出现不可恢复的弯、扭曲，与其他零件的接触部位呈局部塑性变形	强度不足、过量过载，设计结构不合理，高温导致材料强度降低，甚至发生蠕变	

轴的具体修复内容主要有以下几个方面。

1. 轴颈磨损的修复

轴颈因磨损而失去原有的尺寸和形状精度，变成椭圆形或圆锥形等，此时常用以下方法修复。

（1）按规定尺寸修复　当轴颈磨损量小于 0.5mm 时，可用机械加工方法使轴颈恢复正确的几何形状，然后按轴颈的实际尺寸选配新轴衬。这种用镶套进行修复的方法可避免轴颈的变形，在实践中经常使用。

（2）堆焊法修复　几乎所有的堆焊工艺都能用于轴颈的修复。堆焊后不进行机械加工的，堆焊层厚度应保持在 1.5 ~ 2.0mm；若堆焊后仍需进行机械加工，则堆焊层的厚度应使轴颈比其名义尺寸大 2 ~ 3mm。堆焊后应进行退火处理。

（3）电镀或喷涂修复　当轴颈磨损量在 0.3mm 以下时，可镀铬修复，但成本较高，只适于重要的轴。为降低成本，对于不重要的轴应采用低温镀铁修复，此方法效果很好，原材料便宜，成本低，污染小，镀层厚度可达 1.5mm，有较高的硬度。磨损量不大时也可采用喷涂修复。

（4）粘接修复　把磨损的轴颈车小 1mm，然后用玻璃纤维蘸上环氧树脂胶，逐层地缠在轴颈上，待固化后加工到规定的尺寸。

2. 中心孔损坏的修复

修复前，首先除去孔内的油污和铁锈，检查损坏情况，如果损坏不严重，可用三角刮刀或油石等进行修整；当损坏严重时，应将轴装在车床上用中心钻加工修复，直至完全符合规定的技术要求。

3. 圆角的修复

圆角对轴的使用性能影响很大，特别是在交变载荷的作用下，常因轴颈直径突变部位的圆角被破坏或圆角半径减小导致轴折断。因此，圆角的修复不可忽视。

圆角的磨伤可用细锉或车削、磨削加工修复。当圆角磨损很大时，需要进行堆焊，退火后车削至原尺寸。圆角修复后，不可有划痕、擦伤或刀迹，圆角半径也不能减小，否则会减弱轴的性能并导致轴的损坏。

4. 螺纹的修复

当轴表面上的螺纹碰伤、螺母不能拧入时，可用圆板牙或车削加工修整。若螺纹滑牙或掉牙，可先把螺纹全部车削掉，然后进行堆焊，再车削加工修复。

5. 键槽的修复

当键槽只有小凹痕、毛刺或轻微磨损时，可用细锉、油石或刮刀等进行修整；若键槽磨损较大,可扩大键槽,并配大尺寸的键或阶梯键,也可在原槽位置上旋转 90°或 180°重新按标准开槽。开槽前须先把旧键槽用气焊或电焊填满。

6. 花键轴的修复

1)当键齿磨损不大时,先将花键部分退火,进行局部加热,然后用钝錾子对准键齿中间,用锤子敲击,并沿键长移动,使键宽增加 0.5 ~ 1.0mm。花键被挤压后,劈成的槽可用电焊焊补,最后进行机械加工和热处理。

2)采用纵向或横向施焊的自动堆焊方法。纵向堆焊时,把清洗好的花键轴装到堆焊机床上,机床不转动,将振动堆焊机头旋转 90°,并将焊嘴调整到与轴的轴线呈 45°角的键齿侧面。焊丝伸出端与工件表面的接触点应在键齿的节径上,由床头向尾座方向施焊。横向施焊与一般轴类零件修复时的自动堆焊相同。为保证堆焊质量,焊前应将工件预热。堆焊结束时,应在焊丝离开工件后断电,以免产生端面弧坑。堆焊后要重新进行铣削或磨削加工,以达到规定的技术要求。

3)按照规定的工艺规程进行低温镀铁,镀铁后再进行磨削加工,使其符合规定的技术要求。

7. 裂纹和折断的修复

轴出现裂纹后若不及时修复,就有折断的危险。

对于轻微裂纹,可采用粘接方法修复:先在裂纹处开槽,然后用环氧树脂填补和粘接,待固化后进行机械加工。

对于承受载荷不大或不重要的轴,当其裂纹深度不超过轴直径的 10% 时,可采用焊补方法修复。焊补前,必须认真做好清洁工作,并在裂纹处开好坡口。焊补时,先在坡口周围加热,然后进行焊补。为消除内应力,焊补后须进行回火处理,最后通过机械加工达到规定的技术要求。

对于承受载荷很大或重要的轴,若其裂纹深度超过轴直径的 10% 或存在角度超过 10°的扭转变形,则应予以调换。

当载荷大或重要的轴出现折断时,应及时调换;一般受力不大或不重要的轴折断时,可用图 5-1 所示的方法进行修复。图 5-1a 所示为用焊接法把断轴两端对接起来。焊接前,先将两轴端面钻好圆柱销孔,插入圆柱销,然后开坡口进行对接。圆柱销直径一般为(0.3 ~ 0.4)d,d 为断轴外径。图 5-1b 所示为用双头螺柱代替圆柱销。

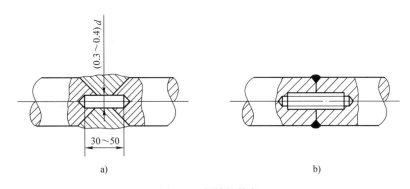

图 5-1 断轴的修复

若轴的过渡部分折断,可另加工一段新轴代替折断部分,新轴一端车出带有螺纹的尾部，旋入轴端已加工好的螺孔内，然后进行焊接。

有时折断的轴其断面经过修整后，轴的长度缩短了，此时需要采用局部修换法进行修复，即在轴的断口部位再接上一段轴颈。

8. 弯曲变形的修复

对弯曲量较小的轴（一般小于长度的8/1000），可用冷校法进行校正。通常普通的轴可在车床上校正，也可用千斤顶或螺旋压力机进行校正。这些方法的弯曲量能达到1m长弯曲0.05～0.15mm，可满足一般低速运行的机械设备的要求。对于要求较高、需要精确校正的轴或弯曲量较大的轴，则应用热校法进行校正。通过加热使轴的温度达到500～550℃，待冷却后进行校正。加热时间根据轴的直径大小、弯曲量及具体的加热设备确定。热校后应对轴的加热处退火，以达到原来的力学性能和技术要求。

9. 其他失效形式的修复

外圆锥面或圆锥孔磨损时，均可用车削或磨削的方法加工到较小或较大尺寸，达到修配要求，再另外配相应的零件；轴上销孔磨损时，也可将尺寸铰大一些，另配销子；轴上的扁头、方头及球头磨损时，可采用堆焊或加工、修整几何形状的方法修复；当轴的一端损坏时，可采用局部修换法进行修理，即切削损坏的一段，再焊上一段新的，然后加工到要求的尺寸。

二、轴承的修理

现以滑动轴承为例介绍轴承的修理方法。滑动轴承具有结构简单、便于制造与维修、外形尺寸小、承受重载冲击载荷的性能较好等优点，故应用相当广泛。滑动轴承在使用过程中，由于设计参数、制造工艺和使用工作条件的变化，经常出现各种形式的失效，使其过早损坏，需要维修。滑动轴承常见的故障特征、产生原因及维修措施见表5-2。

表5-2 滑动轴承常见的故障特征、产生原因及维修措施

故障特征	产生原因	维修措施
磨损及刮伤	润滑油中混有杂质、异物及污垢，检修方法不妥，安装不对中，润滑不良，使用维护不当，质量指标控制不严，轴承或轴变形，轴承与轴颈磨合不良	1）清洗轴颈、油路、过滤器并换油 2）修刮轴瓦或新配轴瓦 3）若安装不正，应当及时找正 4）注意检修质量
温度过高	轴承冷却不好，润滑不良，超载，超速，装配不良，磨合不够，润滑油杂质过多，密封不好	1）加强润滑 2）加强密封 3）防止过载、过速 4）提高安装质量 5）调整间隙并磨合
胶合	轴承过热，载荷过大，操作不当，控制系统失灵，润滑不良，安装不对中	1）防止过热，加强检查 2）加强润滑，安装对中 3）胶合较轻时可刮研修复
疲劳破裂	由不平衡引起的振动或轴的连续超载等造成轴承合金疲劳破裂，轴承检修和安装质量不高，轴承温度过高	1）提高安装质量，减少振动 2）防止偏载、过载 3）采用适宜的轴承合金及结构 4）严格控制轴承温升

（续）

故障特征	产生原因	维修措施
拉毛	大颗粒污垢带入轴承间隙并嵌藏在轴衬上，使轴承与轴颈接触形成硬块，运转时便刮伤轴的表面，拉毛轴承	1）注意润滑油的洁净 2）检修时注意清洗，防止污物带入
变形	超载、超速，使轴承局部的应力超过弹性极限，出现塑性变形，轴承装配不好，润滑不良，油膜局部压力过高	1）防止超载、超速 2）加强润滑，安装对中 3）防止发热
穴蚀	轴承结构不合理、轴的振动、油膜中形成紊流，使油膜压力变化，形成蒸气泡，蒸气泡破裂，轴瓦局部表面产生真空，引起小块剥落，产生穴蚀破坏	1）增大供油压力 2）改进轴承结构 3）减小轴承间隙 4）更换适宜的轴承材料
电蚀	由于绝缘不好、接地不良或产生静电，在轴颈与轴瓦之间形成一定的电压，穿透轴颈与轴瓦之间的油膜而产生电火花，把轴瓦打成麻坑状	1）增大供油压力 2）检查绝缘情况，特别是接地情况 3）电蚀损坏不严重时可刮研轴瓦 4）检查轴颈，若不严重可磨削
机械故障	由于相关机械零件发生损坏或有质量问题，导致轴承损坏，如轴承座错位、变形、孔歪斜、轴变形等，超载、超速、使用不当	1）提高相关零件的制造质量 2）保证装配质量 3）避免超载、超速 4）正确使用，加强维护

1. 整体式轴承的维修

1）当轴承孔磨损时，一般采用调换轴承并通过镗削、铰削或刮削加工轴承孔的方法进行修复；也可采用塑性变形法，即以缩短轴承长度和缩小内径的方法进行修复。

2）没有轴套的轴承内孔磨损后，可用镶套法修复，即把轴承孔镗大，压入加工好的衬套，然后按轴颈修整，使之达到配合要求。

2. 剖分式轴承的维修

（1）更换轴瓦　一般在下述条件下需要更换新轴瓦：

1）严重烧损、瓦口烧损面积大、磨损深度大，用刮研与磨合的方法不能挽救。

2）瓦衬的轴承合金减薄到极限尺寸。

3）轴瓦发生碎裂或裂纹严重。

4）磨损严重，径向间隙过大而不能调整。

（2）刮研　轴承在运转中擦伤或严重胶合（烧瓦）的事故是经常出现的。通常的维修方法是清洗后刮研轴瓦内表面，然后与轴颈配合刮研，直到重新获得需要的接触精度为止。对于一些较轻的擦伤或某一局部烧伤，可以通过清洗并更换润滑油，然后用在运转中磨合的方法来处理，而不必拆卸刮研。

（3）调整径向间隙　轴承因磨损而使径向间隙增大，从而出现漏油、振动、磨损加快等现象。在维修时经常用增减轴承瓦口之间的垫片、重新调整径向间隙的方法，改善上述缺陷。修复时若撤去轴承瓦口之间的垫片，则应按轴颈尺寸进行刮配。如果轴承瓦口之间无调整垫片，可在轴衬背面镀铜或垫上薄铜皮，但必须垫牢以防止窜动。轴衬上的合金层过薄时，要重新浇注抗磨合金或更换新轴衬后刮配。

（4）缩小接触角度，增大油楔尺寸　轴承随着运转时间的增加，磨损逐渐增大，出现轴颈下沉、接触角度增大等问题，使润滑条件恶化，加快磨损。在径向间隙不必调整的情况下，可采用用刮刀开大瓦口、减小接触角度、缩小接触范围、增大油楔尺寸的方法进行修复。有时这种修复与调整径向间隙同时进行，将会得到更好的修复效果。

（5）补焊和堆焊　对磨损、刮伤、断裂或有其他缺陷的轴承，可用补焊或堆焊法修复。一般用气焊修复轴瓦。对常用的巴氏合金轴承采用补焊，主要修复工艺如下：

1）用扁錾、刮刀等工具对需要补焊的部位进行清理，做到表面无油污、残渣、杂质，并露出金属光泽。

2）选择与轴承材质相同的材料作为焊条，用气焊对轴承进行补焊，焊层厚度一般为2～3mm，较深的缺陷可补焊多层。

3）补焊面积较大时，可将轴承底部浸入水中冷却，或间歇作业，留有冷却时间。

4）补焊后要再加工，局部补焊可通过手工修整与刮研完成修复，较大面积的补焊可在机床上进行切削加工。

（6）重新浇注轴承瓦衬　对于因磨损严重而失效的滑动轴承，补焊或堆焊已不能满足要求时，需要重新浇注轴承合金，这是非常普遍的修复方法。其主要工艺过程和注意要点如下：

1）做好浇注前的准备工作，包括必要的工具、材料与设备，如固定轴瓦的卡具和平板、按图样要求同牌号的轴承合金、挂锡用的锡粉和锡棒、熔化轴承合金的加热炉、盛轴承合金的坩埚等。

2）浇注前应将轴瓦上的旧轴承合金熔掉，可以用喷灯火烤，也可以把旧轴瓦放入熔化合金的坩埚中使合金熔掉。

3）检查和修整瓦背，使瓦背内表面无氧化物，呈银灰色；瓦背的几何形状符合技术要求；瓦背在浇注之前扩张一些，保证浇注后因冷却收缩能和瓦座很好地贴合。

4）清洗、除油、去污、除锈、干燥轴瓦，使它在挂锡前保持清洁。

5）挂锡。将锌溶解在盐酸内的氯化锌溶液涂刷在瓦衬表面，将瓦衬预热到250～270℃；再次均匀地涂上一层氯化锌溶液，撒上一些氯化铵粉末并使其为薄薄的一层；将锡条或锡棒用锉刀锉成粉末，均匀地撒在处理好的瓦衬表面上，锡受热即熔化在上面，形成一层薄而均匀、光亮的锡衣；若出现淡黄色或黑色的斑点，则说明质量不好，须重新挂锡。

6）熔化轴承合金，包括对瓦衬预热；选用和准备轴承合金；将轴承合金熔化，并在合金表面上撒一层碎木炭块，厚度在20mm左右，以减少合金表面氧化，注意控制温度，既不要过高，也不能过低，一般锡基轴承合金的浇注温度为400～450℃，铅基轴承合金的浇注温度为460～510℃。

7）浇注轴承合金。浇注前最好将瓦衬预热到150～200℃；浇注的速度不宜过快，不能间断，要连续、均匀地进行；浇注温度不宜过低，避免砂眼的产生；要注意清渣，将浮在表面的木炭、熔渣除掉。

8）质量检查。通过断口来分析判断缺陷，若质量不符合技术要求则不能使用。

有条件的单位可采用离心浇注轴承合金。其工艺过程与手工浇注基本相同，只是浇注不用人工而在专用的离心浇注机上进行。离心浇注是利用离心力的作用，使轴承合金均匀而紧密地粘合在瓦衬上，从而保证了浇注质量。这种方法生产率高，改善了工人的劳动条件，对成批生产或维修轴瓦来说比较经济。

（7）塑性变形法　对于青铜轴套或轴瓦，还可采用塑性变形法进行修复，主要有镦粗、压缩和校正等方法。

1）镦粗法　用金属模和心棒定心，在上模上加压，使轴套内径减小，然后加工其内径。镦粗法适用于轴套的长度与直径之比小于 2 的情况。

2）压缩法　将轴套装入模具中，在压力的作用下使轴套通过模具把其内、外径都减小，减小后的外径用金属喷涂法恢复原来的尺寸，然后加工到需要的尺寸。

3）校正法　将两个半轴瓦合在一起，固定后在压力机上加压成椭圆形，然后将半轴瓦的接合面各切去一定厚度，使轴瓦的内、外径均减小，外径用金属喷涂法修复，再加工到要求的尺寸。

三、丝杠的修理

多数丝杠由于长期暴露在外，极易产生磨料磨损，且磨损在全长上不均匀；由于床身导轨磨损，使得溜板箱连同开合螺母下沉，造成丝杠弯曲，旋转时产生振动，影响机床的加工质量。因此，必须对丝杠进行修复。

丝杠中的螺纹部分和轴颈磨损时，一般可以采用以下方法解决：

1）调头使用。

2）切除损坏的非螺纹部分，焊接一段新轴后重新车削加工，使之达到原有的技术要求。

3）堆焊轴颈并进行相应的处理。

四、壳体零件的修理

壳体零件是机械设备的基础件之一，由它将一些轴、套、齿轮等零件组装在一起，使其保持正确的相对位置，彼此能按一定的传动关系协调地运动，构成机械设备的一个重要部件。因此，壳体零件的修复对机械设备的精度、性能和寿命都有直接的影响。壳体零件的结构形状一般都比较复杂，壁薄且不均匀，内部呈腔形，壁上既有许多精度较高的孔和平面，又有许多精度较低的紧固孔需要加工。下面简要介绍几种壳体零件的修复工艺要点。

（一）气缸体

1. 气缸体裂纹的修复

（1）产生裂纹的部位和原因　气缸体的裂纹一般产生在水套薄壁、进排气门垫座之间、燃烧室与气门座之间、两气缸之间、水道孔及缸盖螺钉固定孔等部位。产生裂纹的原因主要有：

1）急剧的冷热变化产生内应力。

2）冬季忘记放水而冻裂。

3）气门座附近局部高温产生热裂纹。

4）装配时因过盈量过大引起裂纹。

（2）常用修复方法　常用的修复方法主要有焊补、粘补、栽铜螺钉填满裂纹、用螺钉把补板固定在气缸体上等。

2. 气缸体和气缸盖变形的修复

（1）变形的危害和原因　变形不仅破坏了几何形状，而且使配合表面的相对位置偏差增大，例如：破坏了加工基准面的精度；破坏了主轴承座孔的同轴度、主轴承座孔与凸轮轴承孔中心线的平行度、气缸轴线与主轴承孔中心线的垂直度等。另外，还会引起密封不良、漏水、漏气等问题，甚至冲坏气缸衬垫。变形产生的原因主要有：制造过程中产生的内应力和负荷外力相互作用，使用过程中缸体过热，拆装过程中未按规定进行等。

（2）变形的修复　如果气缸体和气缸盖的变形超过技术规定范围，则应根据具体情况进行修复，主要方法如：

1）气缸体平面螺孔附近凸起时，用油石或细锉修平。

2）气缸体和气缸盖平面不平时，可用铣、刨、磨等方法加工修复，也可刮削、研磨。

3）气缸盖翘曲时，可进行加温，然后在压力机上校正或敲击校正，最好不用铣、刨、磨等方法加工修复。

3. 气缸的磨损

（1）磨损的原因和危害　气缸的磨损通常是由腐蚀、高温和与活塞环的摩擦造成的，主要发生在活塞环运动的区域内。磨损后会出现压缩不良、起动困难、功率下降、全损耗用油消耗量增加等现象，甚至引起缸套与活塞的非正常撞击。

（2）磨损的修复　气缸磨损后，可采用修理尺寸法，即用镗削和磨削的方法将缸径扩大到某一尺寸，然后选配与气缸相符合的活塞和活塞环，恢复正确的几何形状和配合间隙。当缸径超过标准直径达极限尺寸时，可用镶套法修复，也可用镀铬法修复。

4. 其他故障的修复

当主轴承座孔同轴度误差较大时，需要进行镗削修整，其尺寸应根据轴瓦瓦背镀层厚度确定；当同轴度误差较小时，可用加厚的合金轴瓦进行一次镗削，弥补主轴承座孔的误差。对于磨损严重的单个主轴承座孔，可将此主轴承座孔镗大，配上钢制半圆环，用沉头螺钉固定，镗削到规定尺寸。主轴承座孔轻度磨损时，可使用刷镀法修复，但要保证镀层与基体的结合强度和镀层厚度均匀一致，并不得超出规定的圆柱度要求。

（二）变速箱体

变速箱体可能产生的主要缺陷有箱体变形、裂纹、轴承孔磨损等。造成这些缺陷的原因是：箱体在制造加工过程中出现的内应力和外载荷、切削热和夹紧力；装配不好，间隙调整没按规定执行；使用过程中的超载、超速；润滑不良等。

当箱体上平面翘曲较小时，可将箱体倒置于研磨平台上进行研磨修平；若翘曲较大，则应采用磨削或铣削加工来修平，此时应以孔的中心线为基准找平，以保证加工后的平面与中心线的平行度。

当孔的中心距之间的平行度超差时，可用镗孔镶套的方法进行修复，以恢复各轴孔之间的相互位置精度。

若箱体有裂纹，则应进行焊补，但要尽量减少箱体的变形和白口组织的产生。

若箱体的轴承孔磨损，则可用修理尺寸法和镶套法修复。当套筒壁厚为 7~8mm 时，压入镶套之后应再次镗孔，直至符合规定的技术要求。此外，也可采用喷涂或刷镀等方法进行修复。

五、曲轴连杆机构的修理

1. 曲轴的修复

曲轴是机械设备中的重要动力传递零件，其制造工艺比较复杂，造价较高，因此修复曲轴是维修中的一项重要工作。

曲轴的主要失效形式是曲轴的弯曲、轴颈的磨损、表面疲劳裂纹和螺纹的损坏等。

（1）曲轴弯曲的校正　将曲轴置于压力机上，用 V 形铁支承两端主轴颈，并在曲轴弯曲的反方向对其施压，使其产生弯曲变形。若曲轴弯曲程度较大，则为防止折断，校正要分几次进行。经过冷压校的曲轴，因弹性后效作用还会使其重新弯曲，最好进行自然或人工时效处理，以消除冷压校产生的内应力，防止出现新的弯曲变形。

（2）轴颈磨损的修复　主轴颈的磨损主要是失去圆度和圆柱度等形状精度，最大磨损部位在靠近连杆轴颈的一侧。连杆轴颈磨损成椭圆形的最大磨损部位在各轴颈的内侧面，即靠近曲轴轴线的一侧。连杆轴颈锥形磨损的最大部位是机械杂质偏积的一侧。

曲轴轴颈磨损后，特别是圆度和圆柱度误差超过标准时，需要进行修理。没有超过极限尺寸（最大收缩量不超过 2mm）的磨损曲轴，可按修理尺寸进行磨削，同时换用相应尺寸的轴承，否则应采用电镀、堆焊、喷涂等工艺恢复到标准尺寸。

为利于成套供应轴承，主轴颈与连杆轴颈一般应分别修磨成同一级修理尺寸。特殊情况下，如个别轴颈烧蚀且发生在大修后不久，可单独将这一轴颈修磨到另一等级。曲轴的磨削可在专用曲轴磨床上进行，并遵守磨削曲轴的规范。在没有曲轴磨床的情况下，也可用曲轴修磨机或在卧式车床上修复，此时需要配置相应的夹具和附加装置。

磨损后的曲轴轴颈还可采用焊接剖分式轴套的方法进行修复，如图 5-2 所示。先把已加工的轴套 2 切分开，然后将其焊接到曲轴磨损的轴颈 1 上，并将两个半套也焊在一起，再用通用的方法加工到设计尺寸。

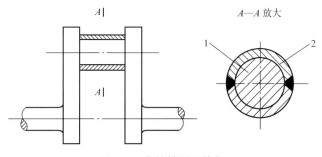

图 5-2　曲轴轴颈的修复
1—轴颈　2—轴套

不同直径的曲轴和不同的磨损量，所采用的剖分式轴套的壁厚也不一样。当曲轴轴颈尺寸为 $\phi50 \sim \phi100$mm 时，剖分式轴套的厚度为 $4 \sim 6$mm；当曲轴轴颈尺寸为 $\phi150 \sim \phi220$mm 时，剖分式轴套的厚度为 $8 \sim 12$mm。在曲轴轴颈上焊接剖分式轴套时，应先将半轴套铆焊在曲轴上，然后焊接其切口，轴套的切口可开 V 形坡口。为了防止曲轴在焊接过程中产生变形或过热，应使用小的焊接电流，分段焊接切口，采用多层焊、对称焊。焊后须对焊缝退火，以消除应力，再进行机械加工。

曲轴的这种修复方法使用效果很好，并可节省大量的资金，故广泛应用于空压机、水泵等机械设备的维修。

（3）曲轴表面疲劳裂纹的修复　曲轴表面疲劳裂纹一般出现在主轴颈或连杆轴颈与曲柄臂相连的过渡圆角处或轴颈的油孔边缘。若发现连杆轴颈上有较细的裂纹，经修磨后裂纹能消除，则可继续使用；一旦发现有横向裂纹，则必须予以调换，不可修复。

2. 连杆的修复

连杆是承载较复杂作用力的重要部件。连杆螺栓是该部件的重要零件，一旦发生故障，可能导致设备的严重损坏。连杆常见的故障有连杆大端变形、螺栓孔及其端面磨损、小头孔磨损等。出现这些现象时,应及时修复。

连杆大端变形如图5-3所示。产生大端变形的主要原因是:大端薄壁瓦瓦口余面高度过大,使用厚壁瓦的连杆大端两侧垫片厚度不一致或安装不正确。在上述状态下,拧紧连杆螺栓后便产生大端变形,螺栓孔的精度也随之降低。因此,在修复大端孔时应同时检修螺栓孔。

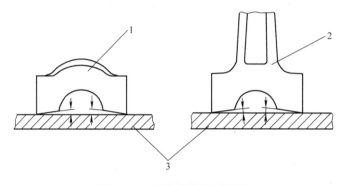

图5-3 连杆大端变形示意图

1—瓦盖 2—连杆体 3—平板

(1)修复大端孔 将连杆体和大端盖的两结合面铣去少许,使结合面垂直于杆体中心线,然后把大端盖组装在连杆体上。在保证大、小孔中心距尺寸精度的前提下,重新镗大孔达到规定尺寸及精度。

(2)检修两螺栓孔 如两螺栓孔的圆度、圆柱度、平行度和孔端面对其中心线的垂直度不符合规定的技术要求,则应镗孔或铰孔修复。采用铰孔修复时,孔的端面可用人工修刮以达到精度要求。按修复后孔的实际尺寸配制新螺栓。

六、齿轮的修理

对因磨损或其他故障而失效的齿轮进行修复,在机械设备维修中较为多见。齿轮的类型很多,用途各异。齿轮常见的失效形式、损伤特征、产生原因和维修方法见表5-3。

表5-3 齿轮常见的失效形式、损伤特征、产生原因和维修方法

失效形式	损伤特征	产生原因	维修方法
轮齿折断	整体折断一般发生在齿根,局部折断一般发生在轮齿一端	齿根处弯曲应力最大且集中,载荷过分集中、多次重复作用、短期过载	堆焊、局部更换、栽齿、镶齿
疲劳点蚀	在节线附近的下齿面上出现疲劳点蚀坑并扩展,呈贝壳状,可遍及整个齿面,噪声、磨损、动载加大,在闭式齿轮中经常发生	长期受交变接触应力作用,齿面接触强度和硬度不高、表面粗糙度值大、润滑不良	堆焊、更换齿轮、变位切削
齿面剥落	脆性材料、硬齿面齿轮在表层或次表层内产生裂纹,然后扩展,材料呈片状剥离齿面,形成剥落坑	齿面受高的交变接触应力,局部过载、材料缺陷、热处理不当、黏度过低、轮齿表面质量差	堆焊、更换齿轮、变位切削

（续）

失效形式	损伤特征	产生原因	维修方法
齿面胶合	齿面金属在一定压力下直接接触发生黏着，并随相对运动从齿面上撕落，按形成条件分为热胶合和冷胶合	热胶合产生高速重载，引起局部瞬时高温，导致油膜破裂，使齿面局部粘焊；冷胶合引发了低速重载，使局部压力过高，油膜压溃，产生胶合	更换齿轮、变位切削、加强润滑
齿面磨损	轮齿接触表面沿滑动方向有均匀重叠条痕，多见于开式齿轮，导致失去齿形、齿厚减薄而断齿	铁屑、尘粒等进入轮齿的啮合部位，引起磨粒磨损	堆焊、调整换位、更换齿轮、换向、塑性变形、变位切削、加强润滑
塑性变形	齿面产生塑性流动，破坏了正确的齿形曲线	齿轮材料较软、承受载荷较大、齿面间摩擦力较大	更换齿轮、变位切削、加强润滑

齿轮的常用修复方法如下。

1. 调整换位法

对于单向运转受力的齿轮，轮齿常为单面损坏，只要结构允许，可直接用调整换位法修复。所谓调整换位就是将已磨损的齿轮变换一个方位，利用齿轮未磨损或磨损轻的部位继续工作。

对于结构对称的齿轮，其单面磨损后可直接翻转180°，重新安装使用，这是齿轮修复的通用办法。但是，对锥齿轮或具有正反转的齿轮不能采用这种方法。

若齿轮精度不高，并为由齿圈和轮毂组合的结构（铆合或压合），则其轮齿单面磨损时，可先除去铆钉，拉出齿圈，翻转180°换位后再进行铆合或压合，即可使用。

结构左右不对称的齿轮，可将影响安装的不对称部分去掉；并在另一端用焊、铆或其他方法添加相应结构，再翻转180°安装使用；也可在另一端加调整垫片，把齿轮调整到正确位置，而无需添加结构。

对于单面进入啮合位置的变速齿轮，若发生齿端碰缺，可将原有的换挡拨叉槽车削掉，然后把新制的拨叉槽用铆或焊的方法装到齿轮的反面。

2. 栽齿修复法

对于低速、平稳载荷且要求不高的较大齿轮，单个齿折断后可将断齿根部锉平，根据齿根高度及齿宽情况，在其上面栽上一排与齿轮材质相似的螺钉，包括钻孔、攻螺纹、拧螺钉，并以堆焊连接各螺钉，然后按齿形样板加工出齿形。

3. 镶齿修复法

对于受载不大但要求较高的齿轮，单个齿折断时，可用镶单个齿的方法修复；若齿轮有几个齿连续损坏，可用镶齿轮块的方法修复；若多联齿轮、塔形齿轮中有个别齿轮损坏，可用齿圈替代法修复。重型机械的齿轮通常把齿圈以过盈配合的方式装在轮芯上，成为组合式结构，当这种齿轮的轮齿磨损超限时，可把坏齿圈拆下，换上新的齿圈。

4. 堆焊修复法

当齿轮的轮齿崩坏，齿端、齿面磨损超限，或存在严重表层剥落时，可以采用堆焊法进行修复。齿轮堆焊的一般工艺为：焊前退火、焊前清洗、施焊、焊缝检查、焊后机械加工与热处理、精加工、最终检查及修整。

（1）轮齿局部堆焊　当齿轮的个别齿断齿、崩牙，或遭到严重损坏时，可以用电弧堆焊法进行局部堆焊。为防止齿轮过热，避免热影响，可把齿轮浸入水中，只将被焊齿露出水面，在水中进行堆焊。轮齿端面磨损超限时，可采用熔剂层下粉末焊丝自动堆焊。

（2）齿面多层堆焊　当齿轮少数齿面磨损严重时，可采用齿面多层堆焊法。施焊时，从齿根逐步焊到齿顶，每层重叠量为 2/5～1/2，焊一层经稍冷后再焊下一层。如果有几个齿面需要堆焊，应间隔进行。

对于堆焊后的齿轮，要经过加工处理以后才能使用。最常用的加工方法有两种：

1）磨合法。按应有的齿形进行堆焊，以齿形样板随时检验堆焊层厚度，基本上不堆焊出加工余量，然后通过手工修磨处理，除去大的凸出点，最后在运转中依靠磨合磨出光洁表面。这种方法工艺简单、维修成本低，但配对齿轮磨损较大、精度低，适用于转速很低的开式齿轮的修复。

2）切削加工法。齿轮在堆焊时留有一定的加工余量，然后在机床上进行切削加工。此种方法能获得较高的精度，生产率也较高。

5. 变位切削法

齿轮磨损后可采用变位切削法，将大齿轮的磨损部分切去，另外换一个新的小齿轮与大齿轮相配，齿轮传动即能恢复。大齿轮经过负变位切削后，它的齿根强度虽然降低了，但仍比小齿轮高，只要验算轮齿的弯曲强度在允许的范围内便可使用。

当两齿轮的中心距不能改变时，与经过负变位切削后的大齿轮相啮合的新小齿轮必须采用正变位切削。它们的变位系数大小相等，符号相反，形成高度变位，使中心距与变位前的中心距相等。

若两传动轴的位置可调整，则新小齿轮不用变位，仍可采用原来的标准齿轮。若小齿轮装在电动机轴上，则可通过移动电动机来调整中心距。

采用变位切削法修复齿轮时，必须进行有关方面的验算：

1）根据大齿轮的磨损程度确定切削位置，即大齿轮切削的最小径向深度。

2）当大齿轮齿数小于或等于40时，须验算是否有根切现象；而齿数大于40时，一般不会发生根切，可不验算。

3）当小齿轮齿数小于或等于25时，须验算齿顶是否变尖；而齿数大于25时，一般很少使齿顶变尖，可不验算。

4）必须验算轮齿齿形有无干涉现象。

5）闭式传动的大齿轮经负变位切削后，应验算轮齿表面的接触疲劳强度，而开式传动可不验算。

6）当大齿轮的齿数小于40时，须验算弯曲强度；而齿数大于或等于40时，因强度减少不大，可不验算。

变位切削法适用于大传动比、大模数的齿轮传动。因齿面磨损而失效时，成对更换不经济，对大齿轮进行负变位修复而得以保留，只需配换一个新的正变位小齿轮，即可使传动得到恢复。这样既可减少材料消耗，又可缩短修复时间。

6. 金属涂敷法

对于模数较小齿轮的齿面磨损，不便于用堆焊等工艺进行修复时，可采用金属涂敷法。这种方法的实质是在齿面上涂以金属粉末或合金粉层，然后进行热处理或机械加工，从而使零件原来的尺寸得到恢复，并获得耐磨及其他特性的覆盖层。

涂敷时所用的粉末材料主要有铁粉、铜粉、钴粉、钼粉、镍粉、堆焊合金粉、镍-硼合金粉等，修复时根据齿轮的工作条件及性能要求选择确定。涂敷的方法主要有喷涂、压制、沉积和复合等。

此外，铸铁齿轮的轮缘或轮辐产生裂纹或断裂时，常用气焊、铸铁焊条或焊粉将裂纹处焊好；用补夹板的方法加强轮缘或轮辐；利用加热的扣合件在冷却过程中产生冷缩将损坏的轮缘或轮辐锁紧。

齿轮键槽损坏时，可用插、刨或钳工方法把原来的键槽尺寸扩大10%~15%，同时配制相应尺寸修复。若损坏的键槽不能用上述方法修复，可通过转位在与旧键槽成90°的表面上重新开一个键槽，同时将旧键槽堆焊补平。若待修复齿轮的轮毂较厚，也可将轮毂孔以齿顶圆定心镗大，然后在镗好的孔中镶套，再切制标准键槽，但镗孔后轮毂壁厚小于5mm的齿轮不宜用此法修复。

齿轮孔径磨损后，可用镶套、镀铬、镀镍、镀铁、电刷镀、堆焊等工艺方法修复。

任务二 常见电气故障的诊断与维修

一、常见电器元件的维修

机电设备中的电器元件多属低压电器。按照低压电器在控制电路中的作用，可以将其分为低压配电电器和低压控制电器。低压配电电器用于低压配电系统或动力设备，用来对电能进行输送、分配和保护，主要有刀开关、低压断路器、熔断器、转换开关等。低压控制电器用于拖动及其他控制电路，用来对命令、现场信号进行分析判断并驱动电气设备进行工作，主要有接触器、继电器、起动器、控制器、主令电器、电磁铁等。下面就部分常见电器元件的维修做简要说明。

（一）低压断路器

低压断路器俗称空气开关，可用来接通和分断负载电路，也可用来控制不频繁起动的电动机。从功能上讲，它相当于刀开关、过电流继电器、失电压继电器、热继电器及剩余电流保护器等电器部分或全部功能的总和，对电路有短路、过载、欠电压和漏电保护等作用。

1. 低压断路器的分类及用途

低压断路器的分类及主要用途见表5-4。

表5-4 低压断路器的分类及主要用途

序号	分类方法	种 类	主 要 用 途
1	按用途分	保护配电线路断路器	做电源总开关和各支路开关
		保护电动机断路器	可装在近电源端，保护电动机
		保护照明线路断路器	用于生活建筑内电气设备和信号二次线路
		剩余电流断路器	防止因漏电造成的火灾和人身伤害
2	按结构形式分	框架式断路器	开断电流大，保护种类齐全
		塑料外壳断路器	开断电流相对较小，结构简单

（续）

序号	分类方法	种 类	主要用途
3	按极数分	单极断路器	用于照明回路
		两极断路器	用于照明回路或直流回路
		三极断路器	用于电动机控制保护
		四极断路器	用于三相四线制线路控制
4	按限流性能分	一般型不限流断路器	用于一般场合
		快速型限流断路器	用于需要限流的场合
5	按操作方式分	直接手柄操作断路器	用于一般场合
		杠杆操作断路器	用于大电流分断
		电磁铁操作断路器	用于自动化程度较高的电路控制
		电动机操作断路器	用于自动化程度较高的电路控制

2. 低压断路器的常见故障与处理

低压断路器正常工作时，应定期清洁，必要时需上润滑油。因为低压断路器结构比较复杂，所以故障种类较多，见表5-5。

表5-5　低压断路器常见故障分析与处理

序号	故障现象	原因分析	处理方法
1	电动操作断路器不能闭合	1）操作电源电压不符 2）电源容量不够 3）电磁铁拉杆行程不够 4）电动机操作定位开关变位 5）控制器中整流管或电容器损坏	1）调换电源 2）增大操作电源容量 3）重新调整或更换拉杆 4）重新调整 5）更换损坏元器件
2	手动操作断路器不能闭合	1）欠电压脱扣器无电压或线圈损坏 2）储能弹簧变形导致闭合力减小 3）反作用弹簧力过大 4）机构不能复位再扣	1）检查线路，施加电压或更换线圈 2）更换储能弹簧 3）重新调整弹簧反力 4）重新再扣接触面至规定值
3	分励脱扣器不能使断路器分断	1）线圈短路 2）电源电压太低 3）再扣接触面太大 4）螺钉松动	1）更换线圈 2）调换电源电压 3）重新调整 4）拧紧
4	起动电动机时断路器立即分断	1）过电流脱扣器瞬动整定值太小 2）脱扣器某些零件损坏，如半导体器件、橡皮膜等损坏 3）脱扣器反力弹簧断裂或脱落	1）调整瞬动整定值 2）更换脱扣器或更换损坏零部件 3）更换弹簧或重新装上
5	欠电压脱扣器不能使断路器分断	1）反力弹簧作用力变小 2）如为储能释放，则储能弹簧作用力变小或断裂 3）机构卡死	1）调整弹簧 2）调整或更换储能弹簧 3）消除卡死原因（如生锈）

（续）

序号	故障现象	原因分析	处理方法
6	断路器温升过高	1）触点压力过低 2）触点表面过分磨损或接触不良 3）两导电零件联接螺钉松动 4）触点表面油污氧化	1）调整触点压力或更换弹簧 2）更换触点或清理接触面，更换断路器 3）拧紧螺钉 4）清除油污或氧化层
7	带半导体脱扣器的断路器误动作	1）半导体脱扣器元器件损坏 2）外界电磁干扰	1）更换损坏的元器件 2）消除外界干扰，借以隔离或更换线路
8	剩余电流断路器经常自行分断	1）漏电动作电流变化 2）线路漏电	1）送回厂家重新校正 2）找出原因，如是导线绝缘损坏，则更换
9	剩余电流断路器不能闭合	1）操作机构损坏 2）线路某处漏电或接地	1）送回厂家修理 2）消除漏电处或接地处故障
10	断路器闭合后经一定时间自行分断	1）过电流脱扣器长延时整定值不对 2）热元件或半导体延时电路元器件损坏	1）重新调整 2）更换
11	有一对触点不能闭合	1）一般型断路器的一个连杆断裂 2）限流断路器拆开机构可拆连杆之间的角度变大	1）更换连杆 2）调整至原技术条件定值
12	欠电压脱扣器噪声大	1）反作用弹簧反力太大 2）铁心工作面有油污 3）短路环断裂	1）重新调整 2）清除油污 3）更换衔铁或铁心
13	辅助开关不能通	1）辅助开关的动触桥卡死或脱落 2）辅助开关传动杆断裂或滚轮脱落 3）触点不接触或氧化	1）拨正或重新装好触桥 2）更换传动杆或辅助开关 3）调整触点，清理氧化膜

（二）熔断器

熔断器是用来进行短路保护的器件。当通过的电流大于一定值时，熔断器能依靠自身产生的热量使特制的低熔点金属（熔丝、熔体）熔化而自动切断电路。

1. 常用熔断器的分类

熔断器大致可以分为以下几类：插入式熔断器、螺旋式熔断器、封闭式熔断器、快速式熔断器、管式熔断器、自复式熔断器和限流线。

插入式熔断器俗称瓷插，由装有熔丝的瓷盖和用来连接导线的瓷座组成，适用于电压为380V及以下电压等级的线路末端，做配电支线或电气设备的短路保护用。

螺旋式熔断器由瓷帽、瓷座和熔体组成，瓷帽沿螺纹拧入瓷座中。熔体内填有石英砂，故分断电流较大，可用于电压等级500V及以下、电流等级200A以下的电路，做短路保护用。

封闭式熔断器分有填料熔断器和无填料熔断器两种。有填料熔断器一般用方形瓷管，内装石英砂及熔体，分断能力强，用于电压等级500V以下、电流等级1kA以下的电路；无填料熔断器将熔体装入密闭式圆筒中，分断能力稍差，用于电压等级500V以下、电流等级600A以下的电路。

快速式熔断器多用于硅半导体器件的过载保护，其分断能力强、分断速度快；自复式熔断器由用低熔点金属制成，短路时依靠自身产生的热量使金属汽化，从而大大增加导通时的电阻，阻塞导通回路；限流线与自复式熔断器类似，也可反复使用，但不能完全切断电路，故需与断路器配合使用。

管式熔断器为装有熔体的玻璃管，两端封以金属帽，外加底座构成。这类熔断器体积较小，常用于电子线路及二次回路中。

2. 熔断器的常见故障及处理

熔断器由于结构简单，故障种类较少。但因为其内部具有一定的电阻，工作时有发热现象，加之串接在每条回路中，所以故障频率较高。熔断器的常见故障如下。

（1）熔断器熔丝熔断频繁　此类故障在电动机刚起动瞬间为多。产生这一故障的原因可能在于熔断器，也可能在于负载。如果负载变大，则熔断器动作即为正常；如果负载正常，则可能是熔丝选择太小，或熔丝安装时受损等。要判断是熔断器的问题还是负载的问题，可测量负载电流，根据负载电流的大小，可很容易地判断出问题所在，随后进行相应的处理。

（2）熔丝未熔断，但电路不通　产生这一故障的原因除了熔丝两端未接好外，也有熔断器本身的原因。如螺母未拧紧、端线引出不良等，可逐项检查排除。

（三）接触器

接触器是用来频繁接通和分断电动机或其他负载主电路的一种自动切换电器。它主要由触点系统、电磁机构及灭弧装置组成。

1. 接触器的分类

接触器分为交流接触器和直流接触器两大类。常用的交流接触器有CJ20、CJX1、CJ12和CJ10等系列，直流接触器有CZ18、CZ21、CZ10和CZ2等系列。

图5-4所示为CJ20系列交流接触器，其主要适用于交流50Hz、电压660V以下（其中部分等级可用于1140V）、电流630A以下设备的电气控制系统及电力线路。

直流接触器主要用于额定电压为440V、额定电流为600A的直流控制电路，用作远距离接通和分断电路，控制直流电动机的起动、停止及反向等。它多用于起重、冶金和运输等设备中，分为单极和双极、常开和常闭主触点等多种形式。其主要特点是在其静触点下方均装有串联的磁吹式灭弧装置。使用时应注意磁吹线圈在轻载时灭弧能力较差，其电流越大，灭弧能力越强。

2. 接触器的常见故障及维修

接触器的常见故障主要表现在触点装置和电磁机构两个方面。

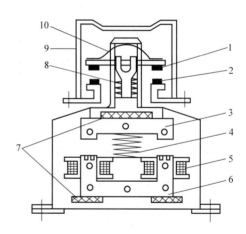

图5-4　CJ20系列交流接触器结构示意图
1—动触点　2—静触点　3—衔铁　4—缓冲弹簧
5—电磁线圈　6—铁心　7—垫毡　8—触点弹簧
9—灭弧室　10—触点压力弹簧

（1）触点的主要故障及维修　触点的故障主要有触点过热、磨损和熔焊。触点过热主要由触点接触压力不足，触点表面接触不良、表面氧化或积垢，触点表面被电弧灼伤起毛等引起；触点磨损包括电弧或电火花造成的电磨损和触点闭合撞击相对滑动摩擦造成的机械磨损；触点熔焊是指当触点闭合时，由于撞击和产生振动，在动、静触点间的小间隙中产生短电弧，电弧温度很高，可使触点表面被灼伤以致烧熔，融化的金属使动、静触点焊在一起。

针对上述故障需进行以下修理:

1)触点的表面修理。触点因表面氧化、积垢而造成接触不良时,可用小刀或细锉清理表面,但应保持原来的形状。银或银合金触点在分断电弧时,生成的黑色氧化膜的接触电阻很低,不会造成接触不良现象,因此不必锉修,否则将大大缩短触点寿命。触点的积垢可用汽油或四氯化碳清洗。

2)触点的整形。当触点被电弧灼伤引起毛刺时,会使触点表面形成凹凸不平的斑痕或飞溅的金属熔渣,造成接触不良。修理时,可将触点拆下来,先用细锉清理一下凸出的小点或金属熔渣,然后用小锤将凹凸不平处轻轻敲平,再用细锉细心地将触头表面锉平并整形,使触点表面的形状和原来一样,切勿锉得太多,否则经过几次修理就不能用了。

3)触点的更换。对于镀银的触点,若银层被磨损而露出铜或触点严重磨损超过厚度的1/2,应更换新触点。更换新触点以后,要重新检查触点的开距、超程、压力,使之保持在规定的范围内。

4)触点开距、超程、压力的检查与调整。接触器检修后,应根据技术要求进行开距、超程、压力的检查与调整,这是保证接触器可靠运行的重要条件。图5-5和图5-6所示分别为桥形触点和指形触点开距与超程的检查方法。触点的开距主要考虑电弧熄灭可靠、闭合与断开的时间、断开时触点的绝缘间隙等因素。超程的作用是保证触点磨损后仍能可靠地接触。超程的大小与触点寿命有关,对于单断点的铜触点,一般取动、静触点厚度之和的$1/3 \sim 1/2$;对于银或银基触点,一般取动、静触点厚度之和的$1/2 \sim 1$。更换触点后,还应检查一下弹簧及触点的压力。对于交流接触器,更换触点后,应保证三相同时接触,其先后误差不应超过0.5mm。

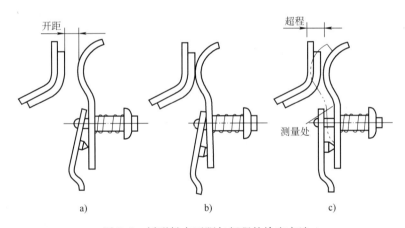

图5-5 桥形触点开距与超程的检查方法

图5-6 指形触点开距与超程的检查方法

（2）电磁机构的主要故障及维修　电磁机构的故障主要有吸合噪声大、线圈过热、烧毁等。吸合噪声大主要由铁心与衔铁接触不良，接触面有锈蚀、油污、尘垢，活动部件受卡而使衔铁不能完全吸合，分磁环损坏等引起。针对这些故障，检修时应拆下线圈，若线圈烧毁，应更换新线圈；检查动、静铁心的接触面是否平整、干净，如不平或有锈蚀，应用细锉锉平或磨平；校正衔铁的歪斜现象，紧固松动的铁心；更换断裂的分磁环；用手检查接触器运动系统是否灵活，当发现运动系统有卡住等不灵活现象时，应加以调整，使其运动灵活；对于直流接触器，还应检查非磁性垫片是否损坏，若损坏应更换新垫片。

（四）继电器

继电器是根据某一输入量来控制电路通断的自动切换电器。在电路中，继电器主要用来反映各种控制信号，从而改变电路的工作状态，实现既定的控制程序，达到预定的控制目的，同时也提供一定的保护。目前，继电器被广泛用于各种控制领域中。

1. 继电器的分类

继电器按反映的信号不同，可分为电压继电器、电流继电器、时间继电器、热继电器、速度继电器和压力继电器等。

2. 热继电器的常见故障及维修

热断电器是对电动机进行过载保护的器件。电动机在运行过程中，经常出现过负荷的现象或在欠电压下运转。此时电动机绕组中会流过较大的电流，而过大的电流会产生较多的热量，如果热量不能及时释放出去，就有可能损坏电动机。

另一方面，如果电动机过载的时间并不很长，电动机没有达到允许温升，此时电动机并不应立即停机。仅采用过电流保护，是实现不了这一功能的，这时就必须采用热继电器。

热继电器的常见故障主要有热元件损坏、热继电器误动作和热继电器不动作三种情况。

（1）热元件损坏　当热继电器动作频率太高或负载侧发生短路时，会因电流过大而使热元件烧断。这时应先切断电源，检查电路，排除短路故障，再重新选择合适的继电器。更换热继电器后应重新调整整定电流值。

（2）热继电器误动作　产生这种故障的原因一般有以下几种：

1）整定值偏小，以致未过载就动作。

2）电动机起动时间过长，使热继电器在起动过程中动作。

3）操作频率太高，使热继电器经常受起动电流冲击。

4）使用场合有强烈的冲击及振动，使热继电器动作机构松动而脱扣。

为此，应调换适合上述工作性质的继电器，并合理调整整定值。调整时只能调整调节旋钮，不能弯折双金属片。热继电器动作脱扣后，不要立即手动复位，应待双金属片冷却复位后再使常闭触点复位。按手动复位按钮时，不要用力过猛，以免损坏操作机构。

（3）热继电器不动作　由于热元件烧断或脱焊或电流整定值偏大，以致过载时间很长，造成热继电器不动作。发生上述故障时，可进行针对性处理。对于使用时间较长的热继电器，应定期检查其动作是否可靠。

（五）主令电器

主令电器主要依靠电路的通断来控制其他电器的动作，以发出电气控制命令。主令电器主要有按钮、行程开关、组合开关、主令控制器及接近开关等。

1. 按钮

（1）按钮的分类　常用按钮的分类及用途见表 5-6。

表 5-6　常用按钮的分类及用途

代号	类别	用　　途	代号	类别	用　　途
B	防爆式	用于含有爆炸气体场所	L	联锁式	用于多对触点需要联锁的场所
D	指示灯式	按钮内装有指示灯，用于需要指示的场所	S	防水式	有密封外壳，用于有雨水的场所
F	防腐式	用于含有腐蚀性气体的场所	X	旋钮式	通过旋转把手操作
H	保护式	有保护外壳，用于安全性要求较高的场所	Y	钥匙式	用钥匙插入操作，可专人操作
J	紧急式	为红色按钮，用于紧急时切除电源	Z	组合式	多个按钮组合在一起
K	开启式	嵌装在固定的面板上	Z	自锁式	内有电磁机构，可自保持，用于特殊试验场所

（2）按钮的常见故障及处理方法　按钮的常见故障及处理方法见表 5-7。

表 5-7　按钮的常见故障及处理方法

序号	故障现象	故障原因	处理方法
1	按下按钮时，常开触点不通	1）触点氧化 2）按钮受热变形，动触桥不能接触静触点 3）机械机构卡死	1）擦拭触点，必要时更换按钮 2）更换按钮 3）清除按钮内杂物
2	松开按钮时，常闭触点不通	1）触点氧化或有污物 2）弹簧弹力不足	1）擦拭按钮各触点 2）更换或处理弹簧
3	按下按钮时，常闭触点不断开	1）污物过多造成短路 2）胶木烧焦形成短路	1）擦拭清除按钮内杂物 2）更换按钮
4	松开按钮时，常开触点不断开	1）污物过多造成短路 2）复位弹簧弹力不足 3）胶木烧焦形成短路	1）擦洗按钮，清除污物 2）更换或处理弹簧 3）更换按钮
5	按下按钮时，有触电感觉	1）接线松动，搭接在按钮的外壳上 2）按钮内污物较多	1）重新接线，排除搭线现象 2）擦洗按钮，清除污物
6	按钮过热	1）通过按钮的电流太大 2）环境温度过高 3）指示灯电压过高	1）重新设计电路 2）加强散热措施 3）降低指示灯电压

2. 行程开关

行程开关又称位置开关或限位开关，只是其触点操作不是靠手完成，而是利用机械设备的某些运动部件的碰撞来完成。行程开关是一种将行程信号转换为电信号的开关元件，广泛应用于顺序控制器及运动方向、行程、定位、限位、安全等自控系统中。

（1）行程开关的分类　按结构分类，行程开关大致可分为按钮式、滚轮式、微动式和组合式等。

（2）行程开关的常见故障及处理方法　行程开关的常见故障及处理方法见表5-8。

表5-8　行程开关的常见故障及处理方法

序号	现　象	故障原因	处理方法
1	行程开关动作后不能复位	1）弹簧弹力减弱 2）机械卡阻 3）长期不用油泥干涸 4）外力长期压迫行程开关	1）更换弹簧 2）拆卸清除 3）清洁 4）改变设计方法
2	杠杆偏转但触点不动作	1）工作行程不到位 2）触点脱落或偏斜 3）异物卡住 4）连线松脱	1）调整行程开关位置 2）修理触点系统 3）清理杂物 4）紧固连接线
3	行程开关可以复位，但动断触点不闭合	1）触点被杂物 2）触点损坏 3）弹簧失去弹力 4）弹簧卡住	1）清理杂物 2）更换触点 3）更换弹簧 4）重新装配

3. 万能转换开关

万能转换开关由手柄、带号码牌的触点盒等组成。它具有多个档位、多对触点，可供机床控制电路进行换接之用，在操作不太频繁时可用于小容量电动机的起动和变向，也可用于测量仪表等。万能转换开关的常见故障及处理方法见表5-9。

表5-9　万能转换开关的常见故障及处理方法

序号	故障现象	可能原因	处理方法
1	接触不良	1）弹簧失去弹性 2）触点部分有污物 3）触点损坏	1）更换弹簧 2）清除污物 3）更换触点
2	发热严重	1）触点接触不良 2）控制回路有短路现象 3）触点容量偏小	1）擦拭清扫触点污物 2）排除控制回路故障 3）更换其他型号的万能转换开关

二、常见电气故障分析与维修

（一）机床电气故障的诊断方法和步骤

软硬线间连接

设备电气控制线路多种多样，机床电气控制系统的故障错综复杂，并非千篇一律，就是同一故障现象，发生的部位也会不同，又往往和机械、液压系统故障交织在一起，难以区分。因此作为一名维修人员，应善于学习，积极实践，认真总结经验，掌握正确的诊断方法和步骤，做到迅速而准确地排除故障。机床电气线路发生故障后的一般检查方法和步骤如下所述。

1. 学习机床电气系统维修图

机床电气系统维修图包括机床电气原理图、电气箱（柜）内电器布置图、机床电气布线图及机床电器位置图。通过学习机床电气系统维修图，掌握机床电气系统原理的构成和特点，熟悉电路的动作要求和顺序、各个控制环节的电气过程，了解各种电器元件的技术性能。对于一些较复杂的机床，还应了解一些液压系统的基本知识，掌握机床的液压原理。实践证明，学习并掌握一些机床机械和液压系统的知识，不但有助于分析机床故障原因，而且有助于迅速、灵活、准确地判断、分析和排除故障。在检查机床电气故障时，首先应对照机床电气系统维修图进行分析，再设想或拟定检查步骤、方法和线路，做到有的放矢、有步骤地逐步深入进行。除此以外，维修人员还应掌握一些机床电气安全知识。

2. 详细了解电气故障产生的经过

机床发生故障后，维修人员必须首先向机床操作者详细了解故障发生前机床的工作情况和故障现象（如响声、冒烟、火花等），询问发生故障前有哪些征兆，这些对故障的处理极为有益。

3. 分析故障情况，确定故障的可能范围

知道了故障发生的经过以后，对照电气原理图进行故障情况分析，虽然机床线路看起来很复杂，但是可把它拆成若干控制环节来分析，缩小故障范围，就能迅速地找出故障的确切部位。另外，还应查询机床的维修保养、线路更改等记录，这对分析故障和确定故障部位有帮助。

4. 进行故障部位的外观检查

故障的可能范围确定后，应对有关电器元件进行外观检查，检查方法如下。

（1）闻　在某些严重的过电流、过电压情况发生时，由于保护器件的失灵，造成电动机、电器元件长时间过载运行，会使电动机绕组或电磁线圈发热严重，绝缘损坏，发出臭味、焦味。所以，闻到焦味就能随之查到故障的部位。

（2）看　有些故障发生后，故障元件有明显的外观变化，如各种信号的故障显示，带指示装置的熔断器、低压断路器或热继电器脱扣，接线或焊点松动脱落，触点烧毛或熔焊，线圈烧毁等。看到故障元件的外观情况，就能着手排除故障。

（3）听　电器元件正常运行和故障运行时发出的声音有明显差异，根据某些元件工作时发出的声音有无异常，就能查找到故障元件，如电动机、变压器、接触器等。

（4）摸　电动机、变压器、电磁线圈、熔断器等发生故障时，温度会明显升高，用手摸一摸发热情况，也可查找到故障所在，但应注意必须在切断电源后进行。

5. 试验机床的动作顺序和完成情况

当在外观检查中没有发现故障点，或对故障还需进一步了解时，可采用试验方法对电气控制的动作顺序和完成情况进行检查。应先对可能是故障部位的控制环节进行试验，以缩短维修时间。此时可只操作某一按钮或开关，观察线路中各继电器、接触器、行程开关的动作是否符合规定要求，是否能完成整个循环过程。如动作顺序不对或中断，则说明此电器与故障有关，再进一步检查，即可发现故障所在。但是在采用试验方法检查时，必须特别注意设备和人身安全，尽可能断开主回路电源，只在控制回路部分进行检查，不能随意触动带电部分，以免故障扩大和造成设备损坏。另外，要预先估计到部分电路工作后可能发生的不良影响或后果。

6. 用仪表测量查找故障元件

用仪表测量电器元件是否为通路，线路是否有开路情况，电压、电流是否正常、平衡，这也是检查故障的有效措施之一。常用的电工仪表有万用表、绝缘电阻表、钳形电流表、电桥等。

万用表

（1）测量电压 对电动机、各种电磁线圈、有关控制电路的并联分支电路两端的电压进行测量，如果发现电压与规定的要求不符，则是故障的可能部位。

（2）测量电阻或通路 先将电源切断，用万用表的电阻档测量线路是否为通路，查明触点的接触情况、元件的电阻值等。

（3）测量电流 测量电动机的三相电流、有关电路中的工作电流。

（4）测量绝缘电阻 测量电动机绕组、电器元件、线路的对地绝缘电阻及相间绝缘电阻。

7. 总结经验，摸清故障规律

每次排除故障后，应将机床故障修复过程记录下来，总结经验，摸清并掌握机床电气线路故障规律。记录的主要内容包括设备名称、型号、编号、设备使用部门及操作者姓名、故障发生日期、故障现象、故障原因、故障元件及修复情况等。

（二）普通机床常见故障的分析实例

图 5-7 所示为 C650-2 型卧式车床的电气原理图。

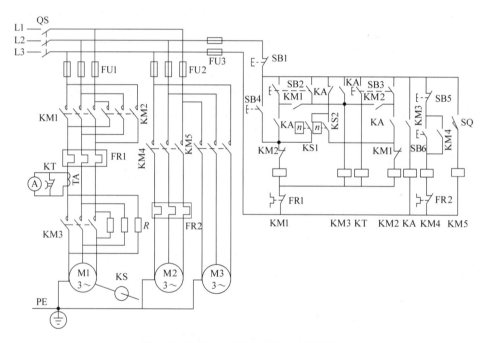

图 5-7 C650-2 型卧式车床电气原理图

1. 电气原理图的组成及主要元器件的作用

C650-2 型车床是一种中型车床，除有主轴电动机 M1 和冷却泵电动机 M2 外，还设置了刀架快速移动电动机 M3。由电气原理图可知，接触器 KM1 和 KM2 实现主轴电动机的正反转控制；KM3 为反接制动接触器；R 为反接制动和低速运转控制电阻；接触器 KM4 和 KM5 分别控制 M2 和 M3 的正常运转；KS 为速度继电器，其相应的触点分别控制正反转运行的反接制动，实现主轴的迅速停车。

2. 电气原理图分析

根据 C650-2 型车床的特点，从以下几个方面对其控制原理进行分析。

（1）主轴的正反转控制 按下操作按钮 SB2 或 SB3，则接触器 KM1 或 KM2 线圈通电，主触点闭合，辅助触点 KM1 或 KM2 完成自锁。同时 KM3 线圈通电，其主触点将电阻 R 短接，电动机 M1 实现全压下的正转或反转起动，起动结束后进入正常运行状态。

（2）主轴的点动控制　SB4 为点动控制按钮。按下 SB4，则 KM1 线圈通电，主触点 KM1 闭合。此时，M1 主电路串入电阻 R 实现减压起动与运行，获得低速运转，实现对刀操作。

（3）主轴电动机反接制动停车控制　主轴停车时，按下停车控制按钮 SB1，KM1 或 KM2 及 KM3 线圈断电，其相关触点复位，而电动机 M1 由于惯性继续运行，速度继电器的触点 KS2 或 KS1 仍闭合。按钮 SB1 复位时，KM2 或 KM1 线圈通电，相应的主触点闭合，M1 主电路串入电阻 R 进行反接制动。当转速低于 KS 的设定值时，KS2 或 KS1 复位，KM2 或 KM1 线圈断电，其相应的主触点复位，电动机 M1 断电，制动过程结束。

（4）刀架快速移动控制　刀架快速移动由刀架快速移动电动机 M3 拖动实现。当刀架快速移动手柄压合行程开关 SQ 时，接触器 KM5 线圈通电，主触点 KM5 闭合，电动机 M3 直接起动。当刀架快速移动手柄移开，不再压合 SQ 时，KM5 线圈断电，主触点复位，电动机 M3 停止运转，刀架快速移动结束。

（5）切削液泵电动机控制　切削液泵电动机 M2 通过电动机单方向运转电路实现起停控制，此电路由起动按钮 SB6、停止按钮 SB5 及接触器 KM4 组成。

（6）主轴电动机负载检测及保护环节　C650-2 型车床采用电流表 A 经电流互感器 TA 来检测主轴电动机 M1 定子的电流，监视其负载情况。为防止电动机起动时电流的冲击，采取时间继电器 KT 延时断开触点并接在电流表两端的措施。当电动机 M1 起动时，电流表由 KT 触点短接，起动完成后 KT 触点断开，再将电流表接入。因此 KT 延时应稍长于电动机 M1 的起动时间，一般为 0.5～1s。而当电动机 M1 停车反接制动时，按下 SB1，此时 KM3、KA、KT 相继断电，KT 触点瞬时闭合，将电流表 A 短接，使之不会受到反接制动电流的冲击。

3. 常见故障分析

（1）主轴电动机 M1 不能起动　主轴电动机不能起动有以下几种情况：按 SB2 或 SB3 时就不能起动；运行中突然自停，随后不能再起动；按 SB2 或 SB3，熔丝就熔断；按下 SB2 或 SB3 后，M1 不转，发出"嗡嗡"声；按 SB1 后再按 SB2 或 SB3 不能再起动等。出现这类故障时，首先应重点检查 FU1 及 FU3 是否熔断；其次，应检查热继电器 FR1 是否已动作，这类故障的排除非常简单，但必须找出 FR1 动作的根本原因。FR1 动作有时是因为其规格选配不当，需重选适当容量的热继电器；有时是由于机械部分过载或卡死，或由于电动机 M1 频繁起动而造成过载使热继电器脱扣。最后，检查接触器 KM1、KM2、KM3 的线圈是否松动，主触点接触是否良好。

若经上述检查均未发现问题，则将主电路熔断器 FU1 拔出，切断主电路。然后合上电源开关，使控制回路带电，进行接触器动作试验。按下 SB2 或 SB3，若接触器不动作，则故障必在控制回路中。如 SB1、SB2 或 SB3 的触点接触不良，接触器 KM1、KM2、KM3 及中间继电器 KA 线圈引出线有断线，它们的辅助触点接触不良等，都会导致接触器不能通电动作，应及时查明原因并加以消除。

（2）主轴电动机断相运行　按下起动按钮后，M1 不能起动或转动很慢，且发出"嗡嗡"声，或者在运行中突然发出"嗡嗡"声，这种状态叫断相运行。此时，应立即切断电动机电源，以免烧坏电动机。出现此现象的原因主要是电动机的三相电源线有一相断开，如开关 QS 有一相触点接触不良；熔断器一相熔断；接触器主触点有一对未吸合；电动机定子绕组的某一相接触不良等。只要查出原因，排除故障，主轴电动机就可正常起动。

（3）主轴电动机起动但不能自锁　其故障原因是 KA、KM1 或 KM2 的自锁触点连接导线松脱或接触不良。用万用表检查，找出原因，就可排除故障。

（4）主轴电动机不能停或停车太慢　如按下 SB1，主轴不能停转，则可能是接触器 KM1 或 KM2 主触点出现熔焊。如停车太慢，则可能是速度继电器 KS 的常开触点接触不良。

（5）主轴不能点动控制　主要检查点动按钮 SB4，检查其常开触点是否损坏或接线是否脱落。

（6）刀架不能快速移动　故障原因可能是行程开关损坏或接触器主触点被杂物卡住、接线脱落，或是快速移动电动机损坏。出现这些故障应及时检查，逐项排除，直至正常工作。

（7）主轴电动机不能进行反接制动控制　故障原因可能是速度继电器损坏或接线脱落、接线错误，或是电阻 R 损坏、接线脱落。

（8）不能检测主轴电动机负载　首先检查电流表是否损坏，如损坏应先检查电流表损坏的原因；其次可能是时间继电器设定的时间较短或损坏，接线脱落，或者是电流互感器损坏，应逐项检查并排除。

思考题与习题

一、填空题

1. 触点的常见故障有_____、_____和_____等。
2. 电磁机构的常见故障有_____、_____、_____和_____等。
3. 低压断路器的常见故障有_____、_____和_____等。

二、问答题

1. 轴类零件常见的失效形式有哪些？其修复要点有哪些？
2. 滑动轴承常用的维修方法有哪些？
3. 壳体零件的修复有哪些工艺要点？
4. 曲轴常见的故障有哪些？如何修复？
5. 齿轮常见的失效形式有哪些？各有哪些维修方法？
6. 熔断器有哪些常见故障？如何处理？
7. 接触器有哪些常见故障？如何维修？
8. 继电器有哪些常见故障？如何维修？
9. 简述诊断机床电气故障的方法和步骤。
10. C650-2 型卧式车床的电气系统有哪些常见故障？如何排除？

项目六 典型机电设备的维修

任务一 普通机床类设备的维修

机床维修的目的是使机床维持规定的工作能力，即使机床在一定的时间内能在保持规定精度、性能和生产率的情况下运转。

在金属切削机床中，铣床是除车床外使用数量最多的机械加工设备。铣床的种类很多，按照结构和加工性能，可以分为卧铣、立铣、龙门铣、仿形铣和各种专用铣床等。铣床加工工艺范围很广，可以加工水平面、垂直面、T形槽、键槽、燕尾槽、螺纹、螺旋槽、分齿零件（齿轮、链轮、棘轮和花键轴等）以及成形表面等。XA6132万能升降台铣床是应用最广泛的铣床之一，下面以XA6132万能升降台铣床的维修为例，介绍机械部件及电气控制系统的维修。

一、XA6132万能升降台铣床主要部件的修理

1. 铣床简介

如图6-1所示，XA6132万能升降台铣床主要由底座1、床身2、悬梁3、刀杆支架4、主轴5、工作台6、床鞍7、升降台8和回转盘9等组成。床身2固定在底座1上。床身内装有主轴部件、主变

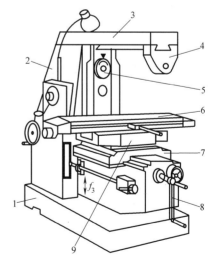

图6-1 XA6132万能升降台铣床的组成
1—底座 2—床身 3—悬梁 4—刀杆支架 5—主轴
6—工作台 7—床鞍 8—升降台 9—回转盘

速传动装置及其变速操纵机构。悬梁 3 可在床身顶部的燕尾导轨上沿水平方向调整前后位置。悬梁上的刀杆支架 4 用于支承刀杆，提高刀杆的刚性。升降台 8 可沿床身前侧面的垂直导轨上、下移动，升降台内装有进给运动的变速传动装置、快速传动装置及其操纵机构。床鞍 7 装在升降台的水平导轨上，床鞍 7 可沿主轴轴线方向移动（亦称横向移动）。床鞍 7 上装有回转盘 9，回转盘上的燕尾型导轨上又装有工作台 6，因此，工作台可沿导轨作垂直于主轴轴线方向移动（亦称纵向移动），工作台通过回转盘可绕垂直轴线在 ±450° 范围内调整角度，以铣削螺旋表面。

2. 铣床修理前的准备工作

铣床修理前的准备工作主要包括对机床的精度、主要零件的磨损情况的了解，备件的准备，工具、检具及量仪的准备等一系列工作。由于铣床的传动链较长，结构比较复杂，主要零件的磨损情况主要在拆机后做仔细的检查分析，机床的几何精度及运行特性可以通过对用户调查或做一试切件来了解。铣床修理中常用的工具、检具及量仪见表 6-1。

表 6-1 铣床修理中常用的工具、检具及量仪

序号	名 称	规 格	数量	用 途
1	百分表及磁性表座		1 套	测量主轴、导轨精度
2	可调 V 形等高块		2	测量主轴精度
3	工具圆锥量规	锥度 7:24	1	主轴内锥孔接触测量
4	工具圆锥量棒	锥度 7:24 测量部分长 300mm	1	主轴精度测量
5	平板	500mm×800mm	1	
6	水平仪	0.02mm/1000mm	2	床身、升降台、溜板导轨精度测量
7	平板	750mm×1000mm	1	
8	直尺	55°×1000mm	1	刮研工作台导轨
9	检验桥板		1	测量床身导轨精度
10	测量用 90°角尺	300 直角边	1	
11	平板	300mm×300mm	1	

在铣床主要部件的修理过程中，可以几个部件同时进行，也可以交叉进行。一般可按下列顺序修理：主轴及变速箱、床身、升降台及下滑板、回转滑板、工作台、工作台及回转滑板配刮、悬梁及刀杆支架等。

3. 主轴部件的修理

（1）主轴的修复 主轴是机床的关键零件，其工作性能则直接影响机床的精度，因此，修理中必须对主轴各部分进行全面检查。如果发现有超差现象，则应修复至原来的精度。目前，主轴的修复一般是在磨床上精磨各轴颈和精密定位圆锥等表面。

1）主轴轴颈及轴肩面的检测与修理。如图 6-2 所示，在平板 3 上用 V 形架 5 支承主轴的 A、B 轴颈，用千分表检测 B、D、F、G、K 各表面间的同轴度，其公差为 0.007mm。如果同轴度超差，可采用镀铬工艺修复并磨削各轴颈至要求。再用千分表检测 H、J 表面 E 的径向跳动量公差为 0.007mm。如果超差，可以在修磨表面 A、K 的同时磨削表面 H、J。表面 S 的径向圆跳动量公差为 0.05mm。如果超差，可以同时修磨至要求。

2）主轴锥孔的检测与修复。如图 6-2 所示，把带有锥柄的检验棒插入主轴锥孔，并用

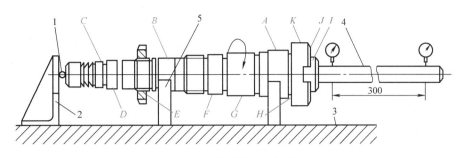

图 6-2 主轴结构和主轴检测
1—钢球 2—挡铁 3—平板 4—检验棒 5—V 形架

拉杆拉紧，用千分表检测主轴锥孔的径向跳动量，要求在近主轴端的公差为 0.005mm；距主轴端 300mm 处为 0.01mm。如果达不到上述精度要求或内锥表面磨损，将主轴尾部用磨床卡盘夹持，用中心架支承轴颈 C 的径向圆跳动量，使其小于 0.005mm；同时校正轴颈 G，使其与工作台运动方向平行；然后修磨主轴锥孔 I，使其径向圆跳动量在允许范围内，并使接触率大于 70%。

（2）主轴部件的装配 铣床主轴部件结构如图 6-3 所示，主轴 1 的基本形状为阶梯空心轴，前端直径大于后端直径，使主轴 1 前端具有较大的变形抗力。主轴 1 前端的 7∶24 的精密锥孔用于安装铣刀刀杆，使其能准确定心，保证刀杆有较高的旋转精度。主轴中心孔可穿入拉杆，拉紧并锁定刀杆或刀具，使它们定位可靠。端面键 8 用于连接主轴和刀杆，并传递转矩。

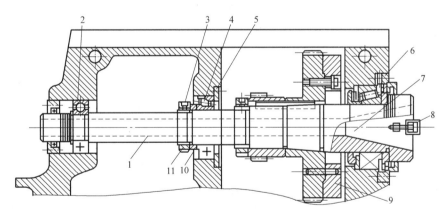

图 6-3 XA6132 万能升降台铣床主轴部件结构
1—主轴 2—后支承 3—锁紧螺钉 4—中间支承 5—轴承盖 6—前支承
7—主轴前锥孔 8—端面键 9—飞轮 10—隔套 11—调整螺母

由于铣床采用多齿刀具，引起铣削力周期性变化，从而使切削过程产生振动，这就要求主轴部件有较高的刚度和抗振性，因此主轴采用三支承结构。前、中支承为主支承，后支承为辅助支撑。主支承在保证主轴部件的回转精度和承受载荷等方面起主导作用，在制造和安装过程中要求较高。XA6132 万能升降台铣床主轴部件的前支承 6 和中间支承 4 分别采用 D7518 和 E7513 圆锥滚子轴承，以承受作用在主轴上的径向力和左、右方向的轴向力。后支承 2 为 G 级单列深沟球轴承，只承受径向力。前、中轴承可采用定向装配法，以提高这对轴承的装配精度。定向装配法的实质是根据误差补偿原则，将主轴前轴颈的高点（或低点）与前轴承内环的低点（或高点）配合，从而补偿锥孔中心的径向圆跳动误差。而主轴的高点（或低点）对应中轴承的高点（或低点），从而补偿主轴定心轴颈的径向圆跳动误差。

为了使主轴部件在运转中克服因切削力变化而引起的转速不均匀和振动，提高主轴部件运转的质量和抗振能力，在主轴前支承处的大齿轮上安装飞轮9。通过飞轮在运转过程中的储能作用，可减少因切削力周期性变化而引起的转速不均匀和振动，提高了主轴运转的平稳性。

为了使主轴得到理想的回转精度，在装配过程中，要特别注意对前、中轴承间隙的调整。调整时，先将悬梁移开，并拆下床身盖板，露出主轴部件，然后拧松中间支承4左侧调整螺母11上的锁紧螺钉3，用专用钩头扳手钩住调整螺母11，再用一短铁棍通过主轴前端的端面键8扳动主轴1顺时针旋转，使中间支承4的内圈向右移动，从而使中间支承4的间隙得以消除。如继续转动主轴1，使其向左移动，并通过轴肩带动前支承6的内圈左移，从而消除前支承6的间隙。调整完毕，再把锁紧螺钉3拧紧，防止其松动。轴承的预紧量根据铣床的工作要求决定。调整后，主轴应以1500r/min转速试运转1h，轴承温度不得超过60℃。

对调整螺母11的右端面有较严格的要求，其右端面的径向圆跳动量应在0.005mm内，其两端面的平行度应在0.001mm内，否则将对主轴的径向圆跳动产生一定影响。

主轴的装配精度应按GB/T 3933.2—2002卧式万能升降台铣床精度标准、公差、检验方法的要求进行检查。

4. 主传动变速箱的修理

主传动变速箱的展开图如图6-4所示。轴Ⅰ～Ⅳ的轴承和安装方式基本一样，左端轴承采用内、外圈分别固定于轴上和箱体孔中的方式；右端轴承则采用只将内圈固定于轴上，外圈则在箱体孔中有游隙的方式。装配轴Ⅰ～Ⅲ时，轴由左端深入箱体孔中一段长度后，把齿轮安装到花键轴上；然后装右端轴承，将轴全部伸入箱体内，并将两端轴承调整固定好。轴Ⅳ应由右端向左装配，先伸入右边一跨，安装大滑移齿轮块；轴继续前伸至左边一跨，安装中间轴承和三联滑移齿轮块，并将三个轴承调整好。

（1）主变速操纵机构简介　主变速操纵机构示意图如图6-5所示，它主要由孔盘5、齿条轴2和4、齿轮3及拨叉1等组成。变速时，将手柄8顺时针转动，通过齿扇15、齿杆14、拨叉6使孔盘5向右移动，与齿条轴2、4脱开；根据转速转动选速盘11，通过锥齿轮12、13使孔盘5转到所需的位置；再将手柄8逆时针转动到原位，孔盘5使三组齿条轴改变位置，从而使三联滑移齿轮块改变啮合位置，实现主轴的18种转速的变换。

瞬时压合开关7，使电动机起动。当凸块10随齿扇15转过后，开关7重新断开，电动机断电随即停止转动。电动机只起动运转了短暂的时间，以便于滑移齿轮与固定齿轮的啮合。

主轴制动采用电磁离合器，装配在Ⅰ轴上。制动时，直流电压加到电磁离合器线圈的两端，线圈周围产生磁场，在电磁吸力作用下将摩擦片压紧，于是产生制动效果。电磁离合器制动平稳、迅速，制动时间不超过0.5s。

（2）主变速操纵机构的调整　为避免组装操纵机构时错位，拆卸选速盘轴上的锥齿轮12、13的啮合位置时要做标记。拆卸齿条轴中的销子时，每对销子长短不同，不能装错，否则将会影响齿条轴脱开孔盘的时间和拨动齿轮的正常次序。另一种方法是在拆卸之前，把选速盘转到30r/min的位置上，按拆卸位置进行装配；装配好后扳动手柄8使孔盘定位，并应保证齿轮3的中心至孔盘端面的距离为231mm，如图6-6所示。若尺寸不符，说明齿条轴

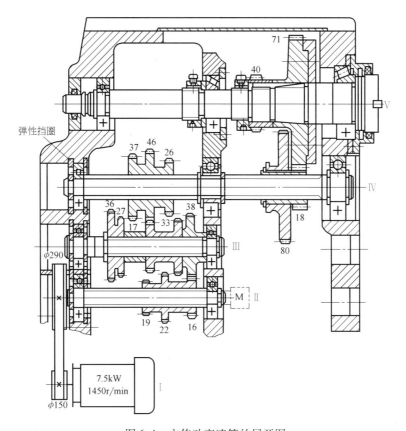

图 6-4　主传动变速箱的展开图

啮合位置不正确。此时应使齿条轴顶紧孔盘 5，重新装入齿轮 3，然后检查齿轮 3 的中心至孔盘端面的距离是否达到要求，再检查各转速位置是否正确无误。

当变速操纵手柄 8（见图 6-5）回到原位并合上定位槽后，如发现齿条轴上的拨叉来回窜动或滑移齿轮错位，则可拆出该组齿条轴之间的齿轮 3，用力将齿条轴顶紧孔盘端面，再装入齿轮 3。

5. 床身导轨的修理要求

床身导轨的结构示意图如图 6-7 所示。床身导轨的修理主要是恢复床身导轨的几何精度。修复的方法可以采用平尺拖研修刮（导轨磨损不大时）或导轨磨削修复（导轨有严重磨损或有划痕，使刮研工作量过大时）。床身导轨修复前，应将主轴锥孔、前、中轴承保护好，避免杂物、切屑等进入。对床身导轨的具体要求有以下几方面：

1）磨削或刮研床身导轨面时，应以主轴回转轴线为基准，保证导轨 A 纵向垂直度公差为 0.015mm/300mm，且只允许回转轴线向下偏；横向垂直度公差为 0.01mm/300mm。其检测方法如图 6-8 所示。

2）保证导轨 B 与 D 的平行度，全长上公差为 0.02mm；直线度公差为 0.02mm/1000mm，并允许中凹。

3）燕尾导轨面 F、G、H 结合悬梁修理进行配刮。

4）采用磨削工艺，各表面的表面粗糙度值应小于 Ra0.8μm。采用刮研工艺，各表面的接触斑点数在 25mm×25mm 内为 6~8 点。

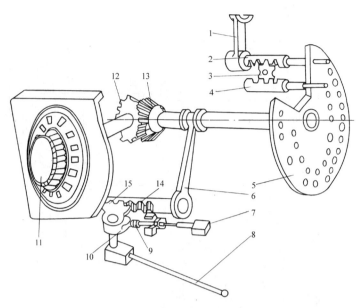

图6-5　主变速操纵机构

1、6—拨叉　2、4—齿条轴　3—齿轮　5—孔盘　7—开关　8—手柄
9—顶杆　10—凸块　11—选速盘　12、13—锥齿轮　14—齿杆　15—齿扇

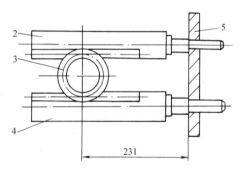

图6-6　齿条轴与齿轮的啮合位置

注：2~5含义同图6-5。

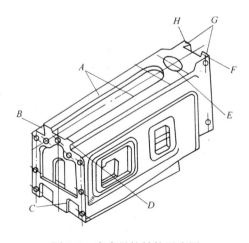

图6-7　床身导轨结构示意图

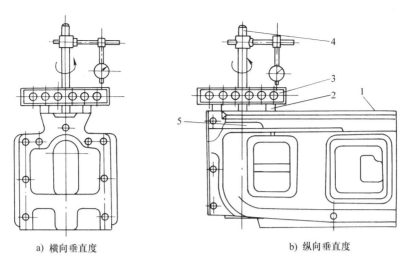

a) 横向垂直度　　　　　　　　b) 纵向垂直度

图 6-8　导轨对主轴回转轴线垂直度检测

1—床身导轨　2—等高垫块　3—平行平尺　4—锥柄检验棒　5—主轴孔

6. 升降台与床鞍、床身的装配

升降台的修理一般采用磨削或刮研的方法，与床鞍或床身相配时，再进行配刮。图 6-9 所示为升降台结构示意图，要求修磨后的升降台导轨面 C 的平面度小于 0.01mm；导轨面 F 与 H 的垂直度公差在全长上为 0.02mm，直线度公差为 $0.02\text{mm}/1000\text{mm}$；导轨面 G、H 与 C 的平行度公差在全长上为 0.02mm，并只允许中凹。

（1）升降台与床鞍下滑板的装配

1）以升降台修磨后的导轨面为基准，刮研下滑板导轨面 K，如图 6-10 所示，接触斑点数在 $25\text{mm} \times 25\text{mm}$ 内为 $6 \sim 8$ 点。

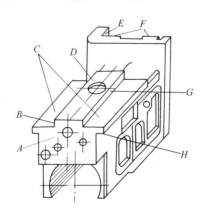

图 6-9　升降台结构示意图

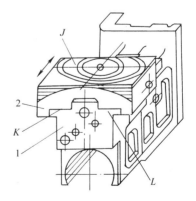

图 6-10　升降台与床鞍下滑板的配刮

1—升降台　2—床鞍下滑板

2）刮研下滑板表面 J 与 K 的平行度在全长上为 0.02mm，接触斑点数在 $25\text{mm} \times 25\text{mm}$ 内为 $6 \sim 8$ 点。

3）刮研床鞍下滑板导轨面 L 与 J 的平行度纵向误差小于 $0.01\text{mm}/300\text{mm}$，横向误差小于 $0.015\text{mm}/300\text{mm}$。接触斑点数在 $25\text{mm} \times 25\text{mm}$ 内为 $6 \sim 8$ 点。

4）刮好的楔铁与压板装在床鞍下滑板上，调整修刮松紧程度合适。用塞尺检查楔铁及压板与导轨面的密合程度，用 0.03mm 塞尺检查，两端插入深度应小于 20mm。

（2）升降台与床身的装配　将粗刮过的楔铁及压板装在升降台上，调整松紧适当，再刮至接触斑点数在 25mm×25mm 内为 6～8 点。用 0.04mm 塞尺检查与导轨面的密合程度，塞尺插入深度小于 20mm。

7. 升降台与床鞍下滑板传动零件的组装

（1）锥齿轮副托架的装配　装配锥齿轮副托架时，要求升降台横向传动花键轴中心线与床鞍下滑板的锥齿轮副托架的中心线的同轴度公差为 0.02mm，其检测方法如图 6-11a 所示。如果床鞍下滑板下沉，可以修磨锥齿轮副托架的端面，使之达到要求；若升降台或床鞍下滑板磨损造成水平方向同轴度超差，则可镗削床鞍上的孔，并镶套补偿，如图 6-11b 所示。

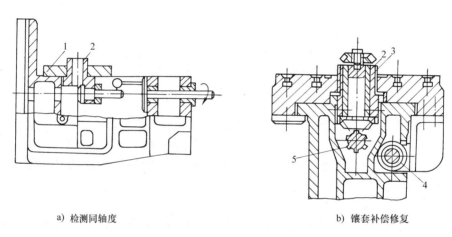

a）检测同轴度　　　　　　　　　　　　b）镶套补偿修复

图 6-11　升降台与床鞍下滑板传动零件的组装

1—下滑板支承　2—锥齿轮副托架　3—套　4—螺母座　5—花键轴

（2）横向进给螺母支架孔的修正　升降台上面的床鞍横向手动或机动是通过横向丝杠带动横向进给螺母座使工作台横向移动的，由于床鞍的下沉，使螺母孔的轴线产生同轴度误差，装配中必须对其加以修正。

8. 进给变速传动系统的修理和变速箱与升降台装配的调整

进给变速箱展开图如图 6-12 所示（图中件号为齿轮的编号）。从进给电动机传给轴Ⅺ的运动有进给传动路线和快速移动路线。进给传动路线是：经轴Ⅷ上的三联齿轮块、轴Ⅹ上的三联齿轮块和曲回机构传到轴Ⅺ上，可得到纵向、横向和垂直三个方向各 18 级进给量。快速移动路线是：由右侧箱壁外的 4 个齿轮直接传到轴Ⅺ上。进给运动和快速移动均由轴Ⅺ右端 z_{28} 齿轮向外输出。

（1）轴Ⅺ的结构简介　如图 6-12 所示，轴Ⅺ上装有安全离合器、牙嵌式离合器和片式摩擦离合器。安全离合器是定转矩装置，用于防止过载时损坏机件，它由左半离合器、钢球、弹簧和圆柱销等组成。牙嵌式离合器处于常啮合状态，只有接通片式摩擦离合器时，它才脱开啮合。牙嵌式离合器用来接通工作台进给运动，宽齿轮 z_{40} 传来的运动经安全离合器和牙嵌式离合器传给轴Ⅺ，并由右端齿轮 z_{28} 输出。片式摩擦离合器用来接通工作台快速移动，轴Ⅺ右端齿轮 z_{43} 用键（图中未画出）与片式摩擦离合器的外壳体连接，接通片式摩擦

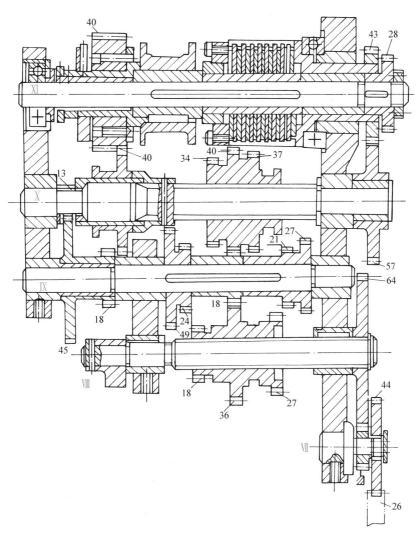

图 6-12　进给变速箱展开图

离合器，齿轮 z_{43} 的运动经外壳体传给外摩擦片，外摩擦片传给内摩擦片，再通过套和键传给轴 XI，也由齿轮 z_{28} 输出。牙嵌式离合器与片式摩擦离合器是互锁的，即牙嵌式离合器断开啮合，片式离合器才能接通；反之，片式摩擦离合器中断啮合，牙嵌式离合器才能接通。

（2）进给变速箱的修理

1）工作台快速移动是直接传给轴 XI 的，其转速较高，容易损坏。修理时，通常予以更换。牙嵌式离合器工作时频繁啮合，端面齿很容易损坏。修理时，可予以更换或用堆焊方法修复。

2）检查摩擦片有无烧伤，平面度公差是否在 0.1mm 内。若超差，可修磨平面或更换。

3）装配轴 XI 上的安全离合器时，应先调整离合器左端的螺母，使离合器端面与宽齿轮 z_{40} 端面之间有 0.40～0.60mm 的间隙，然后调整螺套，使弹簧的压力能抵抗 160～200N·m 的转矩。

4）进给变速操纵机构装入进给箱前，手柄应向前拉到极限位置，以利于装入进给箱。

调整时，可把变速盘转到进给量为 750mm/min 的位置上，拆去堵塞和转动齿轮，使各齿条轴顶紧孔盘，再装入转动齿轮和堵塞，然后检查 18 种进给量位置，应做到准确、灵活、轻便。

5）进给变速箱装配后，必须进行严格的清洗，检查柱塞式液压泵、输油管道，以保证油路畅通。

（3）工作台进给操纵机构的修理与调整　铣床工作台纵向进给操纵机构示意图如图 6-13 所示。拨叉轴 6 上装有弹簧 7，在弹力的作用下，拨叉轴 6 具有向左移动的趋势。当操作手柄 23 在中间位置时，凸块 1 顶住拨叉轴 6，使其不能在弹力作用下左移，离合器 YC5 无法啮合，从而使进给运动断开。此时，手柄 23 下部的压块 16 也处于中间位置，使控制进给电动机正转或反转的行程开关 17（ST1）及行程开关 22（ST2）均处于放松状态，从而使进给电动机停止转动。

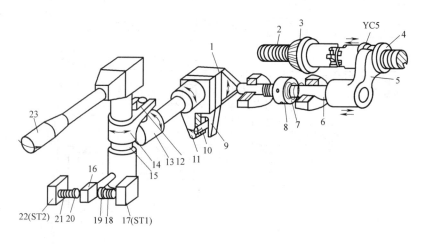

图 6-13　工作台纵向进给操作机构简图

1—凸块　2—纵向丝杠　3—空套圆锥齿轮　4—离合器 YC5 右半部　5—拨叉　6—拨叉轴
7、18、21—弹簧　8—调整螺母　9、14—叉子　10、12—销子　11—摆块　13—套筒
15—垂直轴　16—压块　17—行程开关 ST1　19、20—可调螺钉　22—行程开关 ST2　23—手柄

将手柄 23 向右扳动时，压块 16 也向右摆动，压动行程开关 17，使进给电动机正转。同时，手柄中部叉子 14 逆时针转动，并通过销子 12 带动套筒 13、摆块 11 及固定在摆块 11 上的凸块 1 逆时针转动翘起，使其凸出点离开拨叉轴 6，从而使拨叉轴 6 及拨叉 5 在弹簧 7 的作用下左移，并使端面齿离合器 YC5 右半部 4 左移，与左半部啮合，接通工作台向右的纵向进给运动。

将手柄 23 向左扳动时，压块 16 也向左摆动，压动行程开关 22，使进给电动机反转。此时，凸块 1 顺时针转动而下垂，同样不能顶住拨叉轴 6，离合器 YC5 的左、右半部同样可以啮合，从而接通工作台向左的纵向进给运动。

工作台横向和升降进给操纵机构示意图如图 6-14 所示。手柄 1 有 5 个工作位置，前、后扳动手柄 1，其球头拨动鼓轮 2 做轴向移动，杠杆使横向进给离合器啮合，同时触动行程开关起动进给电动机正转或反转，实现床鞍向前或向后移动。同样，手柄 1 上、下扳动，其球头拨动鼓轮 2 回转，杠杆使升降离合器啮合，同时触动行程开关起动进给电动机正转或反转，实现工作台的升降移动。手柄 1 在中间位置时，床鞍和升降台均停止运动。

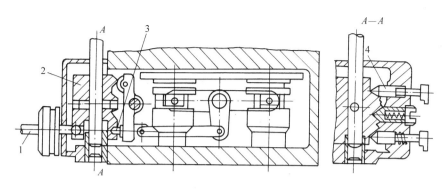

图 6-14　工作台横向和升降进给操纵机构示意图
1—手柄　2—鼓轮　3—带孔螺钉　4—顶杆

鼓轮 2 表面经淬火处理，硬度较高，一般不易损坏，装配前应清洗干净。如局部严重磨损，可用堆焊法修复并淬火处理。装配时，注意调整杠杆机构的带孔螺钉 3，保证离合器的正确开合距离，避免工作台进给中出现中断现象。扳动手柄 1 时，进给电动机应立即起动，否则应调节触动行程开关的顶杆 4。

（4）进给变速箱与升降台的装配与调整　进给变速箱与升降台组装时，要保证电动机轴上的齿轮 z_{26} 与轴Ⅶ上的齿轮 z_{44} 的啮合间隙，可以用调整进给变速箱与升降台结合面的垫片厚度来调节啮合间隙的大小。

9. 工作台与回转滑板的修理

（1）工作台与回转滑板的配刮　工作台中央 T 形槽一般磨损极少，刮研工作台上、下表面以及燕尾导轨时，应以中央 T 形槽为基准进行修刮。工作台上、下表面的平行度纵向公差为 0.01mm/500mm、横向公差为 0.01mm/300mm。

按中央 T 形槽与燕尾导轨两侧面平行度公差在全长上为 0.02mm 的要求刮研好各表面后，将工作台翻转过去，以工作台上表面为基准与回转滑板配刮，如图 6-15 所示。

1）回转滑板底面与工作台上表面的平行度公差在全长上为 0.02mm，滑动面间的接触斑点数在 25mm×25mm 内为 6～8 点。

2）粗刮楔铁，将楔铁装入回转滑板与工作台燕尾导轨间配研，滑动面的接触斑点数在 25mm×25mm 内为 8～10 点；非滑动面的接触斑点数为 6～8 点。用 0.04mm 塞尺检查楔铁两端与导轨面之间的密合程度，插入深度应小于 20mm。

（2）工作台传动机构的调整　工作台与回转滑板组装时，弧齿锥齿轮副的正确啮合间隙可通过配磨调整环 1 端面加以调整，如图 6-16 所示。工作台纵向丝杠螺母间隙的调整如图 6-17 所示，打开盖 1，松开螺钉 2，

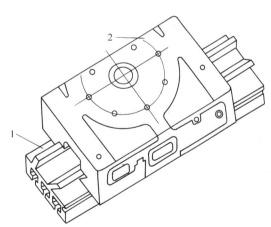

图 6-15　工作台与回转滑板配刮
1—工作台　2—回转滑板

用一字旋具转动蜗杆轴 4，通过调整外圆带蜗轮的螺母 5 的轴向位置来消除间隙。调好后，工作台在全长上运动时应无阻滞、轻便灵活，然后紧固螺钉 2，压紧垫圈 3，装好盖 1 即可。

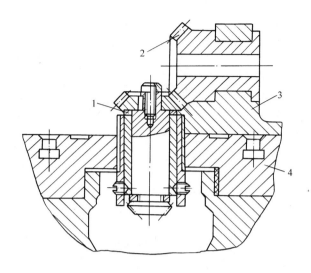

图 6-16　工作台弧齿锥齿轮副的调整

1—调整环　2—弧齿锥齿轮　3—工作台　4—回转滑板

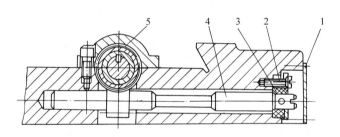

图 6-17　丝杠螺母间隙的调整机构

1—盖　2—螺钉　3—垫圈　4—蜗杆轴　5—外圆带蜗轮的螺母

10. 悬梁和床身顶面燕尾导轨的装配

悬梁的修理工作应与床身顶面燕尾导轨一起进行。可先磨或刮削悬梁导轨，达到精度后与床身顶面燕尾导轨配刮，最后进行装配。

将悬梁翻转过去，使导轨面朝上，对导轨面磨削或刮研修理，保证表面 A 的直线度公差为 $0.015\text{mm}/1000\text{mm}$；并使表面 B 与 C 的平行度公差为 $0.03\text{mm}/400\text{mm}$；接触斑点数在 $25\text{mm} \times 25\text{mm}$ 内为 $6 \sim 8$ 点，检测方法如图 6-18 所示。以悬梁导轨面为基准，刮研床身顶面燕尾导轨，配刮面的接触斑点数在 $25\text{mm} \times 25\text{mm}$ 内为 $6 \sim 8$ 点，与主轴中心线的平行度公差为 $0.025\text{mm}/300\text{mm}$。

11. 铣床常见故障分析与排除

铣床常见故障分析与排除方法见表 6-2。

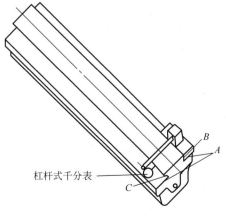

杠杆式千分表

图 6-18　悬梁导轨的精度检测

表 6-2　铣床常见故障分析与排除方法

序号	故障现象	产生原因	排除方法
1	主传动系统在运转中有周期性的响声	1）传动齿轮打齿 2）传动轴弯曲	1）修复或更换齿轮 2）校正、修复或更换新轴
2	主传动系统有非周期性的沉重声音	1）轴承磨损 2）某对传动齿轮的齿部严重磨损	1）调整轴承间隙或更换新轴承 2）修复或更换新齿轮
3	主轴变速转换手柄扳不动	1）竖轴手柄与孔连接卡死 2）扇形齿轮与齿条卡住 3）拨叉轴弯曲变形 4）齿条轴偏离孔盖上的孔	1）拆下竖轴，进行清洗或修光毛刺 2）保证啮合间隙（大约 0.15mm）和清洁 3）应进行校直 4）应变换其他各级转速，左右移动变速盘，调整定位器弹簧，使其定位可靠
4	主轴变速箱操纵手柄自动脱落	手柄内的弹簧刚度减小或脱落	更换弹簧或增加垫片
5	主轴温升太高	1）润滑不良 2）主轴弯曲	1）保证滚动轴承有良好的润滑，润滑油的牌号也应给予必要的注意 2）校正修复或更换主轴
6	工作台下滑板横向移动手感过重	1）下滑板镶条调整过紧 2）导轨面润滑条件差或拉毛 3）操作不当使工作台越位，导致丝杠弯曲 4）丝杠、螺母轴线同轴度超差 5）下滑板中央托架上的锥齿轮中心与中央花键轴中心偏移量超差	1）应适当放松镶条 2）检查导轨润滑供给条件是否良好，清除导轨面上的垃圾、切屑等 3）注意适当操作，不要做过载及损坏性切削 4）应检查丝杠、螺母轴线的同轴度误差，若超差则应调整螺母托架位置，使丝杠、螺母同轴度误差达到要求 5）应检查锥齿轮轴线与中央花键轴轴线的重合度误差，若超差则应按要求调整修复
7	铣床工作台进给时发生窜动	1）切削力过大或切削力波动过大 2）丝杠与螺母之间的间隙过大（使用普通丝杠螺母副） 3）丝杠两端端架上的超越离合器与轴架端面问的间隙过大（使用滚珠丝杠副）	1）应采用适当的切削余量，更换磨钝的刀具，避免断续切削，去除切削硬点 2）应调整丝杠与螺母的间隙，使其大小合适 3）应调整丝杠轴向定位间隙，使其大小合适
8	铣床左右手摇工作台时手感均过重	1）镶条调整过紧 2）丝杠轴架中心与丝杠螺母中心不同轴 3）导轨润滑条件差 4）丝杠弯曲变形	1）应适当调松镶条 2）应调整丝杆托架中心与丝杠螺母中心的同轴度误差，使其达到要求 3）应改善导轨润滑条件 4）应矫正或更换丝杠
9	铣床进给抗力过小或过大	1）保险机构弹簧过软或过硬 2）保险机构的弹簧压缩量过小或过大 3）电磁离合器摩擦片间隙过大或吸合力过大	1）应更换保险机构弹簧 2）应调整保险机构弹簧使压缩量适当 3）应适当调整摩擦片间隙，检查电磁牵引力是否符合技术要求

（续）

序号	故障现象	产生原因	排除方法
10	进给变速箱出现周期性噪声和响声	1）齿轮齿面出现毛刺和凸点 2）电动机轴和传动轴弯曲引起齿轮啮合不良 3）电动机转子和定子不同轴，引起磁力分布不匀 4）钢球保险离合器的调整螺母上定位销未压紧	1）应检查修理齿轮毛刺和凸点，调整齿轮装置位置，保持齿轮的正确啮合 2）应检查、校直传动轴，修复电动机主轴 3）可单独调试电动机，检查转子和定子是否同轴，其同轴度误差不得大于0.05mm 4）应将定位螺杆销可靠固定到位，并用钢丝固定
11	升降台操纵失控	1）当手柄扳到中间位置即断开时，电动机继续转动，控制升降台运动的杠杆高度没有调整好 2）按下快速行程开关时无快速运动，摩擦片间隙过大 3）端面齿离合器的行程不足6mm	1）应调整好高度，使其能够触及限位开关 2）应调整间隙在2~3mm之间 3）应调整牵引铁心上的螺母，或将有细齿孔的杠杆转过2~3牙
12	升降台上摇手感过重	1）升降台镶条调整过紧 2）导轨及丝杠螺母副润滑条件差 3）丝杠底座面对床身导轨的垂直度超差 4）防升降台自重下滑机构上的蝶形弹簧压力过大（升降丝杠副为滚珠丝杠副时） 5）升降丝杠弯曲变形	1）应适当调松镶条 2）应改善导轨的润滑条件 3）应调整并修正丝杠底面对床身导轨面的垂直度误差 4）应调整蝶形弹簧的压力至适中 5）升降丝杠弯曲变形。检查丝杠，若弯曲变形不严重，则应矫正；若变形严重，则更换丝杠
13	加工表面接刀处不平	1）主轴中心线与床身导轨平面的平面度、垂直度超差 2）各个部件的相对位置精度超差	1）应检查工作台的平行度，检查主轴中心线相对工作台面的平行度，检查升降台相对工作台面的垂直度 2）超差修正
14	自动进给时，进给箱保险结合处有响声，电动机正传停止而反转正常	锁紧摩擦片间隙所用的调整螺母、定位销脱出，摩擦片间隙减小，摩擦离合器起作用	应调整摩擦片的间隙，调整弹簧的压力，保证齿轮与离合器端面大约0.40~0.60mm间隙
15	摩擦片发热冒烟	摩擦片间隙过小	调整间隙在2~3mm之间
16	扳动纵向开关无进给运动	1）升降台上横向操作手柄不在中间位置 2）升降及横向进给机构中，联锁桥式接触点没有闭锁	1）应将横向操作手柄放在中间位置 2）调整使其闭锁
17	变换转速时没有点动	主轴电动机点动线路接触点失灵	检查电气线路，调整点动小轴的尾部调整螺钉，达到点动接触的要求

二、XA6132 万能升降台铣床电气控制系统的维修

1. 卧式铣床的运动形式

卧式铣床的主运动是安装在主轴上的铣刀的旋转运动，通过铣刀的旋转运动，对工件实现切削加工。铣削所用的切削刀具为各种形式的铣刀，铣削加工一般有顺铣和逆铣，分别使用刃口方向不同的顺铣刀和逆铣刀。

辅助运动：进给运动和冷却泵旋转运动。进给运动分为矩形工作台和圆工作台的进给。矩形工作台进给包括：垂直（上下）、纵向（左右）、横向（前后）六个方向的矩形工作台进给。上下进给运动由通过进给箱沿床身导轨上、下运动实现，左右进给和前、后进给通过工作台上的溜板实现。纵向（左右）由一个操纵手柄实现，垂直（上下）和横向（前后）由另一个操纵手柄实现。进给运动都有工作进给、快速进给两种速度。即：

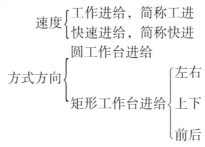

2. 铣床的控制要求与特点

XA6132 万能升降台铣床的电力拖动特点和控制要求，主要有以下几点：

1）主轴电动机正反转运行，以实现顺铣、逆铣。但旋转方向不需经常改变，仅在加工前预选主轴转动方向而在加工过程中不变换。

2）主轴具有停车制动功能，由制动电磁离合器实现。

3）主轴变速箱在变速时具有变速冲动功能，即短时点动，以利于变速时的齿轮啮合。

4）进给电动机正反转运行，工作台的垂直、横向和纵向 6 个方向的选择是由操纵手柄改变传动链来实现的。每个方向又有正反向的运动。

5）主轴电动机与进给电动机联锁，以防在主轴没有运转时，工作台进给损坏刀具或工件。

6）圆工作台进给与矩形工作台进给互锁，使用圆工作台时，矩形工作台不得移动，以防损坏刀具或工件。

7）矩形工作台各进给方向互锁，同一时间只允许工作台只有一个方向的移动，故应有联锁保护，以防损坏工作台进给机构。

8）工作台进给变速箱在变速时同样具有变速冲动。

9）主轴制动、工作台的工进和快进由相应的电磁离合器接通对应的机械传动链实现。

10）冷却泵电动机拖动冷却泵，供给冷却液。

11）为便于铣床操作者正面与侧面操作，机床应对主轴电动机的起动与停止及工作台的快速移动控制设有两地操作。

12）具有完善的电气保护。

13）具有局部照明。

3. 电气控制电路分析

XA6132 万能升降台铣床的电气控制电路如图 6-19 所示。

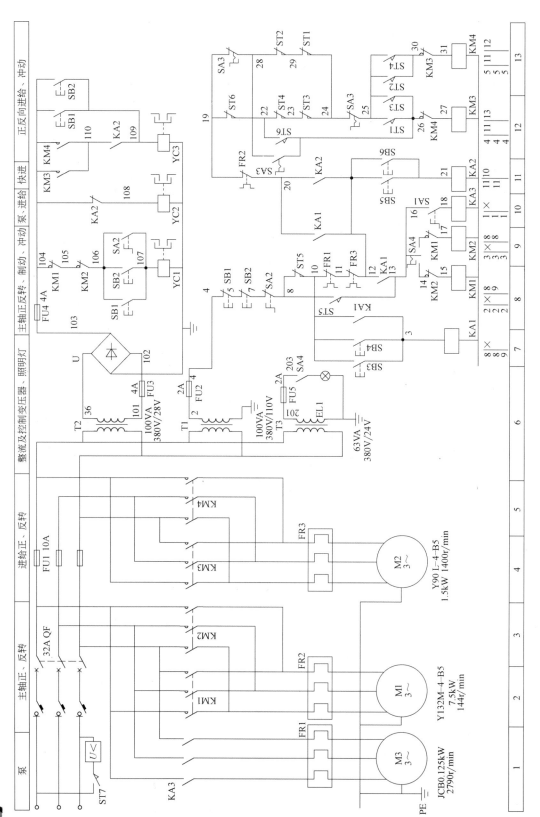

图 6-19 XA6132 万能升降台铣床的电气控制电路图

（1）主电路分析　主轴电动机 M1 由正、反转接触器 KM1、KM2 控制正反向直接起动运行，由热继电器 FR2 实现长期过载保护。

进给电动机 M2 由接触器 KM3、KM4 实现正反向运行直接启动，由热继电器 FR3 实现长期过载保护。

冷却泵电动机 M3 由中间继电器 KA3 实现直接起动，由热继电器 FR1 实现长期过载保护。

（2）控制电路分析　控制电路包括主轴电动机起动控制、主轴电动机制动控制、主轴变速冲动控制、矩形工作台进给控制、圆形工作台进给控制、进给变速冲动控制、工作台快进控制等部分。ST1、ST2 为与纵向机构操纵手柄有机械联系的纵向进给行程开关，ST3、ST4 为与垂直、横向机构操纵手柄有机械联系的垂直、横向进给行程开关，ST5 为主轴变速行程开关，ST6 为变速孔盘行程开关，SA3 为圆工作台转换开关，SA4 为主轴换向开关，其控制电路主要元器件见表6-3。

表6-3　XA6132 万能升降台铣床主要电路元器件表

符　号	名称及用途	符　号	名称及用途
M1	主轴电动机	SB1、SB2	主轴电动机停止按钮
M2	工作台进给电动机	SB3、SB4	主轴电动机起动按钮
M3	冷却泵电动机	SB5、SB6	快速移动按钮
KM1、KM2	主轴电动机正反转接触器	QF	断路器
KM3、KM4	进给电动机正反转接触器	ST1、ST2	纵向操作行程开关
KA1	中间继电器	ST3、ST4	垂直、横向操作行程开关
KA2	快速移动继电器	ST5	主轴变速行程开关
SA1	冷却泵转换开关	ST6	变速孔盘行程开关
SA2	主轴上刀制动开关	ST7	箱门断电保护开关
SA3	圆工作台转换开关	EL1	照明灯
SA4	主轴换向开关	T1	电磁离合器变压器
SA5	照明灯转换开关	T2	控制变压器
YC1	主轴制动电磁离合器	T3	照明变压器
YC2	工作进给电磁离合器	FU1～FU5	熔断器
YC3	快速移动电磁离合器	FR1～FR3	热继电器
U	晶体管桥式整流器	PE	保护接地线

1）主轴电动机 M1 的控制

① 主轴电动机 M1 的起动控制。主轴电动机 M1 由正、反转接触器 KM1、KM2 来控制实现正、反转全压起动，而且通过主轴换向开关 SA4 来预选电动机正反转运行方向。由停止按钮 SB1（或 SB2）、起动按钮 SB3（或 SB4）与 KM1、KM2 构成主轴电动机正反转两地操作控制电路。起动时，应将电源引入开关 QF 闭合，再把换向开关 SA4 扳到主轴所需的运转方向，然后按下起动按钮 SB3（或 SB4），中间继电器 KA1 线圈通电并自锁，常开触点 KA1（12-13）闭合，使 KM1 或 KM2 线圈得电吸合，其主触点接通主轴电动机电源，M1 实现全压起动。而 KM1 或 KM2 的常闭触点 KM1（104-105）或 KM2（105-106）断开，主轴制动电磁离合器线圈 YC1 电路断开。中间继电器 KA1 的另一常开触点 KA1（20-12）闭合，为工作台的进给与快速移动做好准备。

② 主轴电动机 M1 的制动控制。由主轴停止按钮 SB1（或 SB2）、正转接触器 KM1（或反转接触器 KM2）以及主轴制动电磁离合器 YC1 构成主轴制动停车控制环节。YC1 安装在

主轴传动链中与主轴电动机相连的第一根传动轴上，主轴停车时，按下 SB1（或 SB2），KM1（或 KM2）线圈断电释放，主轴电动机 M1 断开三相电源；同时 YC1 线圈通电，产生磁场，在电磁吸力作用下将摩擦片压紧产生制动力，使主轴迅速制动。当松开 SB1（或 SB2）时，YC1 线圈断电，摩擦片松开，制动结束。

③ 主轴上刀、换刀时的制动控制。在主轴上刀或更换铣刀时，主轴电动机 M1 不得旋转，否则将发生人身安全事故。为此，电路设有主轴上刀制动环节，由主轴上刀制动开关 SA2 控制。在主轴上刀换刀前，将 SA2 扳到"接通"位置。触点 SA2（7-8）断开，使主轴起动控制电路断电，主轴电动机 M1 不能起动旋转，而另一触点 SA2（106-107）闭合，接通主轴制动电磁离合器 YC1 线圈，使主轴处于制动状态。上刀、换刀结束后，再将 SA2 扳至"断开"位置，触点 SA2（106-107）断开，主轴制动结束，同时，触点 SA2（7-8）闭合，为主轴电动机 M1 起动做准备。

④ 主轴变速冲动控制。主轴变速箱装在床身左侧窗口上，变换主轴转速的操作顺序如下：

a. 将主轴变速手柄压下，使手柄的榫块自槽中滑出，然后拉动手柄，使榫块落到第二道槽内为止。

b. 转动变速刻度盘，把所需转速对准指针。

c. 把手柄推回原来位置，使榫块落进槽内。

在变速手柄复位时，将瞬间压下主轴变速行程开关 ST5，使常开触点 ST5（8-13）闭合，常闭触点 ST5（8-10）断开。于是 KM1 线圈瞬间通电吸合，其主触点接通主轴电动机 M1 使其瞬时点动，以利于变速后的齿轮啮合，当变速手柄榫块落入槽内时，ST5 不再受压，触点 ST5（8-13）断开，切断主轴电动机 M1 瞬时点动电路，主轴变速冲动结束。

主轴变速行程开关 ST5 的触点 ST5（8-10）是为主轴旋转时进行变速而设的，此时无须按下主轴停止按钮，只需将主轴变速手柄拉出，压下 ST5，使触点 ST5（8-10）断开，从而断开了主轴电动机的正转或反转接触器线圈电路，电动机停车，而后再进行主轴变速操作，电动机进行变速冲动，完成变速。变速完成后尚需再次起动电动机，主轴将在新选择的转速下起动旋转。

2）工作台进给电动机 M2 的控制。工作台进给方向的纵向（左右）运动、横向（前后）运动和垂直（上下）运动，都是由进给电动机 M2 的正反转来实现的。而正、反转接触器 KM3、KM4 是由行程开关 ST1、ST3 与 ST2、ST4 控制的，行程开关又是由两个机械操纵手柄控制的。这两个机械操纵手柄，一个是纵向操纵手柄，另一个是垂直与横向操纵手柄。扳动操纵手柄，在完成相应的机械挂挡的同时，压合相应的行程开关，从而接通接触器，起动进给电动机拖动工作台按预定方向运动。在工作进给时，由于快速移动继电器 KA2 线圈处于断电状态，而进给移动电磁离合器 YC2 线圈通电，工作台的运动是工作进给。

纵向操纵手柄有左、中、右三个位置，垂直与横向操纵手柄有上、下、前、后、中五个位置，分别见表6-4、表6-5。ST1、ST2 为与纵向机械操作手柄有机械联系的行程开关；ST3、ST4 为与垂直横向操作手柄有机械联系的行程开关。当这两个操纵手柄处于中间位置时，ST1～ST4 都处在未被压下的原始状态，当扳动操纵手柄时，将压下相应的行程开关。

表 6-4 工作台纵向操纵手柄位置

手柄位置	工作台运动方向	离合器接通的丝杠	行程开关动作	接触器动作	电动机运转
向右	向右进给或快速向右	纵向丝杠	ST1	KM3	M2 正转
向左	向左进给或快速向左	纵向丝杠	ST2	KM4	M2 反转
中间	升降或横向进给停止	—	—	—	—

表 6-5 工作台升降与横向操纵手柄位置

手柄位置	工作台运动方向	离合器接通的丝杠	行程开关动作	接触器动作	电动机运转
向上	向上进给或快速向上	垂直丝杠	ST4	KM3	M2 正转
向下	向下进给或快速向下	垂直丝杠	ST3	KM4	M2 反转
向前	向前进给或快速向前	横向丝杠	ST3	KM4	M2 反转
向后	向后进给或快速向后	横向丝杠	ST4	KM3	M2 正转
中间	升降或横向进给停止	—	—	—	—

SA3 为圆工作台转换开关,它有"接通""断开"两个位置、三对触点。当不需要圆工作台时,SA3 置于"断开"位置,此时触点 SA3(24-25)、SA3(19-28)闭合,SA3(28-26)断开。当使用圆工作台时,SA3 置于"接通"位置,此时触点 SA3(24-25)、SA3(19-28),断开,SA3(28-26)闭合。

在起动进给电动机 M2 之前,应先起动主轴电动机 M1。

① 工作台纵向进给运动的控制。若需工作台向右工作进给,将纵向进给操纵手柄扳向右侧,在机械上通过联动机构接通纵向进给离合器,在电气上压下行程开关 ST1,使常闭触点 ST1(29-24)断开,切断通往 KM3、KM4 的另一条通路,常开触点 ST1(25-26)闭合,使进给电动机 M2 的接触器 KM3 线圈得电吸合,M2 正向起动旋转,拖动工作台向右工作进给。

向右工作进给结束,将纵向操纵手柄由右位扳到中间位置,行程开关 ST1 不再受压,常开触点 ST1(25-26)断开,KM3 断电释放,M2 停止运转,工作台向右进给停止。工作台向左进给的电路与向右进给相仿,不再叙述。

② 工作台向前与向下进给运动的控制。将垂直与横向进给操纵手柄扳到"向前"位置,在机械上接通了横向进给离合器,在电气上压下行程开关 ST3,常开触点 ST3(25-26)闭合,常闭触点 ST3(23-24)断开,正转接触器 KM3 线圈通电吸合,进给电动机 M2 正向转动,拖动工作台向前进给。向前进给结束,将垂直与横向进给操纵手柄扳回中间位置,ST3 不再受压,KM3 线圈断电释放,M2 停止旋转,工作台停止向前进给。

工作台向下进给电路工作情况与"向前"时完全相同,只是将垂直与横向操作手柄扳到"向下"位置。

③ 工作台向后与向上进给的控制。该控制电路情况与向前和向下进给运动的控制相仿,只是将垂直与横向操作手柄扳到"向后"或"向上"位置,在机械上接通垂直或横向离合器,电气上都是压下行程开关 ST4,反向接触器 KM4 线圈通电吸合,进给电动机 M2 反向起动旋转,拖动工作台实现向后或向上的进给运动。当操纵手柄扳到中间位置时,进给结束。

④ 进给变速冲动的控制。进给变速冲动只有在主轴起动后,纵向操纵手柄、垂直与横向操纵手柄均处于中间位置时才可进行。

进给变速箱装在升降台的左边,进给速度的变换是由进给操纵箱来控制的,进给操纵箱位于进给变速箱前方。进给变速的操作顺序是:

a. 将蘑菇形手柄拉出。

b. 转动手柄，把刻度盘上所需的进给速度值对准指针。

c. 把蘑菇形手柄向前拉到极限位置，此时借变速孔盘推压行程开关 ST6。

d. 将蘑菇形手柄推回原位，此时 ST6 不再受压。

在蘑菇形手柄向前拉到极限位置，在反向推回之前，ST6 压下，常开触点 ST6（22-26）闭合，常闭触点 ST6（19-22）断开。此时，正转接触器 KM3 线圈瞬时通电吸合，进给电动机 M2 瞬时正向旋转获得变速冲动。如果一次瞬间点动时齿轮仍未进入啮合状态，此时变速手柄不能复位，可再次拉出手柄并推回，直到齿轮啮合为止。

⑤ 工作台快速移动的控制。工作台快速移动是由电磁离合器改变传动链来获得的。先起动主轴，将进给操纵手柄扳到所需方向对应位置，则工作台按操作手柄选择的方向，以选定的进给速度做工作进给。当按下快速移动按钮 SB5（或 SB6），接通快速移动继电器 KA2 电路，KA2 线圈得电吸合，常闭触点 KA2（104-108）断开，切断工作进给电磁离合器 YC2 线圈电路，而常开触点 KA2（110-109）闭合，快速移动电磁离合器 YC3 线圈通电，工作台按原运动方向快速移动。松开 SB5（或 SB6），快速移动立即停止，但仍以原进给速度继续进给，故快速移动为点动控制。

（3）其他电路的控制

1）圆工作台的控制。圆工作台的回转运动是由进给电动机 M2 经传动机构驱动的，使用圆工作台时，把圆工作台转换开关 SA3 扳到"接通"位置，再按下主轴起动按钮 SB3（或 SB4），KA1、KM1 或 KM2 线圈得电吸合，主轴电动机起动旋转。接触器 KM3 线圈经 ST1～ST4 行程开关的常闭触点和 SA3（28-26）触点通电吸合，进给电动机 M2 起动旋转，拖动圆工作台单向回转。此时工作台进给两个操纵手柄均处于中间位置。矩形工作台不动，只拖动矩形工作台回转。

2）冷却泵电动机 M3 的控制。冷却泵电动机 M3 通常在铣削加工时由冷却泵转换开关 SA1 控制，当 SA1 扳到"接通"位置时，中间继电器 KA3 线圈得电吸合，冷却泵电动机 M3 起动旋转，并由热继电器 FR3 做长期过载保护。

3）机床照明的控制。机床照明由照明变压器 T3 供给 24V 安全电压，并由控制开关 SA4 控制照明灯 EL1。

（4）电气控制电路中的联锁与保护 XA6132 万能升降台铣床运动较多，电气控制电路较为复杂，为安全可靠地工作，电路具有完善的联锁与保护，如熔断器 FU1～FU5 的短路保护、FR1～FR3 的过载保护、断路器 QF 的过电流、欠电压保护、ST1～ST7 的限位保护等。

1）主轴电动机的保护。

2）控制回路的保护。

3）进给电动机的保护。

4）主轴运动与进给运动的顺序联锁。

5）矩形工作台 6 个进给运动方向上的互锁保护，铣床工作时，只允许工作台一个方向运动。

6）工作台进给运动与快速运动的联锁。

7）矩形工作台进给与圆工作台进给的互锁保护。

4. 常见故障分析及维修

（1）主轴电动机 M1 不能起动运行

原因分析：①断路器 QF 没有合上或损坏，主电路无电压；②主轴换向开关 SA4 没有合上或者损坏；③热继电器 FR1 的热元件断路；④热继电器 FR1 过载保护，FR1（10-11）断开；⑤SB3 或 SB4 未闭合，起动按钮开路；⑥交流接触器故障，如主触点损坏，或线圈开路或电压不匹配，或其机械卡死不能动作；⑦起动控制电路故障导致交流接触器 KM1（或 KM2）线圈不得电。

维修方法：①将万用表调至电压档的合理量程，检查电源进线电压是否正确，合上断路器 QF，测量断路器出线端任意两相电压是否正确，如果测得电压异常或为零，则应维修和更换断路器 QF；②断开电源，转动 SA4 手柄，将万用表调至欧姆档或蜂鸣档，检查 SA4 是否损坏，若损坏则应维修或更换；③将万用表调至欧姆档或蜂鸣档，检查热继电器的热元件是否损坏；④交流接触器能够吸合，主触点和辅助常开触点均能够闭合，但电动机仍不启动时，需检查热继电器 FR1（10-11）是否断开，或电动机是否存在故障；⑤使用万用表调至欧姆档或蜂鸣档，检查 SB3 或 SB4 是否损坏；⑥交流接触器不能吸合时，应使用万用表检查线圈是否开路，所有触点是否能正常动作和复位，若损坏则需更换交流接触器；若交流接触器完好，可检查交流接触器线圈电压与实际接入电压是否匹配；⑦用万用表检查 SA2、SQ5、KA1 是否损坏，若损坏则需维修和更换。

（2）按停止按钮后主轴不停转

原因分析：由于主轴电动机 M1 起动和制动频繁，往往造成接触器 KM1（或 KM2）的主触点发生熔焊，以致无法断开主轴电动机电源造成的。

维修方法：切断电源，使用万用表欧姆档或蜂鸣档，检查相应接触器主触点是否发生熔焊，如果发生熔焊，则更换对应交流接触器；如果触点未发生熔焊，则应检查相应交流接触器电磁机构复位弹簧是否被卡死。

（3）主轴停车时不能迅速制动甚至无制动作用

原因分析：①操作不到位，SB1（106-107）常开触点或 SB2（106-107）常开触点未闭合；②电气故障，SB1 或 SB2 损坏，SB1（106-107）常开触点或 SB2（106-107）常开触点无法闭合；③KM1（104-105）或 KM2（105-106）触点无法闭合；④制动电磁离合器 YC1 线圈损坏；⑤机械故障，制动电磁离合器吸力不够，使内外摩擦片不能压紧，制动效果差。

维修方法：①操作时将停止按钮 SB1 或 SB2 按到底，使 SB1（106-107）常开触点或 SB2（106-107）常开触点闭合；②更换 SB1 或 SB2 按钮；③更换 KM1 或 KM2 的辅助常闭触点；④当按下 SB1 或 SB2，若 KM1 或 KM2 所有触点均能正常动作和复位，并且换刀制动也无法实现时，即可断定制动电磁离合器故障，如果 YC1 线圈损坏，更换线圈即可；⑤检查机械制动部件在制动时是否接触良好，可调整间隙以保证制动离合器吸合制动良好。

（4）主轴变速时无冲动过程

原因分析：①主轴变速行程开关 ST5 的常开触点闭合接触不良或损坏；②下压主轴变速手柄时，机械顶销未碰撞到主轴冲动行程开关 ST5 所致。

维修方法：①将主轴变速行程开关 ST5 的常开触点修复好即可；②调整主轴变速手柄机械顶销与行程开关 ST5 之间的位置，达到变速冲动接触的要求。

（5）主轴电动机 M1 运转正常，而进给电动机不运转

原因分析：①FU1 断路；②进给电动机 M2 主电路中的接触器 KM3（或 KM4）主触点接触不良；③热继电器 FR2 的热元件断路；④进给电动机 M2 本身故障；⑤进给电动机 M2

控制回路的线路或电器元件发生故障。

维修方法：①将万用表调至欧姆档或蜂鸣档，检查熔断器的熔丝是否熔断；②检查进给电动机 M2 主电路接触器 KM3（或 KM4）的动作状况，是否接触良好，若不正常，修复或者更换元件；③检查热继电器 FR2 的热元件是否断路，若不正常，更换元件；④检查进给电动机 M2，对故障及时维修或更换电动机；⑤检查进给控制线路各元件触头接触状况，发现故障则维修线路或更换元件。

（6）工作台各个方向都不能进给

原因分析：常见故障有接触器 KM3（或 KM4）主触点接触不良、进给电动机 M2 接线脱落或绕组断路等。

维修方法：用万用表先检查控制回路电压是否正常，若控制回路电压正常，可扳动操纵手柄至任一运动方向，观察其相关接触器是否吸合，若吸合则断定控制回路正常；此时着重检查电动机主回路，常见故障有接触器主触点接触不良、进给电动机 M2 接线脱落或绕组断路等，维修即可排除。

（7）工作台上、下和前、后进给正常、但左右不能进给

原因分析：①升降与横向操纵手柄不在中间位置；②升降及横向进给机构中，联锁触点没有闭合；③由于工作台向前、向后进给正常，则说明进给电动机 M2 主回路和接触器 KM3 或 KM4 及行程开关 ST1 或 ST2 的常闭触点工作都正常，而 ST1 和 ST2 的常开触点同时发生故障的可能性也较小，这样，故障的范围就缩小到三个行程开关 ST3、ST4、ST6 的三对常闭触点上，这三对触点只要有一对接触不良或损坏，就会使工作台向左或向右都不能进给。

维修方法：①应将升降与横向操纵手柄放在中间位置；②使联锁触点均闭合；③可用万用表分别测量这三对触点的电阻或与线圈之间的电压来判断哪对触点损坏。这三对触点中，ST6 是进给变速冲动行程开关，变速时常因手柄扳动用力过猛而损坏。

（8）工作台不能向右进给

原因分析：①行程开关 ST1 不能动作，或其触点开路；②向右进给的机械传动链损坏。

维修方法：①可用万用表测量触点的电阻或与线圈之间的电压来判断；②检查排除向右进给的机械传动链。

（9）工作台不能快速移动

原因分析：①对应的快速移动继电器 KA2 存在故障；②控制按钮 SB5（或 SB6）触点损坏或接触不良；③KM3、KM4 和 YC2 线圈故障。

维修方法：①检查对应继电器 KA2，及时维修更换；②检查控制按钮 SB5（或 SB6）接触或损坏情况，及时更换、维修；③检查 KM3、KM4 线圈接线和输出电压是否正确，观察工作台能否进给，若能进给无法快移，则 YC2 线圈故障，若线圈损坏则应维修更换。

（10）冷却泵电动机不运转

原因分析：①冷却泵控制继电器 KA3 有故障；②热继电器 FR3 热元件断路；③冷却泵电动机 M3 本身故障；④控制回路线路或元件故障。

维修方法：①检查冷却泵电动机 M3 主电路继电器 KA3 三对触点的动作和复位情况，如不正常则修复或更换；②检查热继电器 FR3 的热元件是否短路，若不正常则更换；③检查进给电动机 M3，对故障及时维修或更换电动机；④检查冷却泵控制线路各元件触点接触状况，发现故障维修线路或更换元件。

三、试车验收

1. 空运转试验

（1）空运转试验前的准备工作

1）将机床置于自然水平，不用螺栓固定。

2）检查各油路，并用煤油清洗，使油路均畅通无阻。

3）用手操纵所有移动装置在全长上运动，应无阻滞、轻便灵活。

4）在摇动手轮或手柄，特别是起动电动机进给时，工作台各方向的夹紧手柄应松开。

5）检查电动机旋转方向和限位装置。

（2）空运转试验

1）空运转试验从低速开始，逐级加速，各级转速的运转时间不少于2min，最高转速运转时间不少于30min，主轴承达到稳定时温度低于60℃。

2）起动进给电动机，进行逐级进给运动及快速移动试验，各级进给量的运转时间大于2min，最大进给量运转达到稳定温度时，轴承温度应低于50℃。

3）所有转速的运转中，各工作机构应平稳，无冲击、振动和周期性噪声。

4）机床运转时，各润滑点应有连续和足够的油液。各轴承盖、油管接头均不得漏油。

5）检查电气设备的工作情况，包括电动机起动、停止、反向、制动和调速的平稳性等。

2. 负载试验

机床负载试验的目的是考核机床主运动系统能否承受标准所规定的最大允许切削规范，也可根据机床实际使用要求取最大切削规范的2/3。一般选下述项目中的一项进行切削试验。

（1）切削钢的试验　切削材料为正火210~220HBS的45钢。

1）圆柱铣刀：直径=100mm，齿数=4；切削用量：宽度=50mm，深度=3mm，转速=750r/min，进给量=750mm/min。

2）端面铣刀：直径=100mm，齿数=14；切削用量：宽度=100mm，深度=5mm，转速=37.5r/min，进给量=190mm/min。

（2）切削铸铁试验　切削材料为180~220HBS的HT200。

1）圆柱铣刀：直径=90mm，齿数=18，切削用量：宽度=100mm，深度=11mm，转速=47.5r/min，进给量=118mm/min。

2）端面铣刀：直径=200mm，齿数=16，切削用量：宽度=100mm，深度=9mm，转速=60r/min，进给量=300mm/min。

3. 工作精度检验

机床工作精度检验应在机床空运转试验和负载试验之后，并确认机床所有机构均处于正常状态，按照GB/T 3933.2—2002卧式升降台铣床精度标准、检验方法进行。

切削试件材料为铸铁，试件的形状尺寸如图6-20所示，用圆柱铣刀进行铣削加工，铣刀直径小于60mm。铣削加工前，应对试件底面先进行精加工，在一次安装中，用工作台纵向机动、升降台机动和床鞍横向手动铣削A、B、C三个表面。用工作台纵向机动和升降台手动铣削D面，接刀处重叠5~10mm。试件应安装于工作台纵向中心线上，使试件长度相等地分布在工作台中心线的两边。铣削后应达到的精度如下：

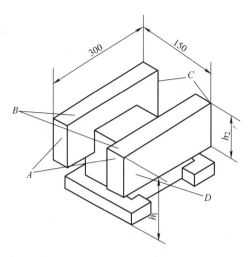

图 6-20　试件的形状尺寸

1）表面 B 的等高度公差为 0.03mm。

2）表面 A 和 B、表面 C 和 B 的垂直度公差为 0.02mm；表面 A、B、C 和 D 的垂直度公差为 0.03mm。

3）表面 D 的平面度公差为 0.02mm。

4）各加工面的表面粗糙度值为 Ra1.6μm。

4. 几何精度检验

机床的几何精度检验，可按照 GB/T 3933.2—2002 卧式升降台铣床精度标准、检验方法进行。如果机床已修过多次，有些项目达不到精度标准，则可根据加工工艺要求选择项目验收。

任务二　数控机床类设备的维修

一、数控机床的维护与保养

数控机床通常都是企业的重要设备，要发挥数控机床的高效益，只有正确操作和精心维护，才能确保它的完好率。正确操作和使用能防止机床非正常磨损，避免突发故障；精心维护可使机床保持良好的技术状态，延缓劣化进程，及时发现和消灭故障，防患于未然，从而保障安全运行。因此，数控机床的正确使用与精心维护，是贯彻预防为主的设备维修管理方针的重要环节。

1. 数控机床使用中应注意的问题

数控机床生产效率高，零件加工精度好，产品质量稳定，还可以完成很多普通机床难以完成或根本不能加工的复杂型面的零件加工。但是，数控机床整个加工过程是由大量电子元器件组成的数控系统按照数字化的程序完成的，在加工中途由于数控系统或执行部件的故障造成的工件报废或安全事故，一般情况下操作者是无能为力的。所以，对于数控机床工作的稳定性、可靠性的要求最为重要。为此，在使用数控机床时应注意以下问题。

（1）数控机床的使用环境　一般来说，数控机床的使用环境没有什么特殊的要求，可以同普通机床一样放在生产车间里，但是，要避免阳光的直接照射和其他热辐射，要避免太潮湿或粉尘过多的场所，特别要避免有腐蚀性气体的场所。腐蚀性气体最容易使电子元器件受到腐蚀变质，或造成接触不良，或造成元器件间短路，影响机床的正常运行。要远离振动大的设备，如冲床、锻压设备等。对于高精密的数控机床，还应采取防振措施（如防振沟等）。

由于电子元器件的技术性能受温度影响较大，当温度过高或过低时，会使电子元器件的技术性能发生较大变化，使工作不稳定或不可靠而增加故障的发生。因此，对于精度高、价格昂贵的数控机床使其置于有空调的环境中使用是比较理想的。

(2) 电源要求 数控机床对电源通常没有特殊要求，一般都允许波动 ±10%，但是由于我国供电的具体情况，不仅电源波动幅度大（有时远远超过10%），而且质量不高，交流电源上往往叠加有一些高频杂波信号，用示波器可以清楚地观察到，有时还出现幅度很大的瞬间干扰信号，破坏数控系统的程序或参数，影响机床的正常运行。数控机床采取专线供电（从低压配电室就分一路单独供数控机床使用），或增设稳压装置，则可以减少供电质量的影响和电气干扰。

(3) 数控机床应有操作规程 操作规程是保证数控机床安全运行的重要措施之一，操作者一定要按操作规程操作。机床发生故障，操作者要注意保留现场，并向维修人员如实说明出现故障前后的情况，以利于分析、诊断出故障的原因，及时排除故障，减少停机时间。

(4) 数控机床不宜长期封存不用 购买数控机床后要充分利用，尽量提高机床的利用率，尤其是投入使用的第一年，更要充分利用，使其容易出故障的薄弱环节尽早暴露出来，故障的隐患尽可能在保修期内得以排除。有了数控机床舍不得用，这不是对设备的爱护，反而会由于受潮等原因加快电子元器件的变质或损坏。如果工厂没生产任务，数控机床较长时间不用，也要定期通电，不能长期封存起来，最好是每周能通电 1~2 次，每次空运行 1h 左右，以利用机床本身的发热量来降低机内的湿度，使电子元器件不致受潮；同时也能及时发现有无电池报警发生，以防止系统软件、参数的丢失。

2. 数控系统的维护

数控系统经过一段较长时间的使用，某些元器件性能要老化甚至损坏，有些机械部件更是如此。为了尽量延长元器件的寿命和零部件的磨损周期，防止各种故障，特别是恶性事故的发生，就必须对数控系统进行日常的维护。具体的日常维护保养要求，在数控系统的使用、维修说明书中都有明确的规定。概括起来，要注意以下几个方面。

(1) 严格遵守操作规程和日常维护制度 数控系统编程、操作和维修人员必须经过专门的技术培训，熟悉所用数控机床的数控系统的使用环境、条件等，能按机床和系统使用说明书的要求正确、合理地使用，应尽量避免因操作不当引起的故障。通常，首次采用数控机床或由不熟练工人来操作，在使用的第一年内，有1/3以上的系统故障是由于操作不当引起的。同时，根据数控系统各种部件特点，确定各自保养条例，如明文规定哪些地方需要天天清理（如数控系统的输入/输出单元光电阅读机清洁，检查机械结构部分是否润滑良好等），哪些部件要定期检查或更换（如直流伺服电动机电刷和换向器应每月检查一次）。

(2) 应尽量少开数控柜和强电柜的门 因为在机加工车间的空气中一般都含有油雾、灰尘甚至金属粉末，一旦它们落在数控系统内的电路板或电子元器件上，容易引起元器件间绝缘电阻下降，甚至导致元器件及电路板的损坏。有的用户在夏天为了使数控系统能超负荷长期工作，采取打开数控柜的门来散热，这是一种极不可取的方法，其最终将导致数控系统的加速损坏。正确的方法是降低数控系统的外部环境温度。因此，应该有一种严格的规定，除非进行必要的调整和维修，否则不允许随意开启柜门，更不允许在使用时敞开柜门。

一些已受外部尘埃、油雾污染的电路板和接插件，可采用专用电子清洁剂喷洗。在清洁接插件时可对插孔喷射足够的液雾后，将原插头或插脚插入，再拔出，即可将脏物带出，可反复进行，直至内部清洁为止。接插件插好后，多余的喷液会自然滴出，将其擦干即可，经过一段时间之后，自然干燥的喷液会在非接触表面形成绝缘层，使其绝缘良好。在清洗受污染的电路板时，可用清洁剂对电路板进行喷洗。喷完后，将电路板竖放，使污物随多余的液体一起流出，待晾干之后即可使用。

（3）定时清扫数控柜的散热通风系统 应每天检查数控柜上的各个冷却风扇工作是否正常。视工作环境的状况，每半年或每季度检查一次风道过滤器，看是否有堵塞现象。如果过滤网上灰尘积聚过多，则需及时清理，否则将会引起数控柜内温度过高（一般不允许超过55℃），造成过热报警或数控系统工作不可靠。

清扫的具体方法如下：①拧下螺钉，拆下空气过滤器；②在轻轻振动过滤器的同时，用压缩空气由里向外吹掉空气过滤器内的灰尘；③过滤器太脏时，可用中性清洁剂（清洁剂和水的配方为5∶95）冲洗（但不可揉擦），然后置于阴凉处晾干即可。由于环境温度过高，造成数控柜内温度超过55～60℃时，应及时加装空调装置。安装空调后，数控系统的可靠性会有明显的提高。

（4）数控系统的输入/输出装置的定期维护 早期生产的一些老的数控机床，大部分都带有光电式纸带阅读机。当读带部分被污染时，将导致读入信息出错，为此，应做到以下几点：①每天必须对纸带阅读机的表面（包括发光体和受光体）、纸带压板以及纸带通道用蘸有酒精的纱布进行擦拭；②每周定时擦拭纸带阅读机的主动轮滚轴、压紧滚轴以及导向滚轴等运动部件；③每半年对导向滚轴、张紧臂滚轴等加注润滑油一次；④一旦使用纸带阅读机完毕，就应将装有纸带的阅读机的小门关上，防止灰尘落入。

（5）定期检查和更换直流电动机电刷 虽然在现代数控机床上有用交流伺服电动机和交流主轴电动机取代直流伺服电动机和直流主轴电动机的倾向，但早期生产的一些老的数控机床，大多使用直流伺服系统。直流电动机电刷的过度磨损将会影响电动机的性能，甚至造成电动机损坏。为此，应对电动机电刷进行定期检查和更换。数控车床、数控铣床、加工中心等，应每年检查一次，频繁加速机床（如冲床等），应每两个月检查一次。检查步骤如下：①要在数控系统处于断电状态，且电动机已经完全冷却的情况下进行检查。②取下橡胶刷帽，用螺纹旋具拧下刷盖取出电刷。③测量电刷长度，如磨损到原长的一半左右时必须更换同型号的新电刷。④仔细检查电刷的弧形接触面是否有深沟或裂缝，以及电刷弹簧上有无打火痕迹，如有上述现象必须用新电刷交换，并在一个月后再次检查。如还发生上述现象，则应考虑电动机的工作条件是否过分恶劣或电动机本身是否有问题。⑤用不含金属粉末、不含水分的压缩空气导入电刷孔，吹净粘在孔壁上的电刷粉末。如果难以吹净，可用螺纹旋具尖轻轻清理，直至孔壁全部干净为止。但要注意不要碰到换向器表面。⑥重新装上电刷，拧紧刷盖。如果更换电刷，要使电动机空运行跑上一段时间，以使电刷表面与换向器表面吻合良好。

（6）经常监视数控系统的电网电压 通常，数控系统允许的电网电压波动范围为额定值的 −15%～10%，如果超出此范围，轻则使数控系统不能正常工作；重则会造成重要电子元器件损坏。因此，要经常注意电网电压的波动。对于电网质量较差的地区，应及时配置数控系统用的交流稳压装置，这将会明显降低故障率。

（7）定期更换存储器用电池 存储器如采用 CMOS RAM，为了在数控系统不通电期间能保持存储的内容，内部设有可充电电池维持电路。在正常电源供电时，由 +5V 电源经一个二极管向 CMOS RAM 供电，并对可充电电池进行充电。当数控系统切断电源时，则改为由电池供电来维持 CMOS RAM 内的信息。在一般情况下，即使电池尚未失效，也应每年更换一次电池，以便确保系统能正常地工作。另外，一定要注意的是，电池的更换应在数控系统供电状态下进行，这样才不会造成存储参数丢失。一旦参数丢失，在调换新电池后，可将参数重新输入。

（8）数控系统长期不用时的维护 为提高数控系统的利用率和减少数控系统的故障，数控机床应满负荷使用，而不要长期闲置不用。由于某种原因，数控系统长期闲置不用时，为了避免数控系统损坏，需注意以下两点：①要经常给数控系统通电，特别是在环境湿度较大的梅雨季节更应如此。在机床锁住不动（即伺服电动机不转）的情况下，让数控系统空运行，利用电器元件本身的发热来驱散数控系统内的潮气，保证电子元器件性能稳定可靠。实践证明，在空气湿度较大的地区，经常通电是降低故障率的一个有效措施。②如果数控机床的进给轴和主轴采用直流电动机来驱动时，应将电刷从直流电动机中取出，以免由于化学腐蚀作用，使换向器表面腐蚀，造成换向器性能变坏，甚至使整台电动机损坏。

（9）备用电路板的维护 印制电路板长期不用容易出故障，因此对所购的备用板应定期装到数控系统中通电运行一段时间，以防损坏。

（10）做好维修前的准备工作 为了能及时排除故障，应在平时做好维修前的充分准备，主要有三个方面：

1）技术准备。维修人员应在平时充分了解系统的性能。为此，应熟读有关系统的操作和维修说明书，掌握数控系统的框图、结构布置以及电路板上可供检测的测试点上正常的电平值或波形。维修人员应妥善保存好数控系统现场调试之后的系统参数文件和 PLC 参数文件，它们可以是参数表或参数纸带。另外，随机提供的 PLC 用户程序、报警文件、用户宏程序参数和刀具文件参数以及典型的零件程序、数控系统功能测试纸带等都与机床的性能和使用有关，都应妥善保存。如有可能，维修人员还应备有系统所用的各种元器件手册（如IC 手册等），以备随时查阅。

2）工具准备。作为最终用户，维修工具只需准备一些常用的仪器设备，如交流电压表、直流电压表，其测量误差在 ±2% 范围内即可。万用表应准备一块机械式的，可用它测量晶体管，各种规格的螺纹旋具也是必备的。如有纸带阅读机，则还应准备清洁纸带阅读机用的清洁液和润滑油等化学用品。如有条件，最好还具备一台带存储功能的双线示波器和逻辑分析仪，这样在查找故障时，可使故障范围缩小到某个元器件、零件。无论使用何种工具，在进行维修时，都应确认系统是否通电，不要因仪器测头造成元器件短路而引起系统的更大故障。

3）备件准备。为了能及时排除故障，用户应准备一些常用的备件，如各种熔断器、晶体管模块以及直流电动机用电刷。至于备用电路板，则视用户经济条件而定。一般来说，可不必准备，一是花钱多；二是长期不用，反而更易损坏。

3. 机械部件的维护

数控机床的机械结构较传统机床的机械结构简单，但机械部件的精度提高了，对维护提出了更高要求。同时，由于数控机床还有刀库及换刀机械手、液压和气动系统等，机械部件维护的面更广，工作量更大。数控机床机械部件维护与传统机床的不同有：

（1）主传动链的维护

1）熟悉数控机床主传动链的结构、性能和主轴调整方法，严禁超性能使用。出现不正常现象时，应立即停机排除故障。

2）使用带传动的主轴系统，需定期调整主轴驱动带的松紧程度，防止因带打滑造成的丢转现象。

3）注意观察主轴箱温度，检查主轴润滑恒温油箱，调节温度范围，防止各种杂质进入油箱，及时补充油量。每年更换一次润滑油，并清洗过滤器。

4）经常检查压缩空气气压，调整到要求标准值，足够的气压才能使主轴锥孔中的切屑和灰尘清理干净，保持主轴与刀柄连接部位的清洁。主轴中刀具夹紧装置长时间使用后，会产生间隙，影响刀具的夹紧，需及时调整液压缸活塞的位移量。

5）对采用液压系统平衡主轴箱重量的结构，需定期观察液压系统的压力，油压低于要求值时，需及时调整。

（2）滚珠丝杠螺母副的维护

1）定期检查、调整滚珠丝杠螺母副的轴向间隙，保证反向传动精度和轴向刚度。

2）定期检查滚珠丝杠支承与床身的连接是否有松动以及支承轴承是否损坏。如有以上问题，要及时紧固松动部位，更换支承轴承。

3）采用润滑脂润滑的滚珠丝杠，每半年一次清洗滚珠丝杠上的旧润滑脂，换上新的润滑脂。用润滑油润滑的滚珠丝杠，每次机床工作前加油一次。

4）注意避免硬质灰尘或切屑进入滚珠丝杠防护罩和工作中碰击防护罩，防护装置若有损坏要及时更换。

（3）刀库及换刀机械手的维护

1）用手动方式往刀库上装刀时，要确保装到位，装牢靠，并检查刀座上的锁紧是否可靠。

2）严禁把超重、超长的刀具装入刀库，防止在机械手换刀时掉刀或刀具与工件、夹具等发生碰撞。

3）采用顺序选刀方式需注意刀具放置在刀库上的顺序是否正确；其他选刀方式也要注意所换刀具号是否与所需刀具一致，防止换错刀具导致事故发生。

4）注意保持刀具刀柄和刀套的清洁。

5）经常检查刀库的回零位置是否正确，检查机床主轴回换刀点位置是否到位，并及时调整，否则不能完成换刀动作。

6）开机时，应先使刀库和机械手空运行，检查各部分工作是否正常，特别是各行程开关和电磁阀能否正常动作。检查机械手液压系统的压力是否正常，刀具在机械手上锁紧是否可靠，发现不正常要及时处理。

（4）液压系统维护

1）定期对油箱内的油液进行取样化验，检查油液质量，定期过滤或更换油液。

2）定期检查冷却器和加热器的工作性能，控制液压系统中油液的温度在标准要求内。

3）定期检查更换密封件，防止液压系统泄漏。

4）定期检查清洗或更换液压件、滤芯，定期检查清洗油箱和管路。

5）严格执行日常点检制度，检查系统的泄漏、噪声、振动、压力、温度等是否正常，将故障排除在萌芽状态。

（5）气动系统维护

1）选用合适的过滤器，清除压缩空气中的杂质和水分。

2）注意检查系统中油雾器的供油量，保证空气中含有适量的润滑油来润滑气动元件，防止生锈、磨损造成空气泄漏和元件动作失灵。

3）定期检查更换密封件，保持系统的密封性。

4）注意调节工作压力，保证气动装置具有合适的工作压力和运动速度。

5）定期检查、清洗或更换气动元件、滤芯。

4. 机床精度的维护检查

机床精度是保证机床性能的基础，加强机床精度的保养，定期进行精度检查是机床使用、维护工作中的一项重要内容。机床精度的维护，要做到严格执行机床的操作和维护规程，严禁超性能使用。精度检查的具体方法可按前述机床精度检验的内容进行。

值得注意的是，对机床精度进行检查时，不仅需要注意单项精度，而且需要注意各项精度的相互关系。任何一项精度超过允许值都需要调整。如遇到如下情况，则必须进行机床的精度检验：①由于操作失误或机床故障造成撞车后；②机床移动、状态发生变化后。当机床进行动态精度检查时，加工时工件尺寸变动可能是由机床热变形和切削液温度的升高造成的。

机床热变形主要是由滚珠丝杠的热变形和主轴的热变形引起，这些变形随着机床运转时间和运转状况而变化，必须对这些变形进行适时补偿。切削液的温度影响也很重要，因为切削液直接与工件接触，因此也必须对切削液温度进行管理，这样才能正确反映机床的动态精度。当发现机床丧失原有精度时，必须尽快修复并恢复精度。

二、常见控制系统故障诊断

数控装置控制系统故障主要利用自诊断功能报警号，计算机各板的信息状态指示灯，各关键测试点的波形、电压值，各有关电位器的调整，各短路销的设定，有关机床参数值的设定，专用诊断元件，并参考控制系统维修手册、电气图册等加以排除。控制系统部分的常见故障如下：

1. 电池报警故障

当数控机床断电时，为保存好机床控制系统的机床参数及加工程序，需靠后备电池予以支持。这些电池到了使用寿命，其电压低于允许值时，就产生电池故障报警。当报警灯亮时，应及时予以更换，否则，机床参数就容易丢失。因为换电池容易丢失机床参数，所以应该在机床通电时才更换电池，以保证系统能正常地工作。

2. 键盘故障

在用键盘输入程序时，若发现有关字符不能输入、不能消除、程序不能复位或显示屏不能变换页面等故障，应首先考虑有关按键是否接触不良，予以修复或更换。若不见效或者所用按键都不起作用，可进一步检查该部分的接口电路、系统控制软件及电缆连接状况等。

3. 熔丝故障

控制系统内熔丝烧断故障，多出现于对数控系统进行测量时的误操作，或由机床发生撞车等意外事故引起。因此，维修人员要熟悉各种熔丝的保护范围，以便发生问题时能及时查出并予以更换。

4. 刀位参数的更改

例如，FANUC 10T 系统控制的 F12 数控车床带有两个换刀台。在加工过程中，由于机床的突然断电或因意外操作了急停按钮，使机床刀具的实际位置与计算机内存的刀位号不符，如果操作者不注意，往往会发生撞车或打刀废活等事故。因此，一旦发现刀位不对，应及时核对控制系统内存刀位号与实际刀台位置是否相符，若不符，应参阅说明书介绍的方法，及时地将控制系统内存中的刀位号改为与刀台位置一致。

5. 控制系统的"Not Ready（没准备好）"故障

1）应首先检查显示面板上是否有其他故障指示灯亮及故障信息提示，若有问题应按故障信息目录的提示去解决。

2）检查伺服系统电源装置是否有熔丝断、断路器跳闸等问题，若合闸或更换了熔丝后，断路器再跳闸，应检查电源部分是否有问题；检查是否有电动机过热、大功率晶体管组件过电流等故障而使计算机监控电路起作用；检查控制系统各板是否有故障灯显示。

3）检查控制系统所需各交流电源、直流电源的电压值是否正常。若电压不正常，也可造成逻辑混乱而产生"Not Ready"故障。

6. 机床参数的修改

对每台数控机床都要充分了解并掌握各机床参数的含义及功能，它除能帮助操作者很好地了解该机床的性能外，有的还有利于提高机床的工作效率或用于排除故障。

例如西门子7ME 系统控制的 FP5C 加工中心，随着温度及使用状况的变化，可能会使伺服系统的漂移值超过给定的允许值，使机床不能工作并产生报警。如果及时对控制系统的 IE16 参数值做适当更改并进行手动补偿，即可排除故障。再如，该机床有时出现进给轴时走时停等现象，这是由于行程开关接触电阻过大，使有关信号没能及时发出。若不属上述原因，可通过对有关轴位置测量回路的测量，使感应同步器产生的正弦信号与 DEST 信号的相位对齐，并对 I'E7 参数进行必要的修改使故障排除。

近年来数控机床的软件功能比较丰富，通过对有关参数的更改可扩展机床的功能、提高各轴的进给率及主轴转速的上限值、在循环加工中缩短退刀的空行程距离等，从而达到提高工作效率的目的。

7. 机床软超程故障的排除

以 FANUC10 系统控制的 F12 数控车床为例，由于编程或操作失误而发生 OT001～OT006 等软超程故障，有时以超程的反方向运动可以解除。若上述方法无效，则可按如下办法解除。

1）同时按压"—"和"·"键，起动电源。

2）CRT 上显示 IPL 方式及如下内容：

1　CUMP MEMORY

2—

3　CLEAR FILE

4　SETTING

5—

6　END IPL

3）键入"4""INPUT"，以选择"SETTING"。

4）键入"N"之后，显示"CHECK SOFT AT POWER ON？"。

5）第2）项再次显示之后，键入"6"、"INPUT"则改变IPL方式，故障自然消除。

当然，控制系统部分的故障现象远不止这些。如CRT显示装置的亮度不够、帧不同步、无显示；光电阅读机故障；输入/输出打印机故障等。

机床参数的全消除方法、数控装置的初始化方法、备板的更换方法及注意事项等因系统的不同而有所不同，需要根据具体情况，参考有关维修资料及个人工作经验予以解决。

三、伺服系统故障诊断

（一）常见伺服系统故障及诊断

伺服系统故障可利用CNC控制系统自诊断的报警号、CNC控制系统及伺服放大驱动板的各信息状态指示灯、故障报警指示灯，参阅有关维修说明书上介绍的关键测试点的波形、电压值，CNC控制系统、伺服放大板上有关参数的设定、短路销的设置及相关电位器的调整，功能兼容板或备板的替换等方式来解决。比较常见的故障有以下几种。

1. 伺服超差

所谓伺服超差，即机床的实际进给值与指令值之差超过限定的允许值。对于此类问题应做如下检查：

1）检查CNC控制系统与驱动放大模块之间，CNC控制系统与位置检测器之间，驱动放大器与伺服电动机之间的连线是否正确、可靠。

2）检查位置检测器的信号及相关的D-A转换电路是否有问题。

3）检查驱动放大器输出电压是否有问题，若有问题，应予以修理或更换。

4）检查电动机轴与传动机械之间是否配合良好，是否有松动或间隙存在。

5）检查位置环增益是否符合要求，若不符合要求，对有关的电位器应予以调整。

2. 机床停止时，有关进给轴振动

1）检查高频脉动信号并观察其波形及振幅，若不符合要求，应调节有关电位器，如三菱TR23伺服系统中的VR11电位器。

2）检查伺服放大器速度环的补偿功能，若不合适，应调节补偿用电位器，如三菱TR23伺服系统中的VR3电位器。一般顺时针调节响应快，稳定性差、易振动；逆时针调节响应差，稳定性好。

3）检查位置检测用编码盘的轴、联轴节、齿轮系是否啮合良好，有无松动现象，若有问题应予以修复。

3. 机床运行时声音不好，有摆动现象

1）首先检查测速发电机换向器表面是否光滑、清洁，电刷与换向器之间是否接触良好。因为问题往往出现在这里，若有问题应及时进行清理或修整。

2）检查伺服放大部分速度环的功能，若不合适应予以调整，如三菱TR23系统的VR3电位器。

3）检查伺服放大器位置环的增益，若有问题应调节有关电位器，如三菱TR23系统的VR2电位器。

4）检查位置检测器与联轴节之间的装配是否有松动。

5）检查由位置检测器来的反馈信号的波形及D-A（数-模）转换后的波形幅度。若有问题，应进行修理或更换。

4. 飞车现象（即通常所说的失控）

1）位置传感器或速度传感器的信号反相，或者是电枢线接反，即整个系统不是负反馈而变成正反馈。

2）速度指令不正确。

3）位置传感器或速度传感器的反馈信号没有接或者是有接线断开情况。

4）CNC控制系统或伺服控制板有故障。

5）电源板有故障而引起逻辑混乱。

5. 所有的轴均不运动

1）用户的保护性锁紧装置（如急停按钮、制动装置等）没有释放，或有关运动的相应开关位置不正确。

2）主电源熔丝断。

3）由于过载保护用断路器动作或监控用继电器的触点未接触好，呈常开状态而使伺服放大部分信号没有发出。

6. 电动机过热

1）滑板运行时其摩擦力或阻力太大。

2）热保护继电器脱扣，电流设定错误。

3）励磁电流太低或永磁式电动机失磁，为获得所需力矩使电枢电流增高而使电动机发热。

4）切削条件恶劣，刀具的反作用力太大引起电动机电流增高。

5）运动夹紧、制动装置没有充分释放，使电动机过载。

6）由于齿轮传动系损坏或传感器有问题，所引入的噪声进入伺服系统而引发的周期性噪声，可使电动机过热。

7）电动机本身内部匝间短路而引起过热。

8）带风扇冷却的电动机，若风扇损坏，也可使电动机过热。

7. 机床定位精度不准

1）滑板运行时的阻力太大。

2）位置环的增益或速度环的低频增益太低。

3）机械传动部分有反向间隙。

4）位置环或速度环的零点平衡调整不合理。

5）由于接地、屏蔽不好或电缆布线不合理，而使速度指令信号渗入噪声干扰和偏移。

8. 零件加工表面粗糙

1）首先检查测速发电机换向器的表面光滑状况以及电刷的磨合状况，若有问题，应修整或更换。

2）检查高频脉冲波形的振幅、频率及滤波形状是否符合要求，若不合适应予调整。

3）检查切削条件是否合理、刀尖是否损坏，若有问题需改变加工状态或更换刀具。

4）检查机械传动部分的反向间隙，若不合适应调整或进行软件上的反向间隙补偿。

5）检查位置检测信号的振幅是否合适并进行必要的调整。

6）检查机床的振动状况，如机床水平状态是否符合要求、机床的地基是否有振动、主旋转时机床是否振动等。

（二）主轴伺服系统故障及诊断

主轴伺服系统分直流和交流两种。现代数控机床大多采用交流主轴伺服系统；而在此之前都用直流主轴伺服系统。现以 FANUC 公司生产的主轴伺服系统为例,介绍其故障及诊断。

1. FANUC 公司直流主轴伺服系统故障及诊断

1)主轴不转。引起这一故障的原因有:①印制电路板太脏;②触发脉冲电路故障,不产生脉冲;③主轴电动机动力线断或主轴控制单元的连接不良;④高/低挡齿轮切换离合器切换不正常;⑤机床负载太大;⑥机床未给出主轴旋转信号。

2)电动机转速异常或转速不稳定。造成此故障的原因有:①D-A(数-模)转换器故障;②测速发电机故障;③速度指令错误;④电动机不良(包括励磁损失);⑤过负荷;⑥印制电路板不良。

3)主轴电动机振动或噪声太大。这类故障的起因有:①电源断相或电源电压不正常;②控制单元上的电源频率开关(50/60Hz 切换)设定错误;③伺服单元上的增益电路和颤抖电路参数调整不好;④电流反馈电路调整不好;⑤三相输入的相序不对;⑥电动机轴承故障;⑦主轴齿轮啮合不好或主轴负荷太大。

4)发生过电流报警。发生过电流的可能原因有:①电流极限设定错误;②同步脉冲紊乱;③主轴电动机电枢线圈内部短路;④+15V 电源异常。

5)速度偏差过大。其原因有:①负荷太大;②电流零信号没有输出;③主轴被制动。

6)熔丝烧断。其原因有:①印制电路板不良(LED1 灯亮);②电动机不良;③发电机不良(LED1 灯亮);④输入电源反相(LED3 灯亮);⑤输入电源断相。

7)热继电器跳闸。这时 LED4 灯亮,表示过负荷。

8)电动机过热。这时 LED4 灯亮,表示过载。

9)过电压吸收器烧坏。这是因为外加电压过高或有干扰。

10)运转停止。这时 LED5 灯亮,表示电源电压过低,控制电源混乱。

11)这时 LED2 灯亮,表示励磁丧失。

12)速度达不到高转速。其原因是:①励磁电流太大;②励磁控制回路不动作;③晶闸管整流部分太脏造成绝缘降低。

13)主轴在加/减速时工作不正常。造成此故障的原因有下述几种:①减速极限电路调整不当;②电流反馈回路不良;③加/减速回路时间常数设定和负载惯量不匹配;④传动带连接不良。

14)电动机电刷磨损严重或电刷上有火花痕迹或电刷滑动面上有深沟。造成此故障的原因有:①过负荷;②换向器表面太脏或有伤痕;③电刷上粘有多量的切削液;④驱动回路给定不正确。

2. FANUC 公司交流主轴伺服系统故障及诊断

在伺服单元的中间偏左处有四个发光二极管,它们从右至左排列分别代表十六进制的 1、2、4、8。表 6-6 列出了相应的故障及其分类。

表 6-6 交流主轴伺服系统的故障分类

故障编号	故障指示灯				故 障 内 容
	8	4	2	1	
1				○	电动机过热
2			○		电动机速度偏离指令值
3			○	○	直流回路上 F7 熔丝熔断
4		○			交流输入电路的 F1、F2 或 F3 熔丝熔断

（续）

故障编号	故障指示灯				故 障 内 容
	8	4	2	1	
5		○		○	印制电路板上的 AF2 或 AF3 熔丝熔断
6		○	○		电动机转速超过最大额定转速（模拟系统检测）
7		○	○	○	电动机转速超过最大额定转速（数字系统检测）
8	○				+24V 电源电压过高
9	○			○	大功率晶体管模块的散热板过热
10	○		○		+15V 电源电压太低
11	○		○	○	直流回路电压太高
12	○	○			直流回路电流过大
13	○	○		○	CPU 损坏
14	○	○	○		ROM 异常
15	○	○	○	○	选择板故障

故障诊断与处理如下：

报警 1：表示电动机过热。其可能的原因是电动机超载或电动机的冷却系统太脏或风扇电动机断线等。

报警 2：表示电动机速度偏离指令值。其可能的原因是：①电动机过载；②转矩极限设定小；③大功率晶体管损坏；④再生放电回路中熔丝熔断，这时需降低加/减速频率；⑤速度反馈信号不对，此时用示波器检查 CH7 和 CH8 的波形并调整 RV18 和 RV19，使波形的占空比为 1:1；⑥连接断线或接触不良。

报警 3：如果此时还发生直流回路上 F7 熔丝熔断，其原因是大功率晶体管模块损坏。此时可用机械式万用表检查，如果晶体管模块 C-E 极间、C-B 极间、B-E 极间电阻不是几百欧而是无穷大或短路，则说明该模块已损坏。

报警 4：表示交流输入电路的 F1、F2、F3 熔丝熔断。其原因是：①交流电源侧的阻抗太高，如自耦变压器串联在系统中；②晶体管模块损坏；③二极管模块或晶闸管模块损坏；④交流电源输入端的浪涌吸收器或电容损坏；⑤印制电路板损坏。

报警 5：表示印制电路板上 AF2 或 AF3 熔丝熔断。其原因是：交流电源异常或是印制电路板有故障。

报警 6：表示模拟系统检测到电动机的转速超过最大额定转速。其原因是：①印制电路板设定不对（特别是 S5 的设定）或未调整好；②ROM 编号不对；③印制电路板不良。

报警 7：表示电动机的转速超过最高的额定转速（二进制系统检测）。其原因同报警 6。

报警 8：+24V 电源电压过高。其原因是：①交流电压过高，已超过额定值的 10% 以上；②电源电压切换开关设定错误，应设定为 220V。

报警 9：大功率晶体管模板的散热板过热。其原因是：负载过大或冷却风扇坏或是灰尘太多。

报警 10：+15V 电源电压太低。其原因是：交流输入电压过低。

报警 11：直流回路电压太高。其原因是：①熔丝 F5、F6 熔断，此时应按报警 3 的方法处理；②交流电源阻抗过高；③印制电路板故障。

报警12：表示直流回路电流过大，其原因是：①电动机绕组短路或接线端子处短路；②晶体管模块损坏；③印制电路板损坏。

报警13：表示印制电路板上的CPU损坏。

报警14：表示印制电路板上的ROM异常。其原因是：ROM编号不对或ROM片损坏。

报警15：表示选择板故障。其原因是：①选择板连接故障；②主轴切换回路等的功能选择板不良。

（三）进给伺服系统故障及诊断

进给伺服系统故障约占数控系统故障的1/3。进给伺服系统也有直流与交流两种，其故障现象均可分为三种类型：①可在CRT上显示其故障信息、代码；②利用伺服单元板上发光二极管显示故障；③没有任何报警指示的故障。前一种类型的故障可借助系统维修手册诊断排除，在此不详述。现仍以FANUC公司生产的伺服系统为例分别介绍直流与交流伺服系统后两种类型的故障分析及排除方法。

1. FANUC公司直流进给伺服系统故障及诊断

（1）CRT和速度控制单元上无报警的故障

1）机床失控（飞车）。其原因是：①位置检测器的信号不正常。这很可能是由于连接不良引起的。②电动机和检测器连接故障。往往可用诊断号DGN800-804判断。③速度控制单元不良。

2）机床振动。其原因是：①参数设定错误。用于位置控制的参数（如DMR、CMR）设定错误。②速度控制单元上的设定棒设定错误。③如上述两项均无问题，则应检查机床的振动周期。如振动周期与进给速度无关，则可将速度控制单元上的检测端子CH5和CH6短路。如振动减小，则可将速度控制单元上的端子S9、S11短路再行观察；如振动继续减小，则是速度控制单元上的设定不合适所致。如在CH5和CH6短路情况下振动不减小，则可减小RV1值（逆时针方向转动）观察振动是否减小。如减小且振动频率为几十赫，则是由机床固有振动引起的；如未减小，则是速度控制单元的印制电路板不良引起。

3）每个脉冲的定位精度太差 除机床本身的问题外，还可能是伺服系统增益太低造成的，这时可将RVI往右调两个刻度来解决。

（2）速度控制单元上的硬件报警 在速度控制单元的印制电路板的右下方有七个报警指示：BRK、HVAL、HCAL、OVC、LVAL、TGLS以及DCAL；在它们的下方还有两个状态指示灯：PRDY（位置已准备好信号）和VRDY（速度已准备好信号）。在正常情况下，一旦电源接通，首先应该是PRDY灯亮，过一会儿VRDY灯才亮，如果不是这个顺序亮灯，则说明伺服单元存在问题。上述几个指示灯一旦提示出现故障，可按以下介绍的流程图进行故障诊断。

1）BRK报警。它表示低压断路器跳闸动作，这个报警只发生在直流伺服单元中。其故障排除流程图如图6-21所示。

2）HVAL报警。这是一种过电压报警，这个报警在直流伺服和交流伺服单元中都会发生。其故障排除流程图如图6-22所示。

3）HCAL报警。这是高电流报警，它在直流伺服和交流伺服单元中都会发生。其故障排除流程图如图6-23所示。

4）OVC报警。它表示过载报警，它在直流伺服和交流伺服单元中都会发生。其故障排除流程图如图6-24所示。

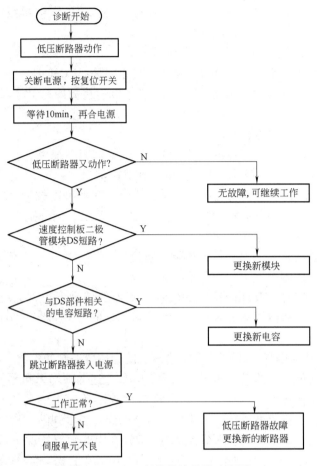

图 6-21   BRK 报警故障排除流程图

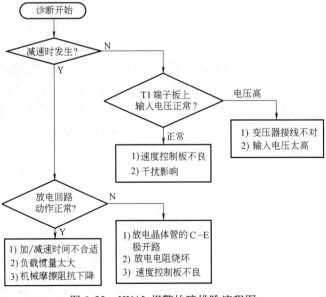

图 6-22   HVAL 报警故障排除流程图

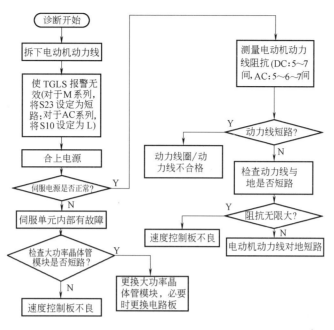

图 6-23 HCAL 报警故障排除流程图

5）LVAL 报警。它表示低电压报警,在直流伺服和交流伺服单元中都会发生。其故障排除流程图如图 6-25 所示。

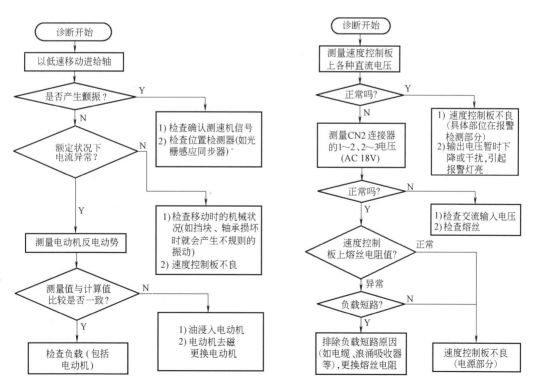

图 6-24 OVC 报警故障排除流程图 　　　　图 6-25 LVAL 报警故障排除流程图

6）TGLS 报警。它表示测速发电机断线报警，在直流伺服和交流伺服单元中都会发生。其故障排除流程图如图 6-26 所示。

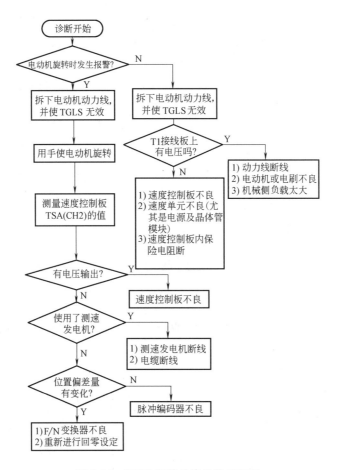

图 6-26　TGLS 报警故障排除流程图

7）DCAL 报警。它表示直流回路部分报警，在直流伺服和交流伺服单元中都会发生。其故障排除流程图如图 6-27 所示（**注：** 如果电源合闸就发生 DCAL 报警，这时不要反复将电源接通/断开，否则易将放电电阻烧坏）。

8）VRDY 灯总是不亮。如果速度伺服单元 VRDY 灯不亮，表示 VRDY 信号没有送到 NC，NC 不能工作，此时可按下述流程指示对故障进行诊断。此流程既适合直流伺服系统也适合交流伺服系统，如图 6-28 所示。

9）VRDY 灯总是亮。在正常情况下，当合上电源时，由 NC 送来一个位置已准备好信号，使 PRDY 灯亮；一旦伺服单元正常，由伺服单元给出一个速度已准备好的应答信号，使 VRDY 灯亮。如果数控系统一通电，VRDY 灯就亮，则是不正常的，此时应按图 6-29 所示流程进行检查。

2. FANUC 公司交流进给伺服系统故障及诊断

伺服单元印制电路板上有六个指示灯，除 DRDY 指示灯外，从上到下有 HV、HC、LV、DC、OH 五个指示灯。

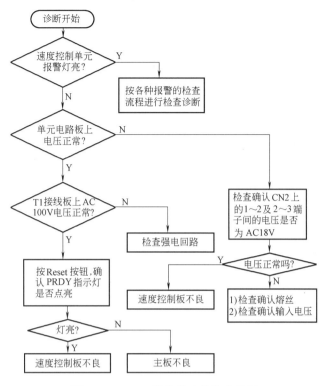

图 6-27　DCAL 报警故障排除流程图

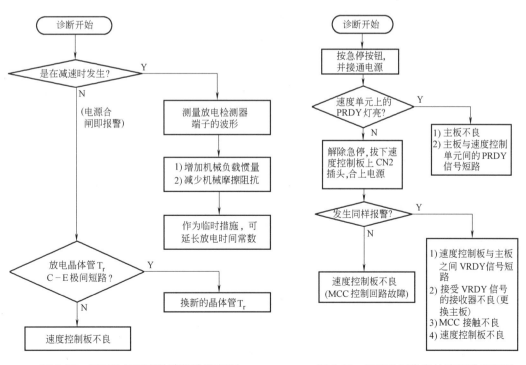

图 6-28　VRDY 灯不亮故障排除流程图　　　　图 6-29　VRDY 灯常亮故障排除流程图

1）HV 报警。其原因有：①交流输入电压过高，超过允许范围；②负载惯量过大，此时需增加加减速时间常数；③侧置式再生放电单元连接不对；④伺服电动机故障，应检查电动机线圈与机壳间绝缘是否不良。

2）HC 报警。其原因有：①电动机动力线接错；②数控系统侧的伺服板异常；③电动机线圈内部短路；④晶体管模板损坏。

3）LV 报警。其原因有：①输入交流电压过低，应检查伺服变压器抽头是否正确；②变压器和印制板的连接不好，应检查交流输入和直流电压是否正常；③ +5V 熔丝熔断；④印制电路板不良，特别是电源一接通即发生报警，多为晶体管 Q1 损坏。

4）DC 报警。其原因有：①印制板上控制再生放大的晶体管 Q1 不好；②印制电路板设定错误，如采用侧置式再生放大单元，S2 却设定为 L；③加/减速频率太高，应不超过 1～2 次/s。

5）OH 报警。其原因有：①印制板上 S1 设定不正确；②伺服单元过热，散热片上热动开关动作，需改变切削条件或负载；③侧置式再生放电单元过热，需改变加减速频率，减轻负荷，也有可能 Q1 不良；④电源变压器过热，需改变切削条件，减轻负荷或换变压器；⑤电柜散热器的热动开关动作，如果在室温下出现，则说明需更换热动开关。

四、主要机械部件故障诊断

1. 主轴部件

数控机床主轴部件是影响机床加工精度的主要部件，它的回转精度影响工件的加工精度；它的功率大小与回转速度影响加工效率；它的自动变速、准停和换刀等影响机床的自动化程度。

主轴部件出现的故障有主轴运转时发出异常声音、自动调速装置故障、主轴快速运转的精度保持性故障等。

主轴部件常见故障及其诊断方法见表 6-7。

表 6-7　主轴部件故障诊断

序号	故障现象	故障原因	排除方法
1	加工精度未达到要求	机床在运输过程中受到冲击	检查对机床精度有影响的各部位，特别是导轨副，并按出厂精度要求重新调整或修复
		安装不牢固、安装精度低或有变化	重新安装调平、紧固
2	切削振动大	主轴箱和床身连接螺钉松动	恢复精度后紧固连接螺钉
		轴承预紧力不够、游隙过大	重新调整轴承游隙。但预紧力不宜过大，以免损坏轴承
		轴承预紧螺母松动，使主轴窜动	紧固螺母，确保主轴精度合格
		轴承拉毛或损坏	更换轴承
		主轴与箱体超差	修理主轴或箱体，使其配合精度、位置精度达到要求
		其他因素	检查刀具或切削工艺问题
		如果是车床，则可能是转塔刀架运动部位松动或压力不够而未卡紧	调整修理

（续）

序号	故障现象	故障原因	排除方法
3	主轴箱噪声大	主轴部件动平衡不好	重做动平衡
		齿轮啮合间隙不均匀或严重损伤	调整间隙或更换齿轮
		轴承损坏或传动轴弯曲	修复或更换轴承，校直传动轴
		传动带长度不一或过松	调整或更换传动带，不能新旧混用
		齿轮精度差	更换齿轮
		润滑不良	调整润滑油量，保持主轴箱的清洁度
4	齿轮和轴承损坏	变挡压力过大，齿轮受冲击产生破损	按液压原理图，调整到适当的压力和流量
		变挡机构损坏或固定销脱落	修复或更换零件
		轴承预紧力过大或无润滑	重新调整预紧力，并使之润滑充足
5	主轴无变速	电器变挡信号无输出	电气人员检查处理
		压力不足	检测并调整工作压力
		变挡液压缸研损或卡死	修去毛刺和研伤，清洗后重装
		变挡电磁阀卡死	检修并清洗电磁阀
		变挡液压缸拨叉脱落	修复或更换
		变挡液压缸窜油或内泄	更换密封圈
		变挡复合开关失灵	更换新开关
6	主轴不转动	主轴传动指令未输出	电气人员检查处理
		保护开关没有压合或失灵	检修压合保护开关或更换
		卡盘未夹紧工件	调整或修理卡盘
		变挡复合开关损坏	更换复合开关
		变挡电磁阀体内泄漏	更换电磁阀
7	主轴发热	主轴轴承预紧力过大	调整预紧力
		轴承研伤或损坏	更换轴承
		润滑油脏或有杂质	清洗主轴箱，更换新油
8	液压变速时齿轮推不到位	主轴箱内拨叉磨损	选用球墨铸铁做拨叉材料
			在每个垂直滑移齿轮下方安装塔簧作为辅助平衡装置，减轻对拨叉的压力
			活塞的行程与滑移齿轮的定位相协调
			若拨叉磨损，予以更换

2. 滚珠丝杠副

滚珠丝杠副故障大部分是由运动质量下降、反向间隙过大、机械爬行、轴承噪声大等原因造成的。滚珠丝杠副常见故障及其诊断方法见表6-8。

表6-8 滚珠丝杠副故障诊断

序号	故障现象	故障原因	排除方法
1	加工件粗糙度值高	导轨的润滑油不足够，致使溜板爬行	加润滑油，排除润滑故障
		滚珠丝杠有局部拉毛或研损	更换或修理滚珠丝杠

（续）

序号	故障现象	故障原因	排除方法
1	加工件粗糙度值高	滚珠丝杠轴承损坏，运动不平稳	更换损坏轴承
		伺服电动机未调整好，增益过大	调整伺服电动机控制系统
		滚珠丝杠轴联轴器锥套松动	重新紧固并用百分表反复测试
2	反向误差大，加工精度不稳定	滚珠丝杠轴滑板配合压板过紧或过松	重新调整或修研，用0.03mm塞尺塞不入为合格
		滚珠丝杠轴滑板配合楔铁过紧或过松	重新调整或修研，使接触率达70%以上，用0.03mm塞尺塞不入为合格
		滚珠丝杠预紧力过紧或过松	调整预紧力，检查轴向窜动值，使其误差不大于0.015mm
		滚珠丝杠螺母端面与结合面不垂直，结合过松	修理、调整或加垫处理
		滚珠丝杠支座轴承预紧力过紧或过松	修理、调整
		滚珠丝杠制造误差大或轴向窜动	用控制系统自动补偿功能消除间隙，用仪器测量并调整滚珠丝杠窜动
		润滑油不足或没有	调节至各导轨面均有润滑油
		其他机械干涉	排除干涉部位
3	滚珠丝杠在运转中转矩过大	滑板配合压板过紧或研损	重新调整或修研压板，使0.04mm塞尺塞不入为合格
		伺服电动机与滚珠丝杠连接不同轴	调整同轴度并紧固连接座
		无润滑油	调整润滑油路
		超程开关失灵造成机械故障	检查故障并排除
		伺服电动机过热报警	检查故障并排除
4	滚珠丝杠螺母润滑不良	分油器是否分油	检查定量分油器
		油管是否堵塞	清除污物使油管畅通
5	滚珠丝杠副噪声	滚珠丝杠轴承压盖压合不良	调整压盖，使其压紧轴承
		滚珠丝杠润滑不良	检查分油器和油路，使润滑油充足
		滚珠产生破损	更换滚珠
		电动机与丝杠联动器松动	拧紧联动器锁紧螺钉

3. 刀架、刀库及换刀装置

ATC机构回转不停，或没有回转、有夹紧，或没有夹紧、没有切削液，换刀定位误差过大，机械手夹持刀柄不稳定，机械手运动误差过大等都会造成换刀动作卡住，整机停止工作；刀库中的刀套不能夹紧刀具、刀具从机械手中脱落、机械手无法从主轴和刀库中取出刀具；以上都是刀库及换刀装置易产生的故障。考虑到数控车床的转塔刀架也有常见的一些故障，故列在一起。刀架、刀库及换刀装置常见故障及其诊断方法见表6-9。

表6-9 刀架、刀库及换刀装置故障诊断

序号	故障现象	故障原因	排除方法
1	转塔刀架没有抬起动作	控制系统是否有T指令输出信号	如未能输出，请电气人员排除
		抬起电磁铁断线或抬起阀杆卡死	修理或清除污物，更换电磁阀
		压力不够	检查油箱并重新调整压力
		抬起液压缸研损或密封圈损坏	修复研损部分或更换密封圈
		与转塔抬起连接的机械部分研损	修复研损部分或更换零件
2	转塔转位速度缓慢或不转位	检查是否有转位信号输出	检查转位继电器是否吸合
		转位电磁阀断线或阀杆卡死	修理或更换
		压力不够	检查是否液压故障，调整到额定压力
		转位速度节流阀是否卡死	清洗节流阀或更换
		液压泵研损卡死	检修或更换液压泵
		凸轮轴压盖过紧	调整调节螺钉
		抬起液压缸体与转塔平面产生摩擦、研损	松开连接盘进行转位试验；取下连接盘配磨平面轴承下的调整垫并使相对间隙保持在0.04mm
		安装附具不配套	重新调整附具安装，减少转位冲击
3	转塔转位时碰牙	抬起速度或抬起延时时间短	调整抬起延时参数，增加延时时间
4	转塔不正位	转位盘上的撞块与选位开关松动，使转塔到位时传输信号超期或滞后	拆下护罩，使转塔处于正位状态，重新调整撞块与选位开关的位置并紧固
		上下连接盘与中心轴花键间隙过大产生位移偏差大，落下时易碰牙顶，引起不到位	重新调整连接盘与中心轴的位置；间隙过大可更换零件
		转位凸轮与转位盘间隙大	塞尺测试滚轮与凸轮，将凸轮调至中间位置；转塔左右窜量保持在二齿中间，确保落下时顺利咬合；转塔抬起时用手摆动，摆动量不超过二齿的1/3
		凸轮在轴上窜动	调整并紧固固定转位凸轮的螺母
		转位凸轮轴的轴向预紧力过大或有机械干涉，使转塔不到位	重新调整预紧力，排除干涉
5	转塔转位不停	两计数开关不同时计数或复置开关损坏	调整两个撞块位置及两个计数开关的计数延时，修复复置开关
		转塔上的24V电源断线	接好电源线
6	转塔刀重复定位精度差	液压夹紧力不足	检查压力并调到额定值
		上下牙盘受冲击，定位松动	重新调整固定
		两牙盘间有污物或滚针脱落在牙盘中间	清除污物保持转塔清洁，检修更换滚针
		转塔落下夹紧时有机械干涉（如夹铁屑）	检查排除机械干涉
		夹紧液压缸拉毛或研损	检修拉毛研损部分，更换密封圈
		转塔位于二层滑板之上，由于压板和楔铁配合不牢产生运动偏大	修理调整压板和楔铁，0.04mm塞尺塞不入

（续）

序号	故障现象	故障原因	排除方法
7	刀具不能夹紧	风泵气压不足	使风泵气压在额定范围内
		增压漏气	关紧增压
		刀具卡紧液压缸漏油	更换密封装置，卡紧液压缸不漏
		刀具松卡弹簧上的螺母松动	旋紧螺母
8	刀具夹紧后不能松开	松锁刀的弹簧压力过紧	调节松锁刀弹簧上的螺母，使其最大载荷不超过额定数值
9	刀套不能夹紧刀具	检查刀套上的调节螺母	顺时针旋转刀套两端的调节螺母，压紧弹簧，顶紧卡紧销
10	刀具从机械手中脱落	刀具超重，机械手卡紧销损坏	刀具不得超重，更换机械手卡紧销
11	机械手换刀速度过快	气压太高或节流阀开口过大	保证气泵的压力和流量，旋转节流阀至换刀速度合适

压力调整

流量调整

液压传动工作原理

五、液压传动系统

液压传动系统的主要驱动对象有液压卡盘、静压导轨、液压拨叉变速液压缸、主轴箱的液压平衡系统、液压驱动机械手和主轴的松刀液压缸等。液压系统的故障主要是流量、压力不足，油温过高、噪声、爬行等。液压部分常见故障及其诊断方法见表6-10。

表6-10　液压部分常见故障诊断

序号	故障现象	故障原因	排除方法
1	液压泵不供油或流量不足	压力调节弹簧过松	将压力调节螺钉顺时针转动使弹簧压缩，启动液压泵，调整压力
		流量调节螺钉调节不当，定子偏心方向相反	按逆时针方向逐步转动流量调节螺钉
		液压泵转速太低，叶片不能甩出	将转速控制在最低转数以上
		液压泵转向相反	调转向
		油的黏度过高，使叶片运动不灵活	采用规定牌号的油
		油量不足，吸油管露出油面吸入空气	加油到规定位置，将滤油器埋入油下
		吸油管堵塞	清除堵塞物
		进油口漏气	修理或更换密封件
		叶片在转子槽内卡死	拆开油泵修理，清除毛刺、重新装配

（续）

序号	故障现象	故障原因	排除方法
2	液压泵有异常噪声或压力下降	油量不足，滤油器露出油面	加油到规定位置
		吸油管吸入空气	找出泄露部位，修理或更换零件
		回油管高出油面，空气进入油池	保证回油管埋入最低油面下一定深度
		进油口滤油器容量不足	更换滤油器，进油容量应是油泵最大排量的2倍以上
		滤油器局部堵塞	清洗滤油器
		液压泵转速过高或液压泵装反	按规定方向安装转子
		液压泵与电动机连接同轴度差	同轴度应在0.05mm内
		定子和叶片磨损，轴承和轴损坏	更换零件
		泵与其他机械共振	更换缓冲胶垫
3	液压泵发热，油温过高	液压泵工作压力超载	按额定压力工作
		吸油管和系统回油管距离太近	调整油管，使工作后的油不直接进入油泵
		油箱油量不足	按规定加油
		摩擦引起机械损失，泄漏引起容积损失	检查或更换零件及密封圈
		压力过高	油的黏度过大，按规定更换
4	系统及工作压力低，运动部件爬行	泄漏	检查漏油部件，修理或更换
			检查是否有高压腔向低压腔的内泄
			将泄漏的管件、接头、阀体修理或更换
5	尾座顶不紧或不运动	压力不足	用压力表检查
		液压缸活塞拉毛或研损	更换或维修
		密封圈损坏	更换密封圈
		液压阀断线或卡死	清洗、更换阀体或重新接线
		套筒研损	修理研损部件
6	导轨润滑不良	分油器堵塞	更换损坏的定量分油器
		油管破裂或渗漏	修理或更换油管
		没有气体动力源	检查气动柱塞泵有否堵塞，是否灵活
		油路堵塞	清除污物，使油路畅通
7	滚珠丝杠润滑不良	分油管是否分油	检查定量分油器
		油管是否堵塞	清除污物，使油路畅通

六、数控系统维修实例

1. 数控车床

（1）CNC系统故障维修实例

例6-1　CRT无显示故障

故障设备： CK7815/1数控车床，采用FANUC 3TA控制系统。

故障现象：在调试一零件加工程序当中，将机床锁住进行空运转时，按下起动按钮后 CRT 无任何显示，也无光栅。

故障检查与分析：检查 NC 柜中电源板无 24V 直流电压输出，关掉机床电源，将 PCB 主板上与 24V 电源相连的接插件 PC3 拔下，然后给机床通电，电源板有 24V 直流电压，此时 CRT 有光栅，说明在 PCB 主板或与其相连的插口及电路板中有短路的地方。关掉电源，试将与 PCB 连接的输入/输出接口 M1、M2 和 M18 拔下，把 PC3 插口恢复，通电试车，CRT 显示正常。关掉电源，逐一连接 M1、M2 和 M18，查出输入接口 M1 和与 PLC 板连接的 M18 中均有短路的地方。至此，排除了 PCB 主板和 PLC 板，说明故障出现在机床侧。检查 M1 和 M18 中的 32P 均与地短路，查 32P 所接线，都是 5 号（即系统直流 24V 电源），通过分线盒与强电柜中的 5 号端子相连，将 5 号端子上的信号线逐一用万用表测量，有一条线与地短路，顺此线查明，故障发生在刀盘接线盒内的刀位开关上。

故障处理：重新调整刀位开关和接线，故障排除，机床恢复正常。

例 6-2　数控车床停机，操作面板失电故障

故障设备：美国 CS-42 数控车床，采用 FANUC 0TB 数控系统。

故障现象：机床在运行中突然出现停机，且操作板失电，报警信息为 914 RAM PARI TY（SERVO）。

故障检查与分析：根据报警信息自诊断提示，参考该机床维修手册对"914"报警号的分析，初步确认伺服系统中的 RAM 出现奇偶性错误。经检查 CNC 系统，发现主电路板报警信号灯 VDA 红灯亮，说明主电路板上有故障。卸下主电路板进行检测，发现驱动 X 轴的芯片 MB81C79A-45P-SK 损坏。

故障处理：换备件，主电路板恢复正常运行，故障排除（因主电路板断电检测时间太长，会使 NC 参数丢失，原设定参数出现混乱，需重新输入 NC 参数）。

例 6-3　硬件出错故障

故障设备：数控车床，采用 SINUMERIK 820T 数控系统。

故障现象：机床通电后，数控系统启动失败，所有功能操作键都失效，CRT 上只显示系统页面并锁定，同时，CPU 模块上的硬件出错，红色指示灯亮。

故障检查与分析：故障发生前，有维护人员在机床通电的情况下，曾经按过系统位控模块上的伺服轴位置反馈的插头，并用螺纹旋具紧固了插头的紧固螺钉，之后就造成了上述故障。数控系统无论在断电或通电的情况下，如果用带静电的螺纹旋具或人的肢体去触摸数控系统的连接接口，都容易使静电窜入数控系统而造成电子元器件的损坏。在通电的情况下紧固或插拔数控系统的连接插头，很容易引起接插件短路，从而造成数控系统的中断保护或电子元器件的损坏，故判断故障由上述原因引起。

故障处理：在机床通电的状态下，一手按住电源模块上的复位按钮（RESET），另一手按数控系统启动按钮，系统即恢复正常。通过 INITIAL CLEAR（初始化）及 SET UP END PW（设定结束）软键操作，进行系统的初始化，系统即进入正常运行状态。

如果上述方法无效，则说明系统已损坏，必须更换相应的模块甚至系统。

例 6-4　系统自动关机故障

故障设备：双工位专用数控车床，采用德国西门子公司 SINUMERIK 810T 数控系统，每工位各用一套数控系统。伺服系统也是采用德国西门子公司的产品，型号为 6SC6101-4。

故障现象：自动加工时，右工位的数控系统经常出现自动关机故障，重新启动后，系统

仍可工作，而且每次出现故障时，NC 系统执行的语句也不尽相同。

故障检查与分析： 西门子 810 系统采用 24V 直流电源供电，当这个电压幅值下降到一定数值时，NC 系统就会采取保护措施，迫使 NC 系统自动切断电源关机。该机床出现这个故障时，这台机床的左工位的 NC 系统并没有关机，还在工作。而且通过图样分析，两台 NC 系统共用一个直流整流电源。因此，如果是由于电源的原因引起这个故障，那么肯定是这台出故障的 NC 系统保护措施比较灵敏，电源电压下降，该系统就关机。如果电压没有下降或下降不多，系统就自动关机，那么不是 NC 系统有问题，就是必须调整保护部分的设定值。

这个故障的一个重要原因为系统工作不稳定。但因为这台机床的这个故障是在自动加工时出现的，在不进行加工时，并不出现这个故障，所以确定是否为 NC 系统的问题较为困难。为此，首先对供电电源进行检查。测量所有的 24V 负载，但没有发现对地短路或漏电现象。在线检测直流电压的变化，发现这个电压幅值较低，只有 21V 左右。长期观察，发现出故障的瞬间，电压向下波动，而右工位的 NC 系统自动关机后，电压马上回升到 22V 左右。故障一般都发生在主轴吃刀或刀塔运动的时候。据此认为 24V 整流电源有问题，容量不够，可能是变压器匝间短路，使整流电压偏低，当电网电压波动时，影响了 NC 系统的正常工作。为了进一步确定判断，用交流稳压电源将交流 380V 供电电压提高到 400V，这个故障就再也没有出现。

故障处理： 为彻底消除故障，更换一个新的整流变压器，使机床稳定工作。

例 6-5　加工程序丢失故障

故障设备： 一台配备德国 HEIDENHAIN 公司 TNC155 数控系统的进口意大利数控铣床。

故障现象： 在某年冬季使用时，新换了电池的数控系统常出现关机后机床数据和加工程序丢失的现象，有时机床在自动加工时，还出现程序突然中断、数控系统死机的故障。冬季过后，该故障自然消失。后来只要是冬季或下雨天，故障又重新出现，且很频繁，有时因关机使机床参数丢失，而重新输入数据时，数控系统就死机。

故障检查与分析： 根据有时可以开机操作，且夏季较少出现此故障的现象分析，认为这可能是由于温度、湿度的变化，导致一些接插件接触不良造成的。

故障处理： 关掉所有能产生干扰的干扰源，检查了所有的接地线、外接插头都没发现问题，后将机箱打开，发现总线槽上插接的三块电路板中，其中一块因潮湿已发生弯曲变形，从而导致印制电路板线路断路或接触不良。校直固定该板并插接好后，通电试机故障消失。

例 6-6　南京 JN 系列数控系统 02 号-0080 报警故障

故障设备： 经济型数控车床，采用南京江南机床数控工程公司的 JN 系列数控系统。

故障现象： 在输入新程序时，发生 02 号-0080 报警。

故障检查与分析： 查阅机床编程说明书，从出错表中知，02 号报警为编辑方式出错报警，表中列出 02 号报警所包含的 14 种出错分号的内容和处理意见，却无 0080 出错分号的内容，因此，该故障无帮助信息可供参考。考虑到故障发生在输入新程序的过程中，故怀疑是编程出错，着重从程序方面进行检查。首先检查新程序无故障，调用其他程序来检查也无故障。其次检查系统的程序输入情况，发现存入数控系统的加工程序已达 6 个之多。JN 系列数控系统为经济型数控系统，虽然可存储若干个零件加工程序，但其掉电保护内存只有 8KB。如果输入的零件加工程序过多，将发生溢出报警。为此，确定故障的原因为：存入数控系统的零件加工程序过多。

故障处理： 将暂时不用的程序删除，重新输入新的加工程序，故障排除。

　　提示：对于经济型数控系统而言，因其 RAM 为 16 位芯片，存储容量较小，故装入过多的零件加工程序将发生溢出报警。使用经济型数控系统的操作人员和维修人员对此应引起重视。

　　（2）伺服系统故障维修实例

　　例 6-7　FANUC 0TE 系统 401 号报警故障

　　故障设备：济南第一机床厂 MJ-50 型数控车床，采用 FANUC 0TE-A2 数控系统，轴进给为交流伺服。

　　故障现象：X 轴伺服板 PRDY（位置准备）绿灯不亮，OV（过载）、TG（电动机暴走）两报警红灯亮，CRT 显示 401 号报警。通过自诊断 DGNOS 功能检查诊断数据 DGN23。7 为"1"状态，无"VRDY"（速度准备）信号；DGN56.0 为"0"状态，无"PRDY"信号。X 轴伺服不走。断电后，NC 重新送电，DGN23.7 为"0"，DGN56.0 为"1"，恢复正常，CRT 上无报警。按 X 轴正、负方向点动，能运行，但走后约 2~3s，CRT 又出现 401 号报警。

　　故障检查与分析：因每次送电时，CRT 不报警，说明 NC 系统主板不会有问题，怀疑故障在伺服系统。采用交换法，先更换伺服电路板，即 X 轴与 Z 轴伺服板交换（**注意**：短路棒 S 的位置）。交换后，X 轴可走，但不久出现 400 号报警；而 Z 轴不报警，说明故障在 X 轴上。继续更换驱动部分（MCC）后，X 轴正、负方向走动正常并能加工零件，但加工第二个零件时，又出现 400 号报警。

　　查 X 轴机械负载，卸传动带，查丝杠润滑，用手可盘动刀架上下运动，确认机械负载正常。查伺服电动机，绝缘正常。电动机电缆、插接头绝缘正常。用钳形电流表测量 X 轴伺服电动机电流，电流值在 6~11A 范围内变动。查说明书，X 轴伺服电动机额定电流为 6.8A，而现空载电流已大于 6A，但机械负载正常，只能怀疑是刹车抱闸未松开，电动机带抱闸转动。用万用表检查，果然刹车电源 90V 没有，查熔丝管又未熔断，再查，发现保险座锁紧螺母松动，板后熔丝管座的引线脱落，造成无刹车电源。

　　故障处理：将上述部位修复后，故障排除。

　　提示：由于 X 轴电动机抱闸还能转动，故容易误认为抱闸已松开，可实际上是过载。因伺服电动机电流过大，造成电流环报警，引起 NC 系统出现"PRDY"（位置准备）信号没有，接触器 MCC 不吸合又使"VRDY"（速度准备）信号没有，从而出现 401 号报警及 OV 和 TG 红灯亮。当电流大到一定程度就会出现 400 号报警。因此不能单纯按照说明书上面的检查步骤表去查，而应从原理上思考分析后，去伪存真，抓住本质解决问题，以免走弯路。

　　例 6-8　数控车床数字伺服系统故障

　　故障设备：美国 CS-42 数控车床，采用 FANUC 0TB 数控系统。

　　故障现象：随机性报警停车，CRT 上显示信息为"401SEVO ALARM（VRDY OFF）；414SEVO ALARM；X 轴 DETECT ERR；424 SEVO ALARM；Z 轴 DETECT ERR；434 SEVO ALARM；3 轴 DETECT ERR"，伺服板上 HC 二极管发亮显示报警。

　　故障检查与分析：根据报警内容，判断 401 号报警的原因可能是数字伺服控制单元上的电磁接触器 MCC 未接通，数字伺服控制单元没有加上 100V 电源，数字伺服控制板或主控制板接触不良。414 号、424 号、434 号报警是 X 轴、Z 轴和第三轴数字伺服系统有故障，很可能是这三个轴的输入电源电压太低，伺服电动机不能正常运转。而 HC 报警的主要原因是伺服板上有电流穿过伺服放大器。根据以上分析，检测 MCC 的线圈、连接导线、浪涌吸收器等元件均无异常。进一步检测观察，发现热保护动作。

故障处理：调整 MCC 热保护开关，使其完全复位。

例 6-9　数控车床失控故障

故障设备：德国产 PNE 710L 数控车床，采用 SINUMERIK 5T 数控系统。

故障现象：在正常加工过程中，随机突然出现拖板高速移动，曾发生撞坏工件和卡盘、刀架的严重事故，由早期几个月一次，发展到每天几次，出现故障时必须按急停按钮才能停止。

故障检查与分析：因为机床已经过较长时间使用，并且是自动运行，因此，故障不是出自编程和操作者。由数控系统结构框图知，X、Z 坐标移动指令，是由 A 板输出接到机床侧驱动板的 $5^{\#}$、$8^{\#}$ 输入端子，如能测量这一点的电压情况，便可判断故障所在。但由于故障是随机的，故测量很困难。根据故障现象分析，极有可能是机床侧驱动板接触不良引起。驱动板在机床侧以底板为基础，上有两块插件板，如图 6-30 所示，一块为 CPU，一块为 ASU，其中 CPU 板完成驱动器的速度调节、电流限制、停车监视、测速反馈及三相同步等功能。而同步信号部分接触不良引起失控的可能性最大。该板的三相同步电源是由底板三相电源变压器通过两组插头引至该板的，是引起接触不良的关键。为此检查数控柜发出模拟量移动指令的输出线，在驱动板的一侧断开 $5^{\#}$、$8^{\#}$ 线，用绝缘物体在机床正常通电的情况下，敲击驱动板的插头部位，此时会出现拖板高速移动故障，可断定根源就在此处。

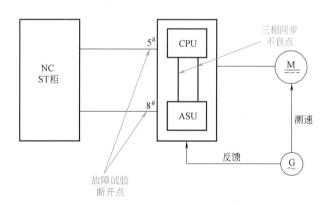

图 6-30　系统的结构框图（局部）

故障处理：修整插头后重新连接牢固，故障排除。

2. 数控铣床

例 6-10　机床型号：自贡长征数控立铣 KV1400/1

系统类型：FANUC 0i-MB

故障现象：机床一开机出现以下报警信息：

5136　放大器数量不足

故障检查与分析：

1）系统一开机出现这样的报警给人直观感觉是某一放大器出现问题，首先打开电器柜观察各模块上 LED 灯显示状态，发现 X、Y 双轴模块显示"L"不正常，其他模块为正常状态，通过手册查看故障代码含义是"FSSB"通信异常。

2）各模块均有 LED 显示，说明 DC24V 电源输入正常，此时拔掉 COP10A 和 COP10B 的 FSSB 光缆接口发现 COP10B 不发光，由此可初步判断该放大器模块有故障。

3）为了进一步确认该放大器模块是否有故障，将该模块上 X、Y 轴的反馈电缆拔掉，然后再通电观察 COP10B 端口已经发光，说明有一根编码器电缆出现问题，在逐一插上 X、Y 轴编码器电缆过程中发现 X 轴反馈电缆插上后就不发光，由此可判断 X 轴的编码器电缆有问题。经拆开检查发现该轴电缆已经破损引起 5V 电源不正常，最终影响其 FSSB 的通信故障，更换电缆后系统恢复正常。

3. 数控镗床

例 6-11　机床型号：昆机数控镗床 TK6111，系统类型：Sinumerik840D

故障现象：系统启动后显示正常，B 轴松开几秒钟后显示以下报警信息：

300501　轴 B 驱动 5 测量回路电流绝对值出错

25201　B 轴驱动故障

出现以上报警后系统关电重新启动后偶尔又出现下列报警提示：

300507　轴 B 驱动 5 转子位置同步出错

25201　B 轴驱动故障

故障检查与分析：根据出现的不同报警，故障在 B 轴驱动部分，机械问题不能排除，由于是回转 B 轴出现故障，机械传动无法直观检查是否存在问题。当系统启动正常后在 HMI 的诊断画面里观察 B 轴的驱动调整画面，松开 B 轴出现报警前发现实际电流百分比持续上升甚至达 100%～200%，直到报警使能断开才降下来，由此可初步判定是机械传动出现问题。

1）考虑机械检查工作量较大，刚好分厂备件库有一个相同型号的驱动器，先更换驱动模块后故障依旧；屏蔽外置圆光栅故障依旧；由于电动机位于工作台下面，电动机编码器电缆暂时无法替换，因此考虑检查机械传动部分。

2）由于 B 轴有 4 个夹紧松开液压缸，先检查圆周方向 4 个液压缸动作情况，松开夹紧动作正常，松开后还有一定间隙，说明液压传动部分没有问题。

3）钳工拆下工作台下面的蜗杆传动箱与工作台脱离，然后再屏蔽 B 轴圆光栅，回转故障依旧，由于 B 轴电动机不带制动装置，急停按钮按下或系统关电后蜗杆轴应该可以手动回转，钳工用加长杆很费劲才可以转动，经进一步拆开检查发现蜗杆轴轴承有问题，更换轴承后试车故障消除。

该机床在使用过程中又发现 MCP 板上的冷却液按键偶尔无效且 M08 也不起作用。对照电气原理图查询该机床的 PLC 运行程序，输出点 Q48.4 偶尔有，为了节省维修时间在 OB1 循环块里重新编了几句冷却液的运行程序如下。其中：Q48.4 = 冷却液输出，Q4.2 = MCP 指示灯，I6.2 = MCP 冷却液启动停止按键。

```
Network7:
A    I      6.2
AN   M      30.5
O
AN   I      6.2
O    M      30.3
O    DB21.DBX  195.0
```

```
AN    DB21.DBX  195.1
=     M         30.3
Network8:
A     I         6.2
A     M         30.5
O
AN    I         6.2
A     M         30.3
=     M         30.5
Network9:
A     M         30.3
=     Q         48.4
=     Q         4.2
```

以上几句 STL 程序通过下载到 CPU 运行，冷却液的手动和自动控制也恢复正常。

例 6-12　机床型号：昆机数控镗床 TK6111，系统类型：Sinumerik840D

故障现象：机床 Y 轴松开一动该轴就出现以下报警：

300501　轴 Y 驱动 2 测量回路电流绝对值出错

25201　Y 轴驱动故障

故障检查与分析：通过 pcu50 上显示的报警信息查看其 300501 报警号的 help PDF 文本，可能是功率模块内的 IGBT 损坏。系统关电重新启动后系统又正常，除 Y 轴外其他轴均可开动，反复尝试开动几次 Y 轴过程中发现 Y 轴一松开就有 300501 报警出现，并且该轴还继续向下滑动，立即按下急停按钮电动机制动抱住。

根据以上出现的现象分析其 PLC 逻辑控制，在 Y 轴一松开其轴使能信号 DB32. DBX2. 1 立即置为 1 有效的同时电动机制动松开，放大器上的 IGBT 立即投入工作状态使电动机励磁锁住，就在这一时刻出现 300501 报警。

检查电动机动力电缆以及机械传动和励磁绕组没发现问题，只有可能是 6SN1123 功率模块已坏；分厂备件库有相同型号的备件，通知维修人员更换 Y 轴放大器，换好后启动系统又出现 26101 伺服通信失败报警，通过查看报警帮助文本检查设备总线电缆连接插头，发现 Y 轴功率模块前后总线连接插头未插卡到位，重新插好设备总线插头后重启系统，机床恢复正常。

4. 加工中心

例 6-13　机床型号：大连 OKK 卧式加工中心 MDH80，系统类型：FANUC 18i

故障现象：机床一开机就出现以下报警信息：

444　X 轴：INV. COOLING　FAN　FAILUR

608　X 轴：INV. COOLING　FAN　FAILUR

故障检查与分析

1）出现的 444 和 608 报警都是指 X 轴放大器内冷风扇故障，再观察电柜内模块上 LED 灯的显示状态，该轴为 "1"，说明报警和模块状态是一致的，决定更换 LED 灯显示为 1 的模块，更换好该放大器上端的内冷风扇后启动系统，以上报警仍然存在。

2）针对以上处理后仍然还存在这一问题，进一步判断该模块电路板有问题，于是拆下该模块送往专业维修中心检查，发现电路板绝缘大部分熔化，通过处理后重新安装好该模块，444 和 608 报警消除，但又出现了新的报警信息，内容为"300 X 轴绝对值编码器需要返回参考点"。根据 CNC 提示，由于在拆卸放大器模块过程中拔掉了编码器电缆，故机械绝对零点位置丢失。

3）由于该机床带刀库，换刀位置是将 X、Y 轴回到第二参考点，因此机械零点位置的设定很关键。为了准确设定好机床零点，现按如下步骤进行：

① 拆下刀库机械手传动链条，手动将机械手扳回换刀位置（即第二参考点），然后开动 X、Y 轴至换刀点后保持不动。

② 查看系统参数 1241，X 轴的值是指相对于第一参考点（X 轴机械零点）的偏移值，假设为 $+m$，将 X 轴负向移动 m 后就是 X 轴的机械零点位置。

③ 在 MDI 方式下，置系统参数 X 轴 1815#4 = 1 后 CNC 又提示关机（000　报警）。

关机再开机，查看系统参数 1240，就为该轴机床坐标系的值，且通过诊断画面还可以查看到信号 F0120#0 已经置 1 后，机床恢复正常。

任务三　桥式起重机的维修

桥式起重机由桥架（大车）和起重小车等构成，通过车轮支承在厂房或露天栈桥的轨道上，因为外观像一架金属的桥梁，所以称为桥式起重机，俗称天车。桥架可沿厂房或栈桥做纵向运行；而起重小车则沿桥架做横向运动，起重小车上的起升机构可使货物做升降运动。这样桥式起重机就可以在一个长方形的空间内起重搬运货物。图 6-31 所示为通用桥式起重机。

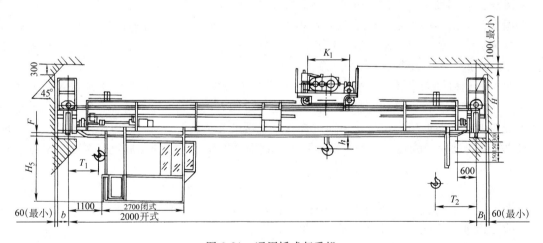

图 6-31　通用桥式起重机

桥式起重机根据使用吊具不同，可分为吊钩式桥式起重机、抓斗式桥式起重机、电磁吸盘式桥式起重机。根据用途不同，可分为通用桥式起重机、冶金专用桥式起重机、龙门桥式起重机和装卸桥等。根据主梁结构形式不同，可分为箱形结构桥式起重机、桁架结构桥式起重机、管形结构桥式起重机，还有由型钢（工字钢）和钢板制成的简单截面梁的起重机（称为梁式起重机），这种起重机多采用电动葫芦作为起重小车。

一、桥式起重机啃轨的检修

1. 啃轨现象

起重机正常行驶时，车轮轮缘与轨道应保持有一定的间隙（20～30mm）。当起重机在运行中由于某种原因使车轮与轨道产生横向滑动时，车轮轮缘与轨道侧面接触，产生挤压摩擦，增加了机构的运行阻力，致使轮缘和钢轨磨损，这种现象称为"啃轨"或"啃道"。

起重机啃轨是车轮轮缘与轨道摩擦阻力增大的过程，也是车体运行歪斜的过程。

啃轨会使车轮和钢轨很快就磨损报废，如图6-32所示。车轮轮缘被啃变薄（左），钢轨头被啃变形（右）。

正常工作情况下，中级工作制度的车轮可以使用十多年，重级工作制度使用寿命在5年以上。而严重啃轨的车轮使用寿命大大降低，有的1～2年，也有的甚至几个月就报废。

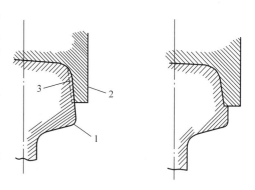

图6-32 啃轨示意图
1—钢轨 2—轮缘 3—被啃的轮缘

啃轨严重还会使起重机脱轨，并由此引起各种设备和人身事故。由于啃轨起重机运行歪斜，这对轨道的固定具有不同程度的破坏。

检查起重机是否啃轨，可以根据下列迹象来判断：

1）钢轨侧面有一条明亮的痕迹，严重时，痕迹上带有毛刺。

2）车轮轮缘内侧有亮斑。

3）钢轨顶面有亮斑。

4）起重机行驶时，在短距离内轮缘与钢轨的间隙有明显的改变。

5）起重机在运行中，特别是在起动、制动时，车体走偏，扭摆。

如有以上迹象就可以判断起重机在运行中啃轨。

2. 啃轨的检验

（1）车轮的平行性偏差和直线性偏差的检验 其检验方法如图6-33所示，以轨道为基准，拉一根细钢丝（$\phi0.5$mm），使之与轨道外侧平行，距离均等于a。再用钢板尺测出b_1、b_2、b_3、b_4各点距离，用下式求出车轮1、2的平行性偏差：

$$\text{车轮}1: \frac{b_1-b_2}{2}; \quad \text{车轮}2: \frac{b_4-b_3}{2}$$

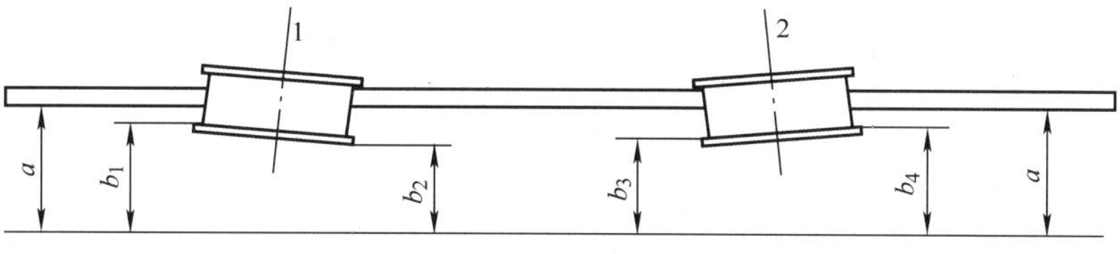

图6-33 车轮偏差检验图

车轮直线性偏差：

$$\delta = \left| \frac{b_1+b_2}{2} - \frac{b_4+b_3}{2} \right|$$

由于以轨道作为基准，所以需要选择一段直线性较好的轨道进行这项检验。

（2）大车车轮对角线的检验

选择一段直线性较好的轨道，将起重机开进这段轨道内，用卡尺找出轮槽中心划一条直线，沿线挂一个线锤，找出锤尖在轨道上的中点，在这一点上打一样冲眼，如图 6-34 所示。以同样方法找出其余三个车轮的中点，这就是车轮对角线的测量点。然后将起重机开走，用钢卷尺测量对角车轮中点的距离，这段距离就是车轮对角线长度。

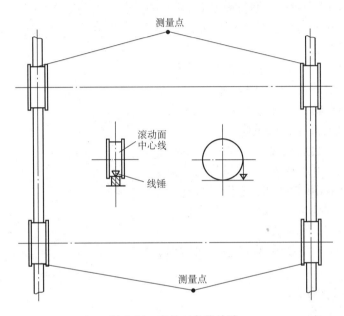

图 6-34　车轮对角线检验

车轮跨距、轮距都可以用这个方法检验。

在测量上述各项时，是在车轮垂直度、平行度和直线性检验的基础上进行的，在分析测量时，要考虑上述各项因素的影响。

（3）轨道的检验　轨道标高可用水平仪检验；轨道的跨距可用拉钢卷尺的方法测量；轨道的直线性可用拉钢丝的方法检验，根据检验的结果多用描绘曲线的方法显示轨道的标高、直线性等。测量用钢丝的直径可根据轨道长度在 0.5 ～ 2.5mm 范围内选取。

此外，还应检验固定轨道用的压板、垫板以及轨道接头等。

3. 啃轨的修理

（1）车轮的平行度和垂直度的调整　如图 6-35 所示，当车轮滚动面中心线与轨道中心线成 α 角时，车轮和轨道的平行度偏差为 $\delta = r\sin\alpha$。为了矫正这一偏差，可在左边角型轴承箱立键板上加垫。垫板的厚度为

$$t = \frac{b\delta}{r}$$

式中，b 为车轮与角型轴承箱的中心距（mm）；r 为车轮半

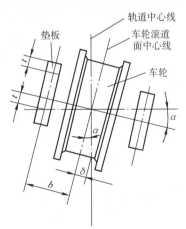

图 6-35　车轮的调整

径（mm）。

如果车轮向左偏，则应在右边的角型轴承箱立键板加垫来调整。

如果垂直度偏差超过允许范围，则应在角型轴承箱上的左右两水平键板上加垫。垫板厚度的计算方法同矫正平行度偏差的方法相同。

利用这种方法虽能解决一定的问题，但由于车轮组件是一个整体和轴承同轴度要求等原因，限制了垫板厚度（t）的增大。

（2）车轮位置的调整　由于车轮位置偏差过大，会影响到跨距、轮距、对角线以及同一条轨道上两个车轮中心的平行性。因此要把车轮位置调整在允许范围内。调整时（如图 6-36 所示），应将车轮拉出来，把车轮的四块定位键板全部割掉，重新找正、定位。操作工艺如下：

1）根据测量结果，确定车轮需要移动的方向和尺寸。

2）在键板原来的位置和需要移动的位置打上记号。

3）将车体用千斤顶顶起，使车轮离开轨道面约 6 ~ 10mm。松开螺栓，取出车轮。

4）割下键板和定位板。

5）沿移动方向扩大螺栓孔。

6）清除毛刺，清理装配件。

7）按移动记号将车轮、定位板和键板装配好，并紧固螺栓。

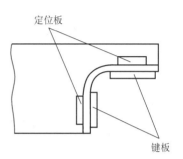

图 6-36　定位板和键板位置图

8）测量并调整车轮的平行度、垂直度、跨距、轮距和对角线等；并要求用手能灵活转动车轮，如发现不合技术要求，应重新调整。

9）开空车试验，如还有啃轨继续调整。

10）试车后，如不再啃轨，则可将键板和定位板点焊上。为防止焊接变形，可采取先焊一段试车、再焊一段再试车的方法。

（3）更换车轮　由于主动车轮磨损，使两个主动车轮直径不等，产生速度差使车体运行歪斜而啃轨也较为常见。对于磨损的主动车轮，应采取成对更换的方法；单件更换往往由于新旧车轮磨损不均匀，配对使用后也还会啃轨。

被动轮对啃轨影响不大，只要滚动面不变成畸形，就可不必更换。

（4）车轮跨距的调整　车轮跨距的调整是在车轮的平行度、垂直度调整好之后进行的。调整跨距有两种方法：

1）重新调整角型轴承箱的固定键板，具体方法同移动车轮位置一样。

2）调整轴承间的隔离环，先将车轮组取下来，拆开角型轴承箱并清洗所有零件。假定需要将车轮往左移动 5mm，则应把左边隔离环车掉 5mm；而右边的隔离环重新做一个，它的宽度应比原来宽 5mm。这样车轮装配后自然就向左移动 5mm。隔离环车窄和加宽一定要在数量上相等，否则角型轴承箱的键槽卡不到定位键里边。

因为车轮与角型轴承箱的间隙是有限的，所以它的移动量也受到限制。一般推荐的移动量为 8 ~ 10mm，但下次修理就不能再采用这种方法了。

（5）对角线的调整　对角线的调整应与跨距的调整同时进行，以节省工时。

根据对角线的测量进行分析，决定修理措施。为了不影响传动轴的同轴度和尽量减少工时，在修理时，应尽量调整被动轮而不调整主动轮。

如图 6-37a 所示的情况，车轮跨距 $l_1 > l_2$，轮距 $b_1 = b_2$，对角线 $D_1 > D_2$。这种情况只要移动两个被动轮，使 $D_1 = D_2$ 即可。

图 6-37b 所示为 $l_1 > l_2$，$b_1 < b_2$，而 $D_1 > D_2$。在这种情况下，如果 $b_2 - b_1 < 10\text{mm}$，跨距偏差又在允许范围内，则可不必调整右侧的主动轮，只需调整右侧的被动轮的位置即可。若超出上述范围，会影响车轮的窜动量，此时应同时移动右侧的主动轮和被动轮，使对角线相等。

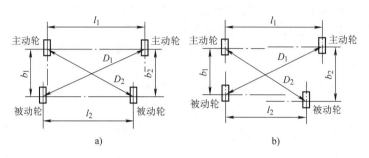

图 6-37　对角线调整

二、起重小车"三条腿"的检修

双梁桥式起重机上的起重小车在运行过程中，有时会出现"三条腿"现象。

1. 小车"三条腿"表现形式

小车"三条腿"就是指起重小车在运行中，四个车轮只有三个车轮与导轨面接触，另一个车轮处于悬空的状态。小车"三条腿"可能引起小车起动和制动时车体扭转、运行振动加剧、行走偏斜、产生啃轨等故障。

小车"三条腿"常有如下的表现形式：

1）某一个车轮在整个运行过程中，始终处于悬空状态。造成这种"三条腿"的原因可能有两个：其一是四个车轮的轴线不在一个平面内，即使车轮直径完全相等，也总要有一个车轮悬空；其二是即使四个车轮的轴线在一个平面内，若是有一个车轮直径明显的较其他车轮小或者对角线两个车轮直径太小，也会造成小车"三条腿"。

2）起重小车在轨道全长中，只在局部地段出现小车"三条腿"。出现这种情况，首先要检查轨道的平直性。如果某些地段轨道凸凹不平，小车开进这一地段就会出现三个车轮着轨、一个车轮悬空的问题。当然也可能多种因素交织在一起，如车轮直径不等，同时轨道凸凹不平。这时必须进行全面检查，逐项进行修理。

2. 小车"三条腿"的检查

造成小车"三条腿"的主要原因是车轮和轨道的偏差过大，根据其表现形式，可以优先检查某些项目。如在轨道全长运行中，起重小车始终处于"三条腿"运行，这就要首先检查车轮；如局部地段"三条腿"，则应首先检查轨道。

（1）小车车轮的检查　车轮直径的偏差可根据车轮直径的公差进行检查，如 $\phi350\text{mm}$ 的车轮，查公差表可得知允许偏差为 0.1mm；同时要求所有的车轮滚动面必须在同一平面上，偏差不应大于 0.3mm。

（2）轨道的检查　为了消除小车"三条腿"，检查轨道的着重点应是轨道的高低偏差。当小车跨距 $L_x \leqslant 2.5\text{m}$ 时，小车轨道高度允许偏差（在同一截面内）$d \leqslant 3\text{mm}$；当小车跨

距 $L_x > 2.5$m 时，允许偏差 $d \leqslant 5$mm。小车轨道接头处的高低差 $e \leqslant 1$mm，小车轨道接头的侧向偏差 $g \leqslant 1$mm。

小车轨道高度偏差的检查方法，有条件可用水平仪和经纬仪来找平；不具备条件的，可用桥尺和水平尺找平。桥尺就是一个金属构架，但是下弦面必须加工得比较平，整个架子刚性要强，这样才能保证准确性。如图 6-38 所示，把桥尺横放在小车的两条轨道上，桥尺上安放水平尺。用观察水平尺水珠移动的方法来检查起重小车轨道高度差。

检查同一条轨道的平直性，可采用拉钢丝的方法，根据钢丝来找平轨道。

（3）小车"三条腿"的综合检查 实际工作中，所遇到的问题多数是几种因素交织在一起，有车轮的原因，也有轨道的原因。这时只能推动小车，一段一段地分析，找出小车"三条腿"的原因。检查时，可准备一套塞尺或厚度各不相同的铁片，将小车慢慢地推动，逐段检查。如果在检查过程中发现，小车在整个行程始终有一个车轮悬空，而车轮直径又在公差范围内，那么就可以断定那个车轮的轴线偏高。若在推动过程中，只有在局部地段出现小车"三条腿"现象，如图 6-39 所示，车轮 A 在 a 点出现间隙 Δ，那么选择一个合适的塞尺或铁片塞进去，然后再推动起重小车，如果当车轮 C 进入 a 点不再有间隙，则说明轨道在 a 点是偏低的；如果车轮 A 在 a 点没有间隙，车轮 C 进入 a 点出现间隙，则就可以判断为车轮的偏差所造成的。当然可能出现更加错综复杂的情况，那就要进行综合分析，找出原因并进行修理。

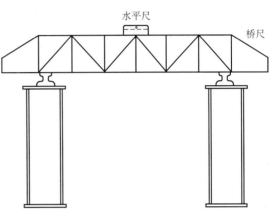

图 6-38 桥尺测量法

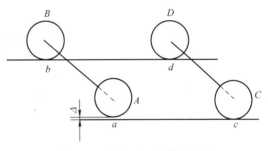

图 6-39 小车"三条腿"检查

3. 小车"三条腿"的修理方法

（1）车轮修理 主要原因常常是车轮轴线不在一个平面内，这时一般情况采用修理被动轮的方法，而不动主动轮。因为主动轮的轴线是同心的，移动主动轮会影响轴线的同轴度。

若主动轮和被动轮的轴线不在一个水平面内，可将被动轮及其角型轴承箱一起拆下来，把小车上的水平键板割掉，再按所需要的尺寸加工，焊上以后，把角型轴承箱连同车轮一起安装上，如图 6-40 所示。具体操作方法如下：

1）确定刨掉水平键板 1 的尺寸。

2）将键板和车架打上记号，以备装配时找正。

3）割掉车架上的定位键板 3、水平键板 1 和垂直键板 2。

4）加工水平键板 1，将车架垂直键板的孔沿垂直方向向上扩大到所需要的尺寸并清理毛刺。

5）将车轮及角型轴承箱安装上并进行调整，拧紧螺钉。然后试车，如运行正常，则可将各键板焊牢；如还有小车"三条腿"现象，再进行调整。为了减少焊接变形和便于今后的拆修，键板应采用断续焊。

（2）轨道的修理　轨道高度偏差的修理，一般采用加垫板的方法。垫板宽度要比轨道下翼缘每边多出 5mm 左右，垫板数量不宜过多，一般不应超过 3 层。轨道有小的局部凹陷时，一般是采用在轨底下加力顶的办法。在开始加力之前，先把轨道凹陷部分固定起来（加临时压板），如图 6-41 所示。这样就避免了由于加力使轨道产生更大的变形。校直后，要加垫板，以防再次变形。

轨道直线度的修理，轨道直线度可采用拉钢丝的方法来检查，如发现弯曲部分，可用千斤顶校直。在校直时，先把轨道压板松开，然后在轨道弯曲最大部位的侧面焊一块定位板，千斤顶顶在定位板上，加压校直后，打掉定位板，重新把轨道固定好。

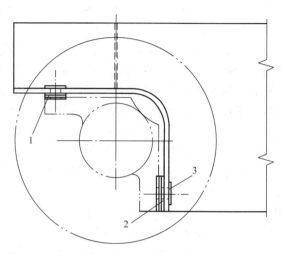

图 6-40　车轮轴线修理
1—水平键板　2—垂直键板　3—定位键板

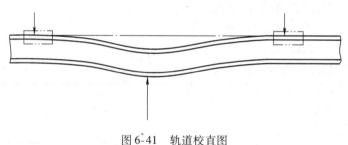

图 6-41　轨道校直图

由于主梁上盖板（箱形梁）的波浪引起的小车轨道波浪，一般可采用加大一号钢轨或者在轨道和上盖板间加一层钢板的方法来解决。

三、箱形主梁变形的修理

1. 箱形主梁的几何形状与变形

（1）箱形主梁的几何形状　起重机箱形主梁是主要受力部件，它必须具有足够的强度、刚度、稳定性，还必须满足技术条件中有关几何形状的要求。

为减少"爬坡"和"下滑"的不利影响。技术条件规定：起重机在空载时，主梁应具有一定的上拱度，如图 6-42 所示。在跨中，其值为 $F_o = S/1000$（S 为跨度）。主梁上拱曲线的特点是主梁在跨中至两端梁中心处的拱度变化较平滑。距跨中 x 处的任意点上的拱度值按下式计算：

$$F_x = F_o \left[1 - \left(\frac{2x}{S} \right)^2 \right]$$

（2）箱形主梁的变形　龙门起重机箱形主梁在起重机满载运行时，允许有一定的弹性变

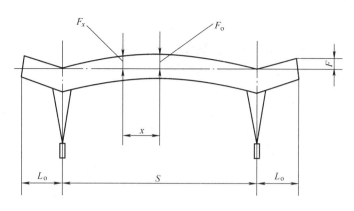

图 6-42 起重机上拱曲线

形。因为起重机主梁在出厂时，有一定的上拱，所以正常运行的起重机，即使起重小车满载在跨中时，主梁仍有一定的上拱或接近水平线。所谓主梁变形是指主梁产生的永久变形，即起重机空载时，主梁已处于上拱减小状态或低于水平线的下挠状态。这样，当起重机起吊货物时，主梁变形就超出规定范围，影响正常作业。箱形主梁的下挠、旁弯、腹板波浪等变形常常同时出现，相互关联，相互影响。这些变形严重地影响起重机的使用性能。

（3）箱形主梁变形的检验方法　上拱度（下挠度）的常用检验方法有拉钢丝法等。

如图 6-43 所示，用直径为 0.5mm 的细钢丝，在上盖板上，从设在两端梁中心处的等高支撑杆上拉起来。一端固定，另一端用弹簧秤或 15kg 的重锤把钢丝拉紧，则主梁的上拱度（跨中）为

$$F_1 = H - (h_1 + h_2) \tag{6-1}$$

式中，h_1 为测得的钢丝与上盖板的间距；h_2 为钢丝由于自重产生的下挠度；H 为撑杆的高度，一般取 $H = 150 \sim 160\text{mm}$。

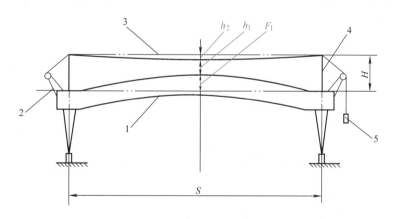

图 6-43 拉钢丝法
1—主梁　2—滑轮架　3—钢丝　4—撑杆　5—重锤

如果计算结果 $F_1 > 0$，则表示主梁仍有上拱；若 $F_1 < 0$，则说明主梁已经下挠（低于水平线）。

钢丝下挠度可按下式计算：

$$h_2 = \frac{gl^2}{8Q} \qquad (6\text{-}2)$$

式中，g 为钢丝单位长度的重量；Q 为弹簧秤拉力或重锤重量；l 为钢丝长度。

除箱形主梁变形法外，还有水平仪法和连通器法等检验方法。

2. 箱形主梁变形的修理

箱形主梁变形的修理方法有预应力法、火焰矫正法等。下面主要介绍预应力法。

预应力法修理主梁下挠就是用预应力张拉钢筋使主梁恢复上拱。其原理如图 6-44 所示。当主梁空载时，把预应力钢筋 3 张紧，这样就在主梁中性轴下加一个纵向偏心压力 N，因为 N 对中性轴的力臂为 e，所以作用在主梁上的力矩为 $M = Ne$。在这一力矩的作用下，主梁恢复上拱。

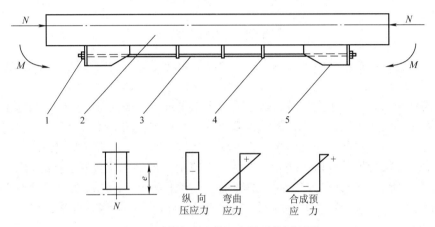

图 6-44　预应力法修理主梁下挠原理图

1—锁紧螺母　2—主梁　3—预应力钢筋　4—托架　5—支座

在预应力钢筋的作用下，主梁在空载时已存在应力，即预应力。上盖板受拉应力；下盖板受压应力。当主梁负载时，工作应力恰好与预应力相反。这样预应力就可以抵消部分工作应力，也就抵消一部分由于货物重量产生的下挠。

采用这种方法修理主梁，具有提高主梁的承载能力、施工简便、工期短等优点。

张拉装置由张拉架 1、千斤顶 2、承压架 3 以及支座 6 等组成，如图 6-45 所示。托架的作用是防止起重机运行过程中的钢筋抖动。

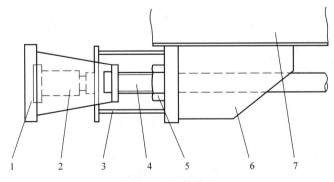

图 6-45　张拉装置

1—张拉架　2—千斤顶　3—承压架　4—预应力钢筋　5—螺母　6—支座　7—主梁

张拉力由矫正上拱量决定，而钢筋的数目和直径由张拉力决定。

四、起重机零部件常见故障及排除

桥式起重机在使用过程中，机械零部件以及电气控制和液压系统的元器件不可避免地遵循磨损规律出现有形磨损，并引发故障。

导致同一故障的原因可能不是一一对应的关系，因此要对故障进行认真分析，准确地查找真正的故障原因，并且采取相应的消除故障的方法来排除，从而恢复故障点的技术性能。桥式起重机的零部件常见故障及排除方法分别论述如下。

1. 锻制吊钩

常见损坏情况： 尾部出现疲劳裂纹，尾部螺纹退刀槽、吊钩表面有疲劳裂纹；开口处的危险断面磨损超过断面高度的10%。

原因： 超期使用；超载；材料缺陷。

后果： 可能导致吊钩断裂。

排除方法： 每年检查1~2次，若出现疲劳裂纹，则及时更换。危险断面磨损超过标准时，可以渐加静载荷做负载试验，确定新的使用载荷。

2. 片式吊钩

损坏情况： 表面有疲劳裂纹，磨损量超过公称直径的5%，有裂纹和毛缝，磨损量达原厚度的50%。

原因与后果： 折钩；吊钩脱落；耳环断裂；受力情况不良。

排除方法： 更换板片或整体更换；耳环更新。

3. 钢丝绳

损坏情况： 磨损断丝、断股。

原因与后果： 断绳。

排除方法： 断股的钢丝绳要更换；断丝不多的钢丝绳可适当减轻负荷量。

4. 滑轮

损坏情况： 轮槽磨损不均；滑轮倾斜、松动；滑轮有裂纹；滑轮轴磨损达公称直径的5%。

原因与后果： 材质不均；安装不符合要求；绳、轮接触不均匀；轴上定位件松动；钢丝绳跳槽；滑轮破坏；滑轮轴磨损后在运行时可能断裂。

排除方法： 轮槽磨损达原厚度的20%或径向磨损达绳径的25%时应该报废；滑轮松动时要调整滑轮轴上的定位件。

5. 卷筒

常见损坏情况： 疲劳裂纹；磨损达原筒壁厚度的20%；卷筒键磨损。

原因与后果： 卷筒裂开；卷筒键坠落。

排除方法： 更新。

6. 制动器

常见损坏情况： 拉杆有裂纹；弹簧有疲劳裂纹；小轴磨损量达公称直径的5%；制动轮表面凸凹不平达1.5mm；闸瓦衬垫磨损达原厚度的50%。

常见故障现象： 制动器在上闸位置中不能支持住货物；制动轮发热，闸瓦发出焦味，制动垫片很快磨损。

可能的原因： 电磁铁的铁心没有足够的行程；制动轮上有油；制动轮磨损；闸带在松弛

状态没有均匀地从制动轮上离开。

后果：制动器失灵；抱不住闸；溜车。

排除方法：更换拉杆、弹簧、小轴或心轴、闸瓦衬垫；制动轮表面凹凸不平时重新车制并热处理。

如果有上述的故障现象，需要对制动器进行调整。图6-46所示为短行程块式制动器的结构。调整方法如下。

（1）调整电磁铁行程 调整电磁铁行程的目的是使制动瓦块获得合适的张开量，这样在松闸后就可以让制动轮与制动瓦块彻底脱开。其方法是：用一个扳手固定推杆6右端的方头，用另一个扳手旋转推杆右端的螺母，将推杆向右拉即可缩小制动瓦块与制动轮的间隙；反之将推杆向左拉即可增大制动瓦块与制动轮的间隙。操作方法如图6-47所示。

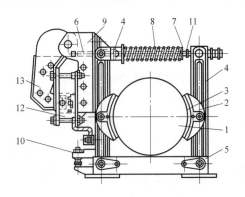

图6-46 短行程块式制动器的结构

1—制动轮 2—制动瓦块 3—瓦块衬垫 4—制动臂 5—底座
6—推杆 7—夹板 8—制动弹簧 9—松闸器 10—调整螺钉
11—辅助弹簧 12—线圈 13—衔铁

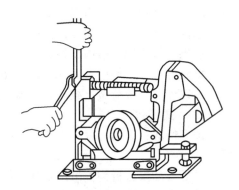

图6-47 调整电磁铁行程

（2）调整主弹簧工作长度 调整主弹簧工作长度可以调整该制动器的制动力矩。其方法是：用一个扳手把住推杆6右端的方头，另一扳手旋转制动弹簧8右端的螺母，将制动弹簧8旋紧，即将制动力矩增大，反之减小。操作方法如图6-48所示。

（3）调整两制动瓦块与制动轮的间隙 在起重机工作中，常常出现制动器松闸时一个瓦块脱离、另一个瓦块还在制动的现象，这不仅影响机构的运动，还使瓦块加速磨损。对此应进行调整，先将衔铁推在铁心上，制动瓦块即松开，然后转动调整螺钉10的螺母，调整制动瓦块与制动轮的单侧间隙为0.6~1mm，并要求两侧间隙相等即可。操作方法如图6-49所示。

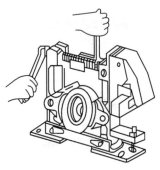

图6-48 调整主弹簧工作长度

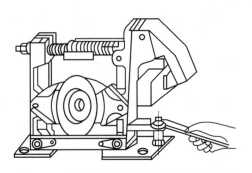

图6-49 调整两制动瓦块与制动轮的间隙

7. 齿轮

常见损坏情况：轮齿磨损达原齿厚的 10%~25%；因为疲劳剥落而损坏的齿轮工作面积大于全部工作面积的 30%；渗碳齿轮渗碳层磨损超过 80%。

原因与后果：超期使用，安装不正确；或热处理不合格。

排除方法：轮齿磨损达原齿厚的 10%~25% 时更换齿轮；圆周速度大于 8m/s 的减速器高速齿轮磨损时应该成对更换。

8. 传动轴

常见损坏情况：裂纹；轴的弯曲超过 0.5mm/m。

原因与后果：损坏轴；由于疲劳使轴弯曲进而损坏轴颈。

排除方法：更换轴或加热矫正。

9. 联轴器

常见损坏情况：联轴器体上有裂纹；用于联接的螺钉和销轴的孔扩大；销轴橡皮圈磨损；键槽扩大。

原因与后果：联轴器体损坏；机构起动时发生冲击；键脱落。

排除方法：更换橡皮圈。旧键槽补焊后重新加工键槽。

10. 车轮

常见损坏情况：轮副、踏面有疲劳损伤；主动轮踏面磨损不均；踏面磨损达原公称直径的 15%；车轮轮缘磨损达原厚度的 50%。

原因与后果：车轮损坏；大车、小车运行出现偏斜。

排除方法：轮副、踏面有疲劳损伤时需要更换车轮；主动轮踏面磨损不均可以车制后热处理，但是直径误差不超过 5%；踏面磨损达原公称直径的 15% 或车轮轮缘磨损达原厚度的 50% 时更换车轮。

11. 减速器

常见故障现象：有周期性的颤振的音响，从动轮特别显著；剧烈的金属锉擦声。

可能的原因：齿轮节距误差过大；齿侧间隙超过标准；传动齿轮间的侧隙过小。

消除方法：更换齿轮或轴承；重新拆卸、清洗后再重新安装。

五、起重机电路检修

起重机电路可分为动力电路（主电路）和控制电路。

在检修作业中，为了查出某一个电器元件的故障，常常需要把电路分段进行检查，再找出故障电器元件或短路、断线部位。

1. 动力电路

动力电路包括电动机绕组和外接电路。外接电路又可分为定子电路和转子电路。

（1）定子电路 定子电路就是电动机定子与电源间的电路。图 6-50 所示为有 4 台电动机的起重机动力电路。当合上保护柜刀开关，按下起动按钮时，保护柜主接触器触点闭合。当控制器手柄扳到正转方向，电动机正转；扳到反转方向，电动机反转。

图中，大车、小车、副钩电动机共用一台保护柜；主钩采用磁力控制屏。

定子电路的故障，主要是一根电源线断路造成单相接电或短路两种情况。因为短路故障都伴有"放炮"现象，所以比较容易发现。

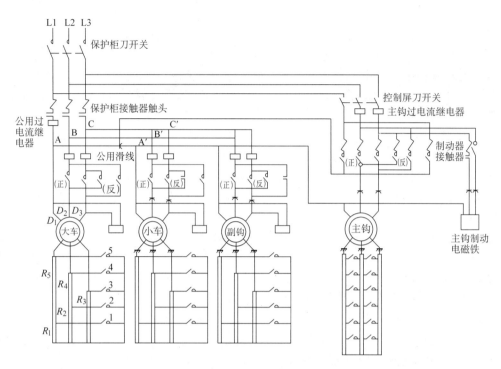

图 6-50　起重机动力电路

断路故障

三相电路中有一根线断路，电动机就处于单相缺电状态。在这种情况下，电动机不能起动，并发出"嗡嗡"的响声。如果电动机在运行过程中发生单相缺电故障，则当控制器停在最后一档时，电动机还能继续转动，但输出力矩减少。单相缺电时间长了，就会烧毁电动机。所以电动机加热时，必须注意检修。由于接头松动而逐渐导致的单相缺电，在断路后的短时间内，断路部位的温度通常高于另外两根相线的温度。

常见故障及原因

1）4 台电动机都不动。

① 没有电。

② 主滑线接触不良。

③ 保护柜刀开关接触不良或接触器触点接触不良。

2）大车开不动，其他正常，故障一定在大车电路的 ABC 三点以后，如图 6-50 所示。大车只能向一个方向开动，不能向另一个方向开动，故障在控制器。

3）小车开不动，其他正常，则故障在 A′B′C′以后的小车电路中。由于小车滑线接触不良，故其单相接电的故障比大车多。

4）副钩发生故障，其他正常，则故障在 A′B′C′以后的副钩电路中。必须注意控制器下降触点接触不良的故障，因为货物重量的拖动，吊钩也能下降，所以不易及时发现。时间拖长就有可能烧毁电动机。

5）主钩能正常运转，大车、小车和副钩都处于单相接电状态。在这种情况下，故障可能发生在保护柜的接触器部分或公用过电流继电器断路。这种故障的特征是：开动主钩的同时，大车、小车和副钩也能开动；但当主钩停止工作时，大车、小车和副钩就都不能开动。

出现这种现象的原因是：主钩接触器闭合后，使公用滑线带电，大车、小车和副钩由此得以供电。

6）主钩电路单相接电，其他机构正常。故障在保护柜刀开关以后的主钩电路中。

如果主钩接触器接到公用滑线的连接导线断路，则主钩仍能工作。这时主钩电动机经公用滑线从保护柜得以供电，但是由于这一段导线截面积较小，故容易发热。这时主钩电动机定子三相电流极不平衡，电动机转矩降低，下降速度也极快，容易烧毁电动机。

短路故障

短路故障有相间短路、接地短路和电弧短路。相间短路和接地短路主要是由于导线磨漏造成的。可逆接触器的联锁装置失去作用，在一个接触器没有断开的情况下，打反车也会造成相间短路。

电弧短路伴有强烈的"放炮"现象，主要发生在控制屏上。其原因是可逆接触器中先闭合的接触器释放动作慢，其电弧没有熄灭，而后闭合的接触器已经接通，这样就造成其相间短路。

（2）转子电路　转子电路包括附加电阻元件和与控制器相连接的线路。当控制器扳到不同档位时，附加电阻分段被切除。

转子电路常见故障

1）断路故障。转子电路发生断路故障的主要部位有：电动机转子的集电环部分、滑线部分、电阻器、控制器（或接触器）触点。

转子电路有一相断路后，转矩只有额定值的$10\% \sim 20\%$。转子电路接触不良时，电动机产生激烈的振动。

2）短路故障。转子电路接地或线间短路时，不发生"放炮"现象，故不易发觉。因此要定期检修电动机及其电路的绝缘情况。

电动机转子电路接触不良和电动机、减速器固定螺钉松动都可以引起电动机振动，并且很难区别。为此可用钳式电流表检查定子电流（当然也可以首先排除机械故障），如果定子电流不平衡或波动很大，便可确定转子电路接触不良；如果三相电流平衡，则故障可肯定在机械部分。当定子三相电流不平衡时，可进一步把集电环短接进行二次测量。如果电流仍不平衡，则故障发生在电动机内部；如果二次测量时，三相电流平衡，则故障发生在电动机转子电路的外电路上，用这种方法，可把故障逐步缩小在某些部分或电器元件上。

2. 控制电路

图 6-51 所示为保护 3 台电动机的控制电路。

合上保护柜刀开关，按下起动按钮，电流按①方向为接触器线圈供电，于是接触器主触点和自锁触点同时闭合。松开起动按钮，电路①断开，电流由③流过，为接触器线圈继续供电。当起升机构控制器手柄扳到上升档位时，上升联锁触点是闭合的，下降联锁触点是断开的。起升过卷扬时，上升限位被打开，电路③断开，接触器线圈得不到供电，接触器掉闸。大车、小车限位开关道理相同。

控制电路常见的故障

1）按下起动按钮接触器合不上，这说明图 6-51 所示电路①中的熔断器、按钮、零位触点、舱口开关、事故开关、过电流继电器其中的某个元器件发生故障。

为了尽快地找出故障，可推上接触器，试其能否吸合。如果能吸合，则故障发生在熔断器 1、起动按钮、零位触点到点 1 之间。这是因为电流经③→接触器自锁触点 2→串联开关

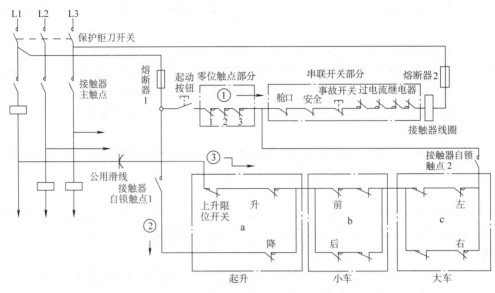

图 6-51　控制电路

部分为接触器线圈供电，也就说明电路①中串联开关部分及熔断器 2 没有问题。如果推上接触器，其并不吸合，则故障一般发生在串联开关电路和熔断器 2 这一段。

2）按下起动按钮接触器合上，但一松开，接触器就掉闸，这时故障一般发生在电路 a、b、c 和接触器自锁触点 2 这一段电路上。

3）操作过程中出现接触器"啪啦啪啦"断续作响的情况。这是由接触器线圈供电呈断续状态造成的，多数是由于熔断器 2 的熔丝松动，也可能是由电路 a、b、c 的接线螺钉松动或触点接触不良造成的。

4）不论哪个机构一开动，接触器就掉闸，多数情况是由于过电流继电器电流整定值过小或过电流继电器机构部分出故障造成的，如动铁心停留在线圈的上部、推杆弹簧压力不足、触点接触不良等。

3. 判断整机电路故障时应该注意的几个问题

1）主电路和控制电路应同时考虑。一般情况下，定子电路的公用滑线处的接线断路时，小车和起升电动机都不能开动。但有时保护柜的接触器吸合后，电源线（公用线）上的电流就能沿着熔断器、接触器自锁触点、吊钩控制器上升和下降联锁触点及上升限位开关等对小车电动机供电（如图 6-51 所示），由于小车电动机容量小，熔断器不致由于过载而熔断，故小车仍能开动。但是当起升机构运转时，控制器中的一个自锁触点断开，电路中断，接触器掉闸，电动机就停止运转。这样的故障常常被误认为是控制电路的故障，造成长时间找不出故障部位。所以在检修时，必须全面地分析整个电路，以便迅速排除故障。

2）在检修和判断起重机电路故障时，不但应检查起重机电路本身，而且应考虑到影响起重机电路工作可靠性的一些外部因素。例如，由于振动引起的过电流继电器常闭触点瞬时断开，以及主滑线局部接触不良等所引起的接触器掉闸。这类故障的特点是时续时断。有时发现故障停车检查，电路就又恢复正常。这时就要考虑到电路本身以外的因素。

六、起重机日常维护及负荷试验

桥式起重机属于"危险设备"，必须按照《起重机械安全规程　第 1 部分：总则》（GB

6067.1—2010）的规定，做到合理使用，适时维修，以确保安全运行。

1. 桥式起重机的预防维护工作

1）日常检查及维护。

2）定期检查。

3）定期负荷试验。

4）按照检查预防性维修。

2. 预防性维修内容

1）按照起重机械零件报废标准更换磨损且接近失效的机械零件。

2）更换老化和接近失效的电器元件及线路，并调整电气系统。

3）检查调整及修复安全防护装置。

4）必要时对金属结构进行涂漆防锈蚀。

3. 日常检查和定期检查

（1）日常检查 起重机技术状态的日常检查由操作工人负责，每天检查一次。发现异常情况应该及时通知检修工人加以排除。桥式起重机日常检查的内容和要求见表6-11。

表 6-11 桥式起重机日常检查的内容和要求

序号	检查部位	技术要求	检查周期	处理意见
1	由司机室登上桥架的舱口开关	打开舱口，起重机不能开动	每班	如失灵，应立即通知检修
2	制动器	制动轮表面无油污；制动瓦的退距合适；弹簧有足够的压缩力；制动垫片的铆钉不与制动轮接触	每班	如有油污，及时用煤油清洗；如制动瓦的退距不合适，及时调整；如铆钉有问题，通知检修
3	小车轨道及走台	轨道上无油污及障碍物	每班	排除障碍物和清洗油污
4	起升机构	极限限位开关灵敏可靠；制动动作可靠	每班	如失灵，通知检修或调整
5	小车运行机构	运行平稳，制动动作可靠	每班	如有问题，查明原因后处理
6	大车运行机构	运行平稳，制动动作可靠	每班	如有问题，查明原因后处理
7	钢丝绳	润滑正常，两端固定可靠	每班	缺油脂，及时添加；发现松脱，应紧固
8	各减速器润滑油	油位达到规定；油料清洁	每班	低于规定油位，及时补充加油；油料污染严重，换油
9	大车轮	轮缘及踏面磨损正常，无啃轨现象	每班	如有啃轨现象，通知检修
10	小车轮	轮缘及踏面磨损正常，无啃轨现象	每班	如有啃轨现象，通知检修
11	滑轮组	平衡滑轮能正常摆动；平衡轴加油	每班	平衡滑轮不能正常摆动，通知检修

（2）定期检查 定期检查是在日常检查的基础上，对起重机的金属结构和各传动系统的工作状态和零件磨损状况进行进一步检查，以判断其技术状态是否正常和存在缺陷，并根

据定期检查结果，制定预防修理计划，组织实施。

定期检查由专业维护人员负责，操作工人配合进行。检查时不仅靠人的感官观察，还要用仪器、量具进行必要的测量，准确地查清磨损量，并认真做好记录。桥式起重机定期检查内容及要求见表6-12。

表6-12　桥式起重机定期检查的内容及要求

部位名称	零件名称	检查标准及内容	检查周期	处 理 方 法
大车梁		① 测量主梁上拱度与旁弯 ② 小车轨道的磨损量，有无啃轨现象 ③ 端梁联接螺钉是否松动，用锤子敲击声音应一致	12个月	由专业工程师分析提出处理意见；③ 中的联接螺钉如有松动现象，立即紧固
车轮		① 轮缘厚度磨损量不超过原厚度的50% ② 轮缘弯曲变形量不超过原厚度的20% ③ 踏面磨损量不超过原厚度的15% ④ 如有啃轨现象，检查车轮安装的偏斜量：在水平方向不超过 $L/1000$；在垂直方向不超过 $L/400$	12个月	不符①②③要求则更换车轮
大小车传动减速器	箱体	① 箱体剖分面是否漏油 ② 输入输出轴端部是否漏油	12个月	如有漏油现象，应修理或更换密封圈
	传动齿轮	第一级啮合齿厚磨损不超过原齿厚的15%；其他级啮合齿厚磨损不超过原齿厚的25%		达到磨损标准则更换齿轮
齿轮联轴器		齿厚磨损量不超过原齿厚的15%	12个月	达到磨损标准则更换齿轮
起升机构减速器	箱体	① 箱体剖分面是否漏油 ② 输入输出轴端部是否漏油	12个月	如有漏油现象，应修理或更换密封圈
	传动齿轮	第一级啮合齿厚磨损不超过原齿厚的10%；其他级啮合齿厚磨损不超过原齿厚的20%		达到磨损标准则更换齿轮
制动器	摩擦衬料	磨损量不超过原厚度的50%，铆钉不露出	3个月	达到磨损标准则更换
	小轴	与孔的配合间隙不超过直径的5%		达到磨损标准则更换小轴
	制动轮	轮面凹凸不平不超过1mm，有裂纹则时更换		修平
卷筒		筒壁磨损量不超过原壁厚的20%	12个月	达到磨损标准则更换
吊钩部件	吊钩和滑轮	开口度比原尺寸增大不超过10%；危险断面不超过原尺寸的10%	12个月	有裂纹则更换；开口度和危险断面磨损达到左述标准则更换

4. 起重机的负荷试验

（1）试验前的准备工作

1）关闭电源，检查所有连接部位的紧固工作。

2）检查钢丝绳在卷筒、滑轮组中的围绕情况。

3）用绝缘电阻表检查电路系统和所有电气设备的绝缘电阻。

4）检查各减速器的油位，必要时加油。各润滑点加注润滑油脂。

5）清除大车运行轨道上、起重机上及试验区域内有碍负荷试验的一切物品。

6）与试验无关的人员，必须离开起重机和现场。

7）采取措施防止在起重机上参加负荷试验的人员触及带电的设备。

8）准备好负荷试验的重物，重物可用密度较大的钢锭、生铁和铸件毛坯。

（2）无负荷试验

1）用手转动各机构的制动轮，使最后一根轴转动一周，所有传动机构运动平稳且无卡住现象。

2）分别开动各机构，先慢速试转，再以额定速度运行，观察各机构应该平稳运行，没有冲击和振动现象。

3）大、小车沿全行程往返运行 3 次，检查运行机构的工况。双梁起重机小车主动轮应在全长上接触，被动轮与导轨的间隙不超过 1mm，间隙区不大于 1m，有间隙区间累积长度不大于 2m。

4）进行各种开关的试验，包括吊具的上升开关和大、小车运行开关，舱口盖和栏杆门上的开关及操作室的紧急开关等。

（3）静负荷试验 先起升较小的负荷（可为额定负荷的 0.5 倍或 0.75 倍）运行几次，然后起升额定负荷，在桥架全长上往返运行数次后，将小车停在桥架中间，起升 1.25 倍额定负荷，离开地面约 100mm，悬停 10min，卸去载荷，分别检查起升负荷前后量柱上的刻度（在桥架中部或厂房的房架上悬挂测量下挠度用的线锤，相应地在地面或主梁上安设一根量柱），反复试验，最多 3 次，桥架应无永久变形（即前后两次所检查的刻度值相同）。

上述试验完成后，将桥式起重机小车开到桥架端部，测量主梁的上拱度，应在 $S/1000$ 范围内。

最后测量主梁的下挠度。桥式起重机的小车仍应位于端部，在桥架中点测量地面或主梁上量柱刻度，并以此为零点。然后将小车开到桥架中部，起升额定负荷，离地面 100mm 左右停止，测量主梁的下挠度。桥式起重机的下挠度不应该超过 $S/700$。

静负荷试验后，应检查金属结构的焊接质量和机械连接的质量，并检查电动机、制动器、卷筒轴承座及各减速器等的固定螺钉有无松动现象。如发现松动，应紧固。

（4）动负荷试验 以 1.1 倍额定负荷，分别开动各机构（也可同时开动两个机构），做反复运转试验。各机构每次连续运转时间不宜太长，防止电动机过热，但累计开动时间不应少于 10min。各机构的运动平稳；制动装置、安全装置和限位装置的工作灵敏、准确、可靠；轴承及电气设备的温度应不超过规定。

动负荷试验后，应再次检查金属结构的焊接质量及机械连接的质量。

任务四 电梯的维修

一、电梯的工作原理

电梯是电力拖动的机械与电气结构的组合，可以分为用卷筒与钢丝绳或链轮与链条驱动的强制驱动电梯和用曳引轮与曳引钢丝绳驱动的摩擦曳引驱动电梯两大类。前者很少使用，故本任务只介绍曳引驱动电梯。

图6-52所示为曳引驱动电梯的结构简图。曳引钢丝绳的一端悬挂着轿厢；另一端则悬挂着对重装置，依靠曳引轮的绳槽与曳引绳之间的摩擦力来传动曳引绳，再由曳引绳带动轿厢上、下运行，按工作指令去完成任务。

二、电梯各部件的维修保养

1. 曳引电动机

1）电梯正常运行时，应由高速绕组起动；在保养或检修时，允许用低速绕组起动，但低速运转时间不得超过3min，以防温升超过80℃而烧毁电动机。

2）电动机运行时，除个别电动机稍有电磁噪声外，一般无大噪声。如发现有摩擦噪声，则应检查定子与转子间的气隙是否仍均匀；当气隙因轴承磨损而不能保持均匀或气隙过大时，应调换轴承。

3）电动机运转时，轴承温度不得超过70℃，若温度太高或有异常噪声，应拆洗轴承。

4）对采用滑动轴承的电动机，应注意油槽内润滑油的油位应不低于油镜中线，并保持润滑油的清洁；防止尘屑或积垢将油圈搁住，失去润滑作用；每旬换一次油。

5）在季度检查保养时，用500V绝缘电阻表测量绕组与机壳间的绝缘电阻，当阻值低于0.5MΩ时，应做干燥处理。

2. 制动器

1）应保证制动器的动作灵活可靠，各活动关节部位应保持清洁，并定期添加润滑油；每月检查一次电磁铁可动铁心与铜套间的润滑情况；每季度加一次石墨粉润滑。

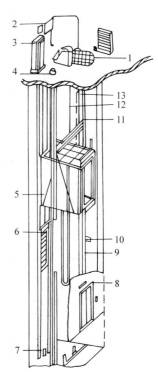

图6-52 曳引驱动电梯结构简图
1—曳引机 2—总电源开关（极限开关）
3—控制屏（柜） 4—限速器 5—轿厢
6—对重 7—缓冲器 8—厅门 9—导轨
10—导轨架 11—导靴 12—曳引钢
丝绳 13—极限开关碰轮

2）抱闸时，闸瓦应紧密地与制动轮工作表面贴合；松闸时，闸瓦应同时离开制动轮工作表面，不允许有局部摩擦。闸瓦与制动轮周围的间隙应均匀，且不得大于0.7mm。当间隙过大时，可用垫片调整制动器座，使闸瓦和制动轮的中心线在高度和直线度上达到要求。

3）制动带应无油漆和污垢，紧固制动带的铆钉应埋入沉坑中，防止与制动轮接触。当制动带因磨损使制动不正常而发出噪声时，应调整可动铁心与闸瓦臂的连接螺母，使间隙恢复均匀；若磨损过大，当制动带的紧固螺钉头露出制动带表面或磨损量超过制动带厚度的1/4时，应更换制动带。

4）制动器应保持有足够和相应的制动力矩，在满载下降时能迅速使轿厢制停；在满载上升时又不宜制动过猛，要平滑地从满速过渡到平层速度。当发现有打滑等现象时，应调整制动弹簧。

5）电磁线圈的接头应无松动现象，线圈应有良好的绝缘，其温升不得超过60℃，且最高温度不得超过85℃。

3. 减速器

1）箱体内的油量应保持在油针或油镜的标定范围；油的规格（SXB1103-62S齿轮油，冬用HL-20，夏用HL-30）应符合要求；应保证箱体内油的清洁，当发现明显杂质时，应换油。对于新使用的减速器，运行半年后换一次新油，此后每年换一次油。

2）润滑油脂润滑的部位应定期拧紧油杯盖，每月添一次润滑油脂，每年清洗换油一次。

3）蜗轮蜗杆减速器运转时应平稳而无振动，应使蜗轮蜗杆的轴承保持合理的轴向游隙。当电梯换向时应无撞击声，此时如发现蜗杆轴与蜗轮轴间有明显窜动，应采取措施，减小轴承的轴向游隙。

4）减速器在正常条件下运行时，其轴承温升应不高于60℃；箱体内的油温应不高于85℃，否则应停机检查原因。

5）当轴承在工作中温度过高或有撞击和摩擦等不正常噪声，并经调整仍无法排除时，应更换轴承。

6）减速器长期使用后，齿的磨损逐渐增大，当齿间侧隙超过1mm以上并在换向中产生猛烈撞击时，应调整中心距或调换蜗轮、蜗杆。

4. 曳引轮和滑轮部分

1）保证曳引绳槽的清洁，不允许在绳槽中加油润滑。

2）曳引轮各绳槽的磨损应一致，用直尺横放在轮缘上，另一条直尺量槽内各钢丝绳的水平。当其最大差距达到曳引钢丝绳直径的1/10以上时，应重新车削至深度一致或调换轮缘。

3）对于带切口半圆槽，当绳槽磨损至切口深度小于2mm时，应重车绳槽，但经重车后切口下面的轮缘厚度应不小于曳引绳直径。

4）导向轮、轿顶轮和对重轮轴承应每周挤加一次润滑油脂，每年清洗换油一次。

5. 限速器和安全钳

1）限速器的动作应灵活可靠，对速度反应灵敏。旋转部分的润滑应保持良好，每周加油一次，每年清洗换油一次；限速器出厂时已经调整、校正并予以铅封，使用单位不得随意拆开调整。

2）限速器的张紧装置应转动灵活，绳轮和导向装置的润滑应保持良好，每周加油一次，每年清洗换油一次。

3）应保持安全钳的动作灵敏可靠，结合季检检查拉杆等传动机构的工作情况，拉提力和提升高度均应符合要求，4只安全楔块的间隙应该相等。传动杠杆每月加油一次，钳口每月涂抹凡士林一次。

6. 曳引钢丝绳

1）钢丝绳所受张力应保持平衡。当发现松紧不一时，可用绳头锥套上的螺母调节弹簧的紧度以使其张力平衡。

2）钢丝绳的绳芯有储存润滑油的作用，钢丝绳工作时绳芯向外渗油；停用时向内吸油。因此新钢丝绳无须加油，但经长期使用后，绳芯的贮油耗尽，钢丝绳表面将出现干燥甚至锈斑等现象。此后可每季在绳表面薄而均匀地涂一次ET极压稀释型钢丝绳脂，或使用20

号机油，浇油不可太多，绳表面能有轻微的渗透润滑即可；更不能涂抹钙基润滑脂，以防止由于摩擦力减少而引起钢丝绳打滑和轿厢不能起动等故障。

7. 导轨与导靴

1）不论轿厢导轨还是对重导轨，都应保持润滑良好，每周对导轨进行一次润滑，润滑剂可用钙基润滑脂或汽缸油。润滑作业应从上而下，以慢速运行，操作者立在轿厢顶加油，轿厢由司机操作，司机受加油者指挥，配合作业。

2）结合润滑检查导轨表面情况，如发现有凹坑、麻斑、毛刺和划伤等，应打磨平整；修磨后的导轨面不允许留有锉刀纹路。

3）当安全钳活动后，应及时修磨钳块夹紧处的导轨工作面。

4）结合年检，检查导轨连接板和导轨压板处螺栓的紧固情况，对全部紧固螺栓重新拧紧一次；如果导轨接头处发现弯曲，可拧松邻近弯曲接头两端的压板螺栓，拧紧弯曲接头处的螺栓，在已放松的压板处导轨底部垫钢垫片，调直后再拧紧压板螺栓。严重弯曲时，可在较大范围内用此法较直。

5）弹性导靴的靴衬与导轨顶面应无间隙，导靴弹簧的压伸范围不超过5mm，要保持弹性导靴对导轨的压紧力。如遇导衬磨损过大而引起松弛时，应加以调整。

6）轿厢导轨的靴衬侧面与导轨间隙为 0.5 ~ 1mm；无簧导靴与导轨顶面间隙为 1 ~ 2mm；对重导靴靴衬与导轨顶面间隙不大于 2.5mm。当因磨损量过大使间隙超过上述数值时，应更新靴衬。

7）当滚动导靴的滚轮与导轨面间出现磨损不均时，应予以车修；磨损过量使间隙增大或出现脱圈时，应予以更换。

8. 轿门、厅门和自动门锁

1）轿门、厅门不论是封闭的薄板门还是交栅门，其小槽钢均应平整垂直，开关灵活、轻便，无跳动、摇摆和噪声，门挂盘的球轴承和其他摩擦部分都应定时润滑。

2）经常检查厅门联动装置的工作情况，厅门与轿门的动作应该是同步的；当轿门已关闭并起动运行时，厅门亦应关闭而且不能从厅门外面拉开，以防行人误入而坠入井道。此外，还应经常检查厅门的上挂盘和门下的挡轨块的磨损程度，以防人身靠门时门扇脱落而造成靠门者坠入井道。

3）保持自动门锁的清洁，结合季检做检查保养，对于必须做润滑保养的门锁，应定期加润滑油。

4）轿门和厅门的电触头应灵敏可靠，要防止出现虚接、假接和粘连现象。

9. 控制屏

1）检修时用软刷（未沾过油漆的漆刷）或吹风清除屏体和全部电器上的积灰，保持清洁。

2）经常检查接触器和继电器触点的状态和接触情况，所有触点均应保持清洁和平滑。发现触点有烧融现象时，可用细齿锉刀修平，并将锉屑除去；然后核实和调整动、静触点间的间隙，务求动作时有良好的接触。

3）控制屏上所有导线的连接均应牢固可靠，不允许有松动现象。检修时应全面拧紧一次，做到导线与接线杆无松动现象。动触点连接线接点处应无断裂现象。

4）更换熔断器的熔丝时，应保证熔丝的额定电流与原装的一样，不允许用铜丝作为控制回路的熔丝。

5）在检修过程保证电触点不沾涂油垢，以防通电后起化学作用而引起粘结，在失电后触点不能断开而发生各种故障。

10. 安全保护开关

1）每月对各安全保护开关做一次检查，拭去表面尘垢；核实触点接触的可靠性、触点的压力和压缩裕度；清除触头表面的积尘；修平烧蚀处。严重时调换新触点。

2）限位开关应灵敏可靠，每旬做一次越程试验，看其能否可靠地断开主电源。

11. 机房和井道

1）禁止无关人员进入机房，维修人员离开时应锁门。

2）注意防止雨水、鼠、雀和蛇等进入机房，保证通风良好，并注意机房的温度调节。

3）机房内不准放置易燃和易爆物品。

4）保证机房内灭火设备的可靠性。

5）保证底坑的干燥和清洁，遇有积水时应及时排除。

三、PLC 在电梯控制电路中的应用及维修

（一）PLC 在电梯控制电路中的应用

PLC 已广泛应用于电梯控制电路中。例如，不改变原有外围设备，用 PLC 取代开、关门和调速等部分控制单元；当传感器等器件有可靠的配套产品时，则可对层楼召唤、平层以及各保护环节作较全面的控制。

图 6-53 所示为某电梯厂已批量生产的、用 PLC 控制的电梯电路图中的一部分，只绘出 PLC 的输入和输出接线端子和标记，对于外接输入线路的控制触点只画出一个，省略了有多个控制的情况。本电梯所用 PLC 为日产 OMRON 产品，输入端画在左侧，输出端在右侧。本梯的上下召唤、登记电路仍沿用传统方法，层站信号用大型数码管显示。PLC 根据指层装置、召唤登记情况的输入分别对电梯的上下行、加减速和开关门进行自动控制，同时也完成各安全装置的联锁控制。由于这种控制方式简单可靠，故得到用户广泛的好评。

图 6-54 所示为 PLC 的外部接线示意图，现就与接线有关的几个问题做一些说明，以供读者参考。

1）为了给 PLC 和执行元件提供一个统一的隔离装置，应设总电源开关 GK。

2）PLC 和输出元件的电源应取自同一相线（本图为 A 相）。

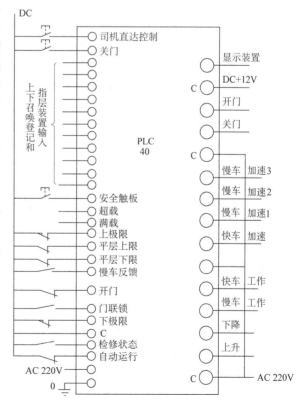

图 6-53　PLC 在电梯电路中的外部接线

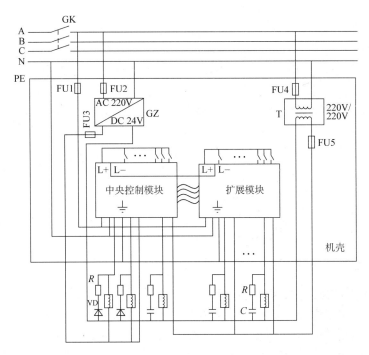

图 6-54　PLC 的外部接线

3）PLC 和它的扩展模块应合用一个熔断器 FU1，该熔断器熔丝的额定电流不得大于 3A。

4）PLC 内自备有 DC 24V、1A 的电源，供输入元件使用。当输出的执行元件与输入电流之和小于 1A 时，允许合用机内电源。否则，应另装整流电源 GZ 专供输出的执行元件用。

5）当执行元件为直流电磁铁、直流电磁阀时，一般应在线圈两端接入限流电阻 R 和续流二极管 VD 作为保护。

6）当执行元件为感性元件时，应在线圈两端接入电阻（可取 100Ω）和电容 C（可取 0.047μF）组成灭弧电路。

7）当电压为 AC 220V 的执行元件的线圈数超过 5 个时，最好设隔离变压器 T 供电。

8）电源线与输入、输出线在（电梯）出厂时均分别走线，检修中不可把它们混在一起，更不允许将输入信号线与一次回路导线合用同一电缆或并排敷设，以减少干扰。

9）PLC 的接地端（PE）应可靠接地，接地电阻应小于 100Ω，一般可与机架相连。

10）PLC 与扩展单元连接，以及机上有关器件如 EPROM 集成块的插入和拔出等，均不允许带电操作。

（二）PLC 维修

1. 故障检查

（1）CPU 模块　图 6-55 所示为 CPU 的方式选择及显示面板图。

1）PWR：二次侧逻辑电路电压接通时灯亮。

2）RUN：CPU 运行状态时亮。

3）CPU：监控定时器发生异常时亮。

4）BATT：CPU 中的存储器备用电池或者存储器盒内的电池电压低时灯亮。

5）I/O：I/O 模块、I/O 接线等模块的联系发生异常时灯亮。

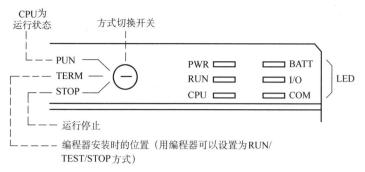

图 6-55　CPU 模块显示面板

6）COM：SU-5 型机和编程器的通信发生异常时灯亮。

7）SU-6 型机上位通信、PLC 通信、通用端口的通信及编程器的通信发生异常时灯亮。

有关 CPU 模块的故障现象及维修步骤如图 6-56 ~ 图 6-61 所示。

（2）I/O 模块　图 6-62 所示为 I/O 模块的维修流程，有关特殊模块请参照各有关资料。

在检查输入、输出回路时，请参阅各模块的规格。

2. 故障原因

PLC 运行时，动作不正常，可以考虑以下原因：

（1）包含 PLC 在内的系统的供给电源有问题

1）未供给电源。

2）电源电压低。

3）电源时常瞬断。

4）电源带有强的干扰噪声。

（2）由于故障或出错造成的机器损坏

1）电源上附加高压（如雷击等）。

2）负载短路。

3）因机械故障造成动力机器损坏（阀、电动机等）。

4）由于机械故障造成检测部件被损坏。

（3）控制回路不完备

1）控制回路（PLC、程序等）和机械不同步。

2）控制回路出现了意外情况。

（4）机械的老化、损耗

1）接触不良（限位开关、继电器、电磁开关等）。

2）存储器盒内以及 CPU 内存储器备用电池电压低。

3）由高压噪声造成的 PLC 恶化。

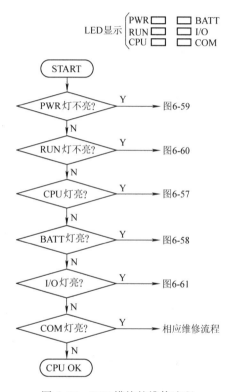

图 6-56　CPU 模块的维修流程

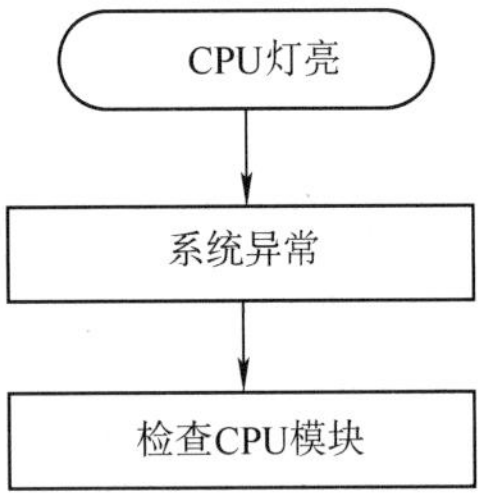

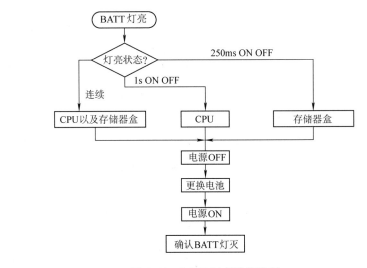

图 6-57　CPU 灯亮维修流程

图 6-58　BATT 灯亮维修流程

注：SU-5 的场合 BATT 灯持续点亮。

（5）由噪声或误操作产生的程序改变

1）违背监控操作使程序发生改变。

2）电源合上时，拔下模块或存储器盒。

3）由于强噪声干扰改变了程序存储器的内容。

3. 电池的更换

为了使程序在电源关掉时不消失，CPU 和存储器盒（G-03M）采用长寿命锂电池进行存储器的掉电保护（仅用于 SU-6 型机）。

除在很高或很低温度的场所下使用外，在通常的使用条件下，电池的寿命约为 3 年；但是在电池到寿命时，必须立即更换。

（1）CPU 模块　CPU 模块上的 LED 显示 BATT 闪烁（周期为 2s）或连续点亮时，应在一周内更换电池。

电池型号：RB-5

更换方法如下：

1）关掉电源，将 CPU 模块前面的盖板取下。

2）电池在模块中部，从夹具上取下。

3）电池上带有导线，通过接插件与模块连接。

4）拆开接插件，更换新的电池。电池被取出时，由大容量电容保持存储器的内容。更换应在 10min 以内完成。

5）将电池插入 CPU 模块的夹具中，并塞进导线。

6）盖好 CPU 盖，合上电源。

应确认 CPU 上的 BATT 灯熄灭。

（2）存储器盒　SU-6 的 CPU 上的 LED 显示 BATT 灯闪烁（周期为 0.5s）或连续点亮时，应在一周内更换电池。

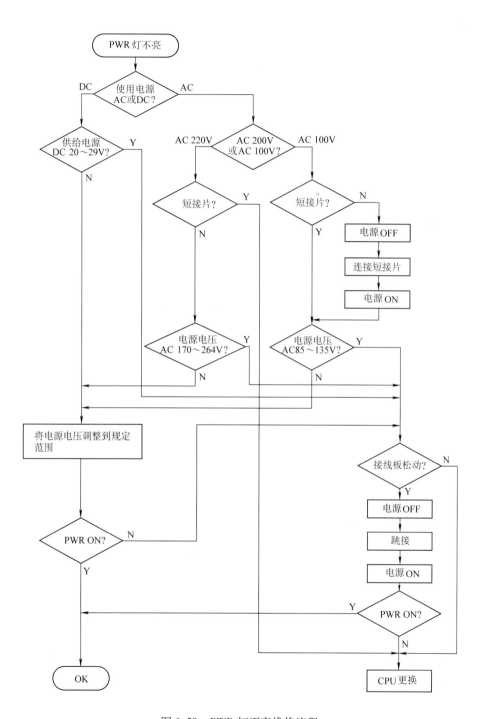

图 6-59　PWR 灯不亮维修流程

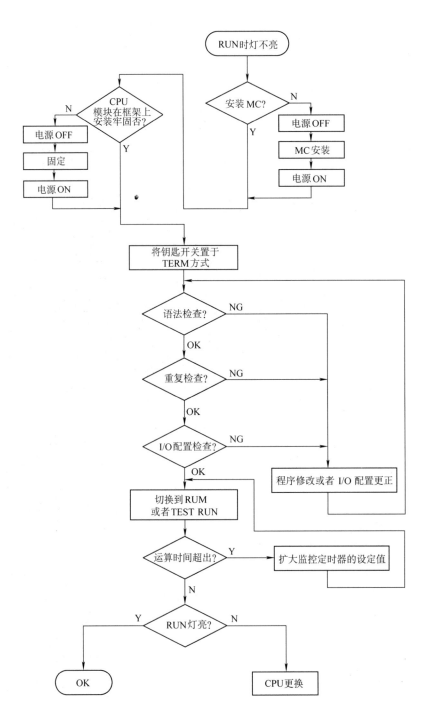

图 6-60 RUN 灯不亮维修流程

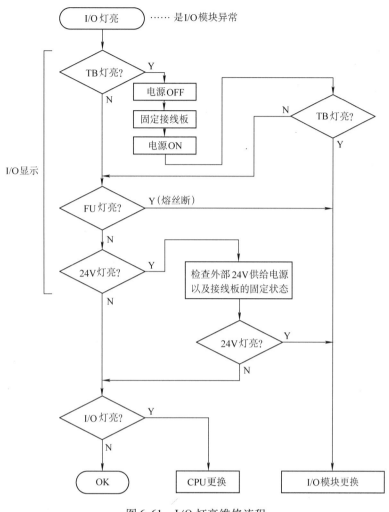

图 6-61　I/O 灯亮维修流程

电池型号：RB-7

更换方法如下：

1）存储器中的内容在其他存储器或软盘中应有备份。

2）关掉电源，取出 CPU 盖板内的存储器盒。如果卸下 G-03M 的电池，则存储器的内容消失。

3）卸下存储器盒反面的螺钉，取出电池。

4）换上新的电池，装好存储器盒。

5）将换好电池的存储器压入 CPU 模块。

6）合上电源，确认 BATT 灯熄灭。

四、电梯常见故障的排除

不同制造厂生产的电梯，在机械结构、电气线路等方面都有不同程度的差异，因此故障产生的原因及排除方法各有差异。本任务介绍的常见故障排除，主要是针对大量使用的国产电梯而言的，详见表 6-13。

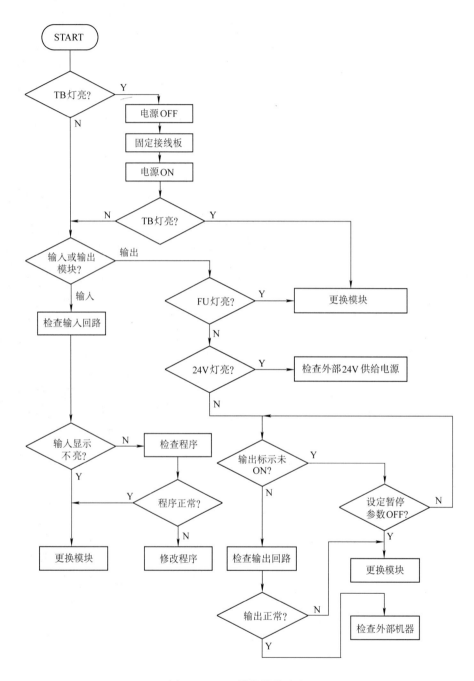

图 6-62　I/O 模块维修流程

注：1. 在检查输入回路时，请参阅各模块的规格。

　　2. 有关特殊模块请参照各有关资料。

表 6-13　电梯常见故障的排除

故障现象	故障原因	排除方法
在基站将钥匙开关闭合后，电梯不开门（直流电梯钥匙开关闭合后，发电机不起动）	控制电路的熔断器烧坏	更换熔丝，并查找原因
	钥匙开关触点接触不良或折断	如接触不良，可用无水酒精清洗，并调整触点弹簧片；如触点折断，则更换
	基站钥匙开关继电器线圈损坏或继电器触点接触不良	如线圈损坏，更换；如触头接触不良，清洗修复
	有关线路出现问题	在机房人为使基站钥匙开关继电器吸合，看其以下线路接触器或继电器是否动作，如仍不能起动，则应进一步检查哪一部分出了故障，并加以排除
按下选层按钮后没有信号（灯不亮）	按钮接触不良或折断	修复和调整
	信号灯接触不良或烧坏	排除接触不良或更换灯泡
	选层继电器失灵或自锁触点接触不良	更换或修理
	有关线路断路或接线松开	用万用表检测并排除
	选层器上信号灯动触点接触不良，使选层继电器不能吸合	调整动触点弹簧，或修复清理触点
有选层信号，但方向箭头灯不亮	信号灯接触不良或烧坏	排除接触不良或更换灯泡
	选层器上自动定向触点接触不良，使方向继电器不能吸合	用万用表或电线短接的方法检测，并调整修复
	选层继电器常开触点接触不良，使方向继电器不能吸合	修复及调整
	上、下行方向继电器回路中的二极管损坏	用万用表找出损坏的二极管，更换
按下关门按钮后，门不关	关门按钮触点接触不良或损坏	用导线短接法检查确定，然后修复
	轿厢顶的关门限位开关常闭触点和开门按钮的常闭触点闭合不好，从而导致整个关门控制回路有断点，使关门继电器不能吸合	用导线短接法将门控制回路中的断点找出，然后修复或更换
	关门继电器出现故障或损坏	排除或更换
	门机电动机损坏或有关线路松动	用万用表检查电动机是否损坏、线路是否畅通，并加以修复或更换
	门机传动带打滑	张紧传动带或更换
电梯已接受选层信号，但门关闭后不能起动	门未关闭到位，门锁开关未能接通	重新开关门，如不奏效，应调整门锁
	门锁开关出现故障	排除或更换
	轿门闭合到位开关未接通	调整和排除
	运行继电器回路有断点或运行继电器出现故障	用万用表检查确定有否断点，并排除；或修复、更换继电器
门销未关，电梯能选层起动	门锁开关触点粘连（对使用微动开关的门锁）	排除或更换
	门锁控制回路接线短路	检查和排除

（续）

故障现象	故障原因	排除方法
到站平层后，电梯门不开	开门电动机回路中的熔丝过松或熔断	拧紧或更换
	轿厢顶上开门限位开关闭合不好或触点折断，使开门继电器不能吸合	排除或更换
	开门电气回路出故障或开门继电器损坏	排除或更换
	开门继电器损坏	更换
平层误差大	选层器上的换速触点与固定触头位置不合适	调整
	平层感应器与隔磁板位置不当	调整
	制动器弹簧过松	调整
开关门速度变慢	开关门速度控制电路出现故障	检查低速开关门行程开关，看其触点是否粘住，并排除
	开门机传动带打滑	张紧传动带
电梯在行驶中突然停车	外电网停电或倒闸换电	如停电时间过长，应通知维修人员采取营救措施
	由于某种原因，电流过大，总开关熔断器熔断，或低压断路器跳闸	找出原因，更换熔丝或重新合上低压断路器
	门刀碰撞门轮，使锁臂脱开，门锁开关断开	调整门锁滚轮与门刀位置
	安全钳动作	在机房断开总电源，将制动器松开，用人为的方法使轿厢向上移动，使安全钳楔块脱离导轨，并使轿厢停靠在层门口，放出乘客。然后合上总电源，站在轿顶上，以检修速度检查各部分有无异常，并用锉刀将导轨上的制动痕修光
电梯平层后又自动溜车	制动器制动弹簧过松，或制动器出现故障	收紧制动弹簧或修复调整制动器
	曳引绳打滑	修复曳引轮绳槽或更换
电梯冲顶撞底	控制部分（例如选层器换速触头、选层继电器、井道上换速开关、极限开关等）失灵，或选层器链条脱落等	查明原因后，酌情修复或更换元器件
	快速运行继电器触点粘住，使电梯保持快速运行直至冲顶、撞底	冲顶时，由于轿厢惯性冲力很大，当对重被缓冲器承住，轿厢会产生急促抖动下降，可能会使安全钳动作。此时应首先拉开总电源，用木桩支承对重，用3t手动葫芦吊升轿厢，直至安全钳复位
电梯起动和运行速度有明显下降	制动器抱闸未完全打开或局部未打开	调整
	三相电源中有一相接触不良	检查三相电线，紧固各触头
	行车上下行接触器触点接触不良	检修或更换
	电源电压过低	调整三相电压，电压偏离值不超过规定值的±10%
预选层站不停车	轿内选层继电器失灵	修复或更换
	选层器上减速动触点与预选静触点接触不良	调整与修复
未选层站停车	快速保持回路接触不良	检查调整快速回路中的继电器与接触器触点，使其接触良好
	选层器上层间信号隔离二极管击穿	更换二极管

（续）

故障现象	故障原因	排除方法
电梯在运行中抖动或晃动	曳引机减速箱蜗轮蜗杆磨损，齿侧间隙过大	调整减速箱中心距或更换蜗轮蜗杆
	曳引机固定处松动	检查地脚螺栓、挡板、压板等，发现松动拧紧
	个别导轨架或导轨压板松动	慢速行车，在轿顶上检查并拧紧
	滑动导靴靴衬磨损过大，滚动导靴的滚轮不均匀磨损	更换滑动导靴靴衬；更换滚轮导靴滚轮或修车滚轮
	曳引绳松紧差异大	调整绳丝头套螺母，使各条曳引绳拉力一致
直流电梯在运行时忽快忽慢	励磁柜上的晶闸管插件和脉冲插件的触点接触不良或有关元器件损坏	将插件板触点轻轻地摩擦干净，或更换插件，修复损坏元器件
	励磁柜上的触发器插件触点接触不良或有关元器件损坏	将插件触点轻轻地摩擦干净，或更换插件，修复损坏元器件
	励磁柜上放大器插件触点接触不良或有关器件损坏	将插件触点轻轻地摩擦干净，或更换插件，修复损坏元器件
	励磁柜上熔丝熔断	查找原因，更换熔丝
直流电梯在运行中抖动	励磁柜上的反馈调节稳定不合适，有零浮现象	调整稳定调节电位器和放大器调零
	测速发动机出了故障或 V 带过松	修复或更换测速发电机；张紧或更换 V 带
	发电机或电动机的电刷磨损严重，并在行车时发出大的火花	更换电刷，校正中心线
局部熔丝经常烧断	该回路导线有接地点或电气元件有接地	检查接地点，加强绝缘
	有的继电器绝缘垫片击穿	加绝缘垫片或更换继电器
主熔丝片经常烧断	熔丝片容量小，且压接松，接触不良	按额定电流更换熔丝片，并压接紧固
	有的接触器接触不良有卡阻	检查调整接触器，排除卡阻或更换接触器
	电梯起动、制动时间过长	调整起动、制动时间
电梯运行时在轿厢内听到摩擦声	滑动导靴靴衬磨损严重，使两端金属盖板与导轨发生摩擦	更换靴衬
	滑动导靴中卡入异物	清除异物并清洗靴衬
	由于安全钳拉杆松动等原因，使安全钳楔块与导轨发生摩擦	修复
开关门时门扇振动大	门滑轮磨损严重	更换门滑轮
	门锁两个滚轮与门刀未紧贴，间隙大	调整门锁
	门导轨变形或发生松动偏斜	校正导轨，调整紧固导轨
	门地坎中的滑槽积尘过多或有杂物，妨碍门的滑行	清理
门安全触板失灵	触板微动开关出故障	排除或更换
	微动开关接线短路	检查电路，排除短路点
轿厢或厅门有麻电感觉	轿厢或厅门接地线断开或接触不良	检查接地线，使接地电阻不大于4Ω
	接零系统零线重复接地线断开	接好重复接地线
	线路上有漏电现象	检查线路绝缘，其绝缘电阻不应低于 0.5MΩ

思考题与习题

一、名词解释

1. 机床几何精度　　2. 机床运动精度　　3. 起重机跨度　　4. 起重机主梁下挠
5. 车轮啃轨　　6. 小车"三条腿"

二、填空题

1. 机床导轨的种类，按运动形式可分为_____运动导轨和_____运动导轨两类；按摩擦状态可分为_____导轨、_____导轨和_____导轨；按截面形状可分为_____导轨、_____导轨、_____导轨和_____导轨。

2. 导轨的磨削有_____磨削和_____磨削两种基本形式。

3. 调整机床安装水平的目的，不是为了取得机床零部件理想的水平或垂直位置，而是为了得到机床的_____以利以后的检验，特别是那些与零件_____有关的检验。

4. XA6132 卧式铣床的主轴运动和进给运动是通过_____来进行变速的，为保证变速齿轮进入良好啮合状态，要求铣床变速后作_____。XA6132 卧式铣床在更换铣刀时，主轴必须处于_____状态下；当要装刀或卸刀时，电路中采用开关_____来实现，使_____断开控制电路，以防误动作而伤人。

5. 数控设备接地电缆一般要求其横截面积为_____ mm^2，接地电阻应小于_____ Ω。

6. 数控机床切削精度的检验，又称_____精度检验，它是在切削加工的条件下，对机床_____精度和_____精度的一项综合性考核。

7. 工作台超程一般设有两道限位保护，一个为_____限位，而另一为_____限位。若工作台发生软超程时，可以通过_____工作台即可复位。

8. 接通数控柜电源，检查各输出电压时，对 +5V 电源的电压要求高，一般波动范围应控制在 ±_____% 。

9. 数控机床机械故障诊断的主要内容包括对机床运行状态的_____、_____和_____三个方面。

10. 主轴伺服系统发生故障时通常有三种形式，即_____、_____和_____。

11. 为了清除油泥，保证灵敏度，可在气动系统的_____器之后，安装_____器，将油泥分离出来。此外，定期清洗_____也可以保证阀的灵敏度。

12. 数控设备的维修应是以状态监测为主的_____维修体系，数控设备回参考点故障的主要形式有_____和_____。

13. 习惯上把桥式起重机分为大车、_____和_____三个部分。起重机的起升机构由传动装置、_____和_____组成，其电气部分主要由电动机、_____的安全装置组成。

14. 起重机的计划检修是在计划规定的日期内对起重机进行_____和_____。起重机的检修包括_____、_____和_____。检修时，司机室应挂上_____的警示牌。

15. 起重机桥架结构产生变形，引起对角线超差，会导致大车车轮_____。

16. 电梯启动时，制动器抱闸直流电源线圈产生_____，使两个铁心相互吸合，抱闸打开。抱闸_____电源线圈断电后，靠弹簧的压力实现机械制动停车。制动器检修调整时，其制动器抱闸的_____是调整的关键。

17. 电梯曳引钢丝绳被截短后，需要重新对其进行检查和调整_____。对电梯曳引钢丝绳要经常进行_____、爆股、_____检查，需要报废时应立即更换。

三、选择题

1. 修刮卧式铣床的床身，应以（   ）为升降台导轨、支架导轨的刮削基准。

A. 主轴支撑孔轴线

B. 与底座接触的固定结合面

C. 使整个刮削量最小的平面

2. 机床空运转试验在主轴轴承达稳定温度时，检验主轴轴承的温度和温升。滑动轴承温度不应超过（   ）℃，允许温升（   ）℃；滚动轴承温度不应超过（   ）℃，允许温升（   ）℃。

A. 30   B. 40   C. 50

D. 60   E. 70

3. 机床经过一定时间的空运转后，其温度上升幅度不超过每小时（   ）℃时，可认为已达到稳定温度。

A. 3   B. 5   C. 10

4. 大修时拆下某齿轮，发现在齿宽方向只有 60% 磨损，齿宽方向的另一部分没有参加工作，这是由于（   ）造成的。

A. 装配时调整不良

B. 齿轮制造误差

C. 通过这个齿轮变速的转速使用频繁

5. XA6132 卧式铣床主轴 M1 要求正反转，不用接触器控制而用组合开关控制，是因为（   ）。

A. 接触器易损坏   B. 改变转向不频繁   C. 操作安全方便

6. XA6132 卧式铣床上，由于主轴传动系统中装有（   ），为减小停车时间，必须采取制动措施。

A. 摩擦轮   B. 惯性轮   C. 电磁离合器

7. XA6132 卧式铣床主轴电动机 M1 的制动是（   ）。

A. 能耗制动   B. 反接制动   C. 电磁抱闸制动   D. 电磁离合器制动

8. XA6132 卧式铣床的主轴未启动，工作台（   ）。

A. 不能进给和快速移动

B. 可以快速进给

C. 可以快速移动

9. 由于 XA6132 卧式铣床圆工作台的通电线路经过（   ），所以，任意一个进给手柄不在零位时，都将使圆工作台停下来。

A. 进给系统位置开关的所有常闭触点

B. 进给系统位置开关的所有常开触点

C. 进给系统位置开关所有的常开及常闭触点

10. （　　）不属于数控机床电气故障常用的诊断方法。

A．敲击法　　　　　　　　　　　　B．数控系统自诊断功能

C．报警指示灯显示故障　　　　　　D．润滑油磨粒检测

11. 数控机床电气控制板冷却风扇或电气控制板空调应（　　）检查1次，以确保运行正常。

A. 8h　　　　　　B. 1天　　　　　　C. 2天　　　　　　D. 1周

12. 在数控系统中，以下哪种存放于EPROM中？（　　）

A. 数控系统软件　　B. 系统参数　　C. 用户程序　　D. 刀补参数

13. 数控铣床伺服电动机出现过热产生报警，不可能的原因是（　　）。

A. 电动机过负载　　　　　　　　　B. 电动机线圈绝缘不良

C. 频繁正、反转运动　　　　　　　D. 未输入电动机电源

14. 数控铣床超行程产生错误信息，解决的方法为（　　）。

A. 重新开机　　　　　　　　　　　B. 采用自动方式操作

C. 回机床零点　　　　　　　　　　D. 采用手动方式操作

15. 数控系统的报警大体可以分为操作报警、程序错误报警、驱动报警及系统错误报警，某个程序在运行过程中出现"圆弧端点错误"，这属于（　　）。

A. 程序错误报警　　　　　　　　　B. 操作报警

C. 驱动报警　　　　　　　　　　　D. 系统错误报警

16. 数控机床中，采用滚珠丝杠副消除轴向间隙的目的主要是（　　）。

A. 提高反向传动精度　　　　　　　B. 增大驱动力矩

C. 减少摩擦力矩　　　　　　　　　D. 提高使用寿命

17. 数控机床主轴噪声增加的原因分析主要包括（　　）。

A. 伺服电动机是否有故障　　　　　B. 主轴载荷是否过大

C. 主轴定向是否准确　　　　　　　D. 变压器有无问题

18. 数控机床日常维护中，下列哪些做法不正确？（　　）

A. 数控系统支持电池定期更换应在数控系统断电的状态下进行

B. 尽量少开电气控制柜门

C. 数控系统长期闲置情况，应该常给系统通电

D. 定期检验电气控制柜的散热通风工作状况

19. 在数控机床故障处理中，下列说法正确的是（　　）。

A. 数控机床出现故障时，都有报警显示

B. 机床运行中发生故障时，根据报警提示都能直接确定故障原因

C. 当数控机床出现故障时，必须立即关断电源

D. 数控系统发生故障，往往同一现象，同一报警可以有多种起因

20. 在用起重机的吊钩应定期检查，至少每（　　）年检查一次。

A. 半　　　　　　B. 1　　　　　　C. 2

21. 卷筒壁磨损至原壁厚的（　　）%时卷筒应报废。
A. 5　　　　　B. 10　　　　　C. 20

22. 按行业沿用标准制造的吊钩，危险断面的磨损量应不大于原尺寸的（　　）%。
A. 5　　　　　B. 10　　　　　C. 15

23. 钢丝绳直径减小量达原直径的（　　）%时，钢丝绳应报废。
A. 5　　　　　B. 7　　　　　C. 10

24. 起重机吊钩的开口度比原尺寸增加（　　）%时，吊钩应报废。
A. 10　　　　　B. 15　　　　　C. 20

25. 金属铸造滑轮轮槽不均匀磨损量达（　　）mm时，应报废。
A. 10　　　　　B. 5　　　　　C. 3

26. 金属铸造滑轮轮槽壁厚磨损达原壁厚的（　　）%时，应报废。
A. 40　　　　　B. 30　　　　　C. 20

27. 起升机构的制动轮轮缘磨损达原厚度的（　　）%时，制动轮应报废。
A. 40　　　　　B. 30　　　　　C. 20

28. 制动摩擦片磨损的厚度超过原厚度的（　　）%时，应报废。
A. 50　　　　　B. 40　　　　　C. 30

29. 双梁桥式起重机在主梁跨中起吊额定负载后，其向下变形量不得大于（　　）。
A. $S/700$　　　　　B. $S/600$　　　　　C. $S/300$

30. 抱闸间隙过小，未完全打开，使制动轮与制动瓦相互摩擦，使电梯启动和运行（　　）。
A. 晃动　　　　　B. 抖动　　　　　C. 速度下降　　　　　D. 平稳

31. 控制曳引电动机的接触器主触点（　　），会造成电动机单相运行，使电梯启动和运行速度下降。
A. 压力不够　　　B. 相互脱离　　　C. 相互带动　　　D. 相互摩擦

32. 滑动导靴的（　　）或调整不当，滚动导靴滚轮有不均匀的磨损，都会造成轿厢晃动或抖动。
A. 靴衬磨损太大　　B. 靴衬晃动　　C. 靴衬抖动　　　D. 滚轮磨损

33. 防止电梯发生机械部分故障的最好办法是主动做好（　　）的保养，易损件应及时调整或更换。
A. 限速　　　　B. 机械设备　　　C. 换梯　　　D. 安全回路

34. 不关层门能选层开梯，是门锁开关触点（　　），使门锁继电器在未关门状态下吸合。
A. 短路　　　B. 断路　　　C. 损坏　　　D. 开路

四、判断题（正确的在题后的括号里画"√"，错误的画"×"）

1. 对于XA6132卧式铣床，为了避免损坏刀具和机床，要求只要电动机M1、M2、M3有一台过载，三台电动机都必须停止运转。（　　）

2. XA6132卧式铣床的圆工作台运动与否，对工作台在6个方向的进给运动无影响。（　　）

3. XA6132 卧式铣床进给变速时的冲动控制是通过变速手柄与行程开关 ST1 来实现的。

                    （ ）

4. 数控机床的故障一般有两种，由于操作、调整处理不当引起的，称为硬故障；由于外部硬件损坏引起的故障，称为软故障。   （ ）

5. 一般数控机床发生故障时，有故障信息提示，所有的故障都可以根据内容提示和查阅手册直接确认故障原因。   （ ）

6. 当数控机床发生故障时，应立即关断电源。   （ ）

7. 数控系统发生故障时，往往是同一现象、同一报警号可以有多种起因，有的故障根源在机床上，但现象却反映在系统上。   （ ）

8. 数控系统处于长期闲置的情况下，应经常给系统通电。   （ ）

9. 现代数控机床驱动主要采用交流驱动，是因为交流电动机比直流电动机调速性能好。   （ ）

10. 数控机床在手动和自动运行中，一旦发现异常应立即使用紧急停止按钮。（ ）

11. 在正常情况下，起重机钢丝绳绳股中的钢丝断裂是逐渐产生的。 （ ）

12. 起重机在腐蚀性的环境中工作时，应用镀锌钢丝绳。   （ ）

13. 起重机吊钩危险断面或钩颈部产生塑性变形，吊钩应报废。 （ ）

14. 起重机车轮轮缘磨损量超过原厚度的 10% 时，车轮应报废。 （ ）

15. 起重机扫轨板距轨面不应大于 20 ~ 30mm。   （ ）

16. 起重机主梁上拱度为 $S/800$。   （ ）

17. 吊钩的危险面出现磨损沟槽时，应补焊后使用。   （ ）

18. 减速器正常工作时，箱体内必须装满润滑油。   （ ）

19. 为使电梯的电动机与减速器的轴形成直线，输出最大功率和减少振动，要调整其同心度。   （ ）

20. 电梯安全钳制动距离试验时，应取 4 个锲块在导轨面滑行痕迹的最小值。（ ）

21. 电梯电磁制动器抱闸瓦与制动轮的表面间隙为 0.5 ~ 0.7mm。 （ ）

22. 电梯轿门限位开关常开触点没接通，关门过程中门电动机速度变快。 （ ）

23. 串接在安全回路中的保护开关的触点接触不良或误动作，电梯在运行中会突然停梯。   （ ）

24. 关门限位开关未接通或损坏，电梯启动控制电路被切断，选层定向关门后不能启动。   （ ）

25. 电梯层门未关闭或从层门外能将层门打开，轿厢不在此层会造成人员失足坠落井道事故。   （ ）

五、简答题

1. 试说明 XA6132 卧式铣床主轴部件的修复工艺要点。

2. XA6132 卧式铣床主传动变速箱中常见的故障有哪些？

3. XA6132 卧式铣床进给箱中安全离合器常见的故障有哪些？应如何排除？

4. XA6132 卧式铣床电气控制中的主要联锁及保护环节有哪些？为什么要有这些联锁及保护环节？它们是如何实现的？

5. XA6132 卧式铣床主轴停车时无制动，故障出在哪些地方？

6. 如果 XA6132 卧式铣床的电器组件是好的，机床在向左进给，不慎将垂直和横向进给操作手柄扳到了"向上"位置，机床将出现什么现象？

7. XA6132 卧式铣床工作台进给动作正常，但无快速移动功能，问题出在哪里？

8. 数控伺服电动机与传动丝杠连接不好可能会产生什么问题？

9. 数控机床的脉冲编码器损坏，机床会出现什么故障？

10. 数控机床在使用中应注意哪些问题？

11. 如何排除数控机床参考点位置不对的故障？

12. 试分析数控机床加工精度不稳定的原因。

13. 加工中心换刀机构易发生哪些故障？如何排除？

14. 试分析滚珠丝杆副反向误差大的故障产生原因及排除方法。

15. 简述数控车床主轴箱噪声大的原因和排除方法。

16. 数控机床液压系统主要故障现象有哪些？

17. 什么是桥式起重机的啃轨？如何检查与维修？

18. 什么是起重小车的"三条腿"？如何检查？

19. 桥式起重机箱形主梁变形修理方法有哪些？

20. 试简述电梯的工作原理。

21. 曳引绳张力不平衡，电梯运行时有何现象？应如何处理？

22. 简述电梯的调试与试运转的工作流程。

参 考 文 献

[1] 机械工业职业技能鉴定指导中心. 中级机修钳工技术 [M]. 北京：机械工业出版社，2003.

[2] 机械工业职业技能鉴定考核试题库编委会：维修电工技能鉴定考试试题库 [M]. 2 版. 北京：机械工业出版社，2014.

[3] 晏初宏. 机械设备修理工艺学 [M]. 3 版. 北京：机械工业出版社，2019.

[4] 汪永华，贾芸. 机电设备故障诊断与维修 [M]. 2 版. 北京：机械工业出版社，2019.

[5] 吴先文. 机电设备维修技术 [M]. 2 版. 北京：机械工业出版社，2017.

[6] 吴先文. 机械设备维修技术 [M]. 4 版. 北京：人民邮电出版社，2019.

[7] 崔陵，霍永红. 机电设备故障诊断与维修 [M]. 北京：科学出版社，2018.

[8] 陆全龙，李瑞春. 机电设备故障诊断与维修 [M]. 武汉：华中科技大学出版社，2017.

[9] 张翠凤. 机电设备诊断与维修技术 [M]. 3 版. 北京：机械工业出版社，2016.

[10] 陈晓军. 机电设备故障诊断与维修 [M]. 北京：机械工业出版社，2016.

[11] 陈则钧，龚雯. 机电设备故障诊断与维修技术 [M]. 2 版. 北京：高等教育出版社，2008.

[12] 贺应和. 数控机床维修技术 [M]. 合肥：合肥工业大学出版社，2014.

[13] 唐培林. 数控机床故障诊断与维修技术 [M]. 北京：清华大学出版社，2015.

[14] 徐滨士. 装备再制造工程的理论与技术 [M]. 北京：国防工业出版社，2007.

[15] 徐滨士，朱绍华，刘世参. 材料表面工程技术 [M]. 哈尔滨：哈尔滨工业大学出版社，2014.

[16] 姜秀华. 机械设备修理工艺：机电设备安装与维修专业 [M]. 北京：机械工业出版社，2012.

[17] 贾继赏. 机械设备维修工艺 [M]. 2 版. 北京：机械工业出版社，2011.

[18] 解金柱，王万友. 机电设备故障诊断与维修 [M]. 北京：化学工业出版社，2010.

[19] 周宗明，吴东平. 机电设备故障诊断与维修 [M]. 北京：科学出版社，2009.